# 供电与照明工程计算机辅助设计指导

杨玉红　李梅芳　主编
李庆武　　　　　主审

中国建筑工业出版社

图书在版编目（CIP）数据

供电与照明工程计算机辅助设计指导/杨玉红，李梅芳主编．
—北京：中国建筑工业出版社，2008
ISBN 978-7-112-10112-2

Ⅰ.供… Ⅱ.①杨…②李… Ⅲ.①房屋建筑设备-供电-计算机辅助设计②房屋建筑设备-照明设计：计算机辅助设计
Ⅳ.TU852-39 TU113.6-39

中国版本图书馆 CIP 数据核字（2008）第 073734 号

责任编辑：唐炳文
责任设计：张政纲
责任校对：汤小平

## 供电与照明工程计算机辅助设计指导

杨玉红 李梅芳 主编

李庆武 主审

\*

中国建筑工业出版社出版、发行（北京西郊百万庄）
各地新华书店、建筑书店经销
北京嘉泰利德公司制版
北京市铁成印刷厂印刷

\*

开本：787×1092 毫米 1/16 印张：19½ 字数：470 千字
2008 年 7 月第一版 2008 年 7 月第一次印刷
印数：1—2500 册 定价：**45.00** 元
ISBN 978-7-112-10112-2
（16915）

版权所有 翻印必究
如有印装质量问题，可寄本社退换
（邮政编码 100037）

本书针对我国建筑电气行业高等职业院校人才培养规格的要求，系统地介绍了在建筑供配电与照明工程设计中用到的专业理论知识、计算方法、设计方法与步骤、绘图与识图方法等内容，并结合设计内容，详细介绍了 AutoCAD 在建筑供电与照明设计方面的具体应用，图文并茂，清晰简洁。本书注重理论与实践相结合，每一部分知识都配有大量的工程设计实例。在内容安排上，思路清晰，深入浅出，使读者学练结合，达到理想的学习效果。

本书可作为高等职业院校电气工程与自动化专业、楼宇自动化专业及相关专业的教材，同时也可作为高等职业院校相关专业的工程实践教学环节的辅助教材及相关人员培训用参考书。

# 前言
## FOREWORD

本书主要介绍了在建筑供电与照明工程设计中所用到的专业理论知识、实践技能及与其相关的计算机辅助设计方法。全书由三大部分共七章组成：第一部分为供配电与照明工程设计的基础知识介绍，包括供配电与照明设计概述和阅读电气工程图的基本知识，共两章；第二部分为建筑供电与照明系统设计计算介绍，包括10kV及以下变配电系统的设计计算、建筑低压配电系统的设计与计算和建筑电气照明系统的设计与计算，共三章；第三部分为AutoCAD在供电与照明工程设计中的应用介绍，包括电气工程制图规则和供电与照明计算机辅助设计，共两章。

本书紧密结合我国建筑电气行业对高职高专人才培养规格的要求。在内容安排上，以够用、实用为原则，高职特点突出、应用性强，尤其是"AutoCAD在供电与照明工程设计中的应用"部分，图文并茂，内容由浅入深，使读者学练结合，通俗易懂，全书充实了大量应用实例的内容，对建筑电气供电与照明职业岗位所需的专业理论知识和技能知识进行恰当的设计；在结构安排上，每章都以一种技能训练为主线，结合训练目标，进行内容的展开和知识介绍，结构层次分明；在特色方面，将建筑供电与照明工程设计中用到的专业理论知识、设计标准和计算机辅助设计知识进行深度融合，突出对读者技能的训练，符合职业教育的要求，适合作为高职高专院校相关专业的教材、课程设计和项目教学法的教材以及相关人员培训用参考书。

本书由黑龙江建筑职业技术学院杨玉红、李梅芳主编，由黑龙江建筑职业技术学院李庆武主审。第一部分、第二部分的第一章和第二章由李梅芳编写，第二部分的第三章由黑龙江建筑职业技术学院张植莉编写，第一部分和第二部分的实训项目由陆云鹏编写，第三部分由杨玉红编写，参编的人员还有：陈德明、范丽萍、高影、龚晶、官裕祚、李红叶、李明君、李伟峰、李玉甫、刘长龙、王瑞、王欣、杨喜林、张广辉和张恬。

本书在编写过程中，得到了黑龙江建筑职业技术学院孙景芝教授、刘复欣老师的精心指导，特别是孙景芝教授在各个方面都给予大力的帮助，在此谨致以深切的谢意！

虽然编写时力求做到内容准确，但由于参加编写的人员能力和水平有限，书中难免存在缺漏、错误和不妥之处，恳请各位读者批评指正。

编　者

# 目 录
CONTENTS

## 第一部分　供配电与照明工程设计基础知识

### 第一章　供配电与照明设计概述 ········· 3
#### 第一节　建筑电气工程设计的三个阶段及设计文件的组成 ········· 3
　　一、设计的三个阶段 ········· 3
　　二、设计文件的组成 ········· 4
#### 第二节　供配电与照明设计的内容与原则 ········· 5
　　一、供配电与照明系统设计内容 ········· 5
　　二、供配电与照明设计的原则 ········· 7
#### 第三节　供配电与照明系统设计规范标准和设计工具性资料 ········· 8
　　一、供配电与照明系统设计常用的设计规范与标准 ········· 8
　　二、供配电与照明系统设计工具性资料 ········· 10
#### 本章小结 ········· 11

### 第二章　阅读电气工程图的基本知识 ········· 12
#### 第一节　阅读电气工程图需要的基本技能 ········· 12
　　一、电气工程图中常用的图文符号及其含义 ········· 12
　　二、设备和线路的一般标注方式 ········· 12
　　三、照明配电线路的导线根数读取方法 ········· 14
#### 第二节　电气工程图的组成及其表达内容 ········· 15
　　一、电气工程图的组成及用途 ········· 15
　　二、供配电与照明系统中常用的电气工程图 ········· 17
#### 第三节　电气工程图的特点、识图方法与步骤 ········· 18
　　一、电气工程图的特点 ········· 18
　　二、阅读电气工程图应具备的专业知识 ········· 19
　　三、读图要点 ········· 20
　　四、读图步骤及方法 ········· 21
　　五、读图举例 ········· 21
#### 本章小结 ········· 23

| 实训项目 | 24 |

# 第二部分 建筑供电与照明系统设计计算

## 第一章 10kV及以下变配电系统的设计计算 …………………… 27
### 第一节 供配电系统及其组成 ………………………………… 27
一、供配电系统的组成 ………………………………… 27
二、供电电源 …………………………………………… 27
### 第二节 10kV及以下供配电系统的设计步骤 ………………… 34
一、确定供电方案 ……………………………………… 34
二、高、低压电气主接线 ……………………………… 35
### 第三节 10kV及以下变配电系统中设备的选择与计算 ……… 38
一、变压器的选择 ……………………………………… 38
二、高压配电设备的选择 ……………………………… 38
### 第四节 10kV及以下变配电系统中短路电流的计算 ………… 41
一、短路形成的原因及造成的后果 …………………… 41
二、短路的形式 ………………………………………… 42
三、三相短路过渡过程分析 …………………………… 43
四、无限大容量电源系统中三相短路电流的计算 …… 44
本章小结 ………………………………………………………… 56
实训项目 ………………………………………………………… 56

## 第二章 建筑低压配电系统的设计与计算 ……………………… 58
### 第一节 低压配电系统的设计步骤及其基本知识 …………… 58
一、低压配电系统的设计步骤 ………………………… 58
二、低压配电系统中常见的配电方式 ………………… 64
三、建筑低压配电系统的配电要求 …………………… 68
### 第二节 负荷计算 ……………………………………………… 70
一、需要系数法 ………………………………………… 70
二、二项式法 …………………………………………… 80
三、负荷密度估算法 …………………………………… 83
四、单位指标法 ………………………………………… 84
### 第三节 低压配电系统中设备的选择与校验 ………………… 85
一、低压配电设备选择的条件 ………………………… 85
二、低压配电线路中几种保护形式的动作要求 ……… 87
三、低压熔断器的选型 ………………………………… 89

|  |  | 四、低压断路器的选型 | 92 |
|---|---|---|---|
|  |  | 五、低压隔离开关和刀熔开关的选择 | 97 |
| 第四节 | | 低压配电系统中导线的选择与计算 | 98 |
|  |  | 一、电线和电缆选择的原则 | 98 |
|  |  | 二、常用电线型号与敷设条件 | 99 |
|  |  | 三、导线、电缆截面的选择条件 | 101 |
|  |  | 四、电线、电缆截面的选择计算 | 101 |
| 第五节 | | 低压配电系统平面图和系统图 | 110 |
|  |  | 一、电力平面图 | 110 |
|  |  | 二、配电箱系统图 | 113 |
|  |  | 三、配电干线系统图 | 113 |
|  |  | 四、配电小间（强电竖井）大样图 | 113 |
|  |  | 五、照明平面图（详见第五章） | 116 |

本章小结 …… 116
实训项目 …… 116

## 第三章　建筑电气照明系统的设计与计算 …… 120

第一节　建筑电气照明系统的设计步骤及其相关知识 …… 120
　　一、光照部分设计 …… 120
　　二、电气部分设计 …… 123
　　三、管网的综合 …… 130
　　四、绘制施工图 …… 130
　　五、编制概算书或预算书 …… 131
第二节　光源和照明器的选择 …… 131
　　一、电光源的选用 …… 131
　　二、灯具的选用 …… 134
第三节　灯具的布置 …… 137
　　一、一般照明灯具的布置 …… 137
　　二、应急照明的设置及灯具布置 …… 139
第四节　照度计算 …… 141
　　一、利用系数法 …… 141
　　二、平均照度的计算 …… 143
　　三、单位容量法 …… 148
　　四、灯具概算曲线法 …… 151
第五节　照明负荷计算 …… 153
　　一、需要系数法 …… 153
　　二、负荷密度法 …… 156

  第六节　照明质量的评价 ················································· 157
    一、照度水平 ····························································· 157
    二、亮度分布 ····························································· 157
    三、照度均匀度 ························································· 157
    四、照度的稳定性 ····················································· 157
    五、限制眩光 ····························································· 158
    六、光源的颜色和显色性 ········································· 158
    七、绿色照明 ····························································· 158
  第七节　电气照明施工图设计 ········································· 159
    一、建筑电气照明工程图的绘制标准 ····················· 159
    二、建筑电气照明施工图组成 ································· 160
 本章小结 ············································································ 163
 实训项目 ············································································ 163

# 第三部分　AutoCAD 在供电与照明工程设计中的应用

## 第一章　电气工程制图规则

 第一节　电气图形符号 ····················································· 167
    一、电气图形符号的分类 ········································· 167
    二、文字符号 ····························································· 168
 第二节　电气工程图的种类及规范 ································· 168
    一、电气工程图的种类 ············································· 168
    二、电气制图一般规范 ············································· 170
 本章小结 ············································································ 173

## 第二章　照明与供电计算机辅助设计 ···························· 174

 第一节　AutoCAD 的基本知识 ······································· 174
    一、选项设置 ····························································· 174
    二、设置常用命令按钮 ············································· 178
    三、建立样板文件 ····················································· 178
    四、基本输入操作 ····················································· 180
 第二节　配电系统图的绘制方法 ····································· 188
 第三节　绘制电气图例表 ················································· 204
    一、绘制表格及文字 ················································· 204
    二、绘制表格中的图形 ············································· 212
 第四节　建筑电气平面图的绘制 ····································· 224

第五节　动力配电系统图的绘制 ·················································· 274
本章小结 ····················································································· 281
能力训练 ····················································································· 281

附录1　民用建筑电气设计常用图形符号 ············································ 284
附录2　平圆型吸顶灯技术参数 ························································ 287
附录3　YG1-1型简式荧光灯技术参数 ············································· 289
附录4　YG2-1型简式荧光灯技术参数 ············································· 291
附录5　关于地板空间有效反射系数不等于0.20时对利用系数的修正表 ······ 293
附录6　电线、电缆技术参数 ··························································· 294

参考文献 ····················································································· 300

# 第一部分

# 供配电与照明工程设计基础知识

建筑电气设计在内容上,可以简单地分为"强电"设计和"弱电"设计两大部分。

"强电"设计主要包括照明系统设计、动力系统设计、变配电系统设计、防雷设计、接地系统设计以及建筑设备的控制系统设计等。

"弱电"设计主要包括火灾自动报警与消防联动控制系统设计、通信网络系统设计、办公自动化系统设计、综合布线系统设计及其他智能化系统集成等内容的设计等。

在本书中,仅就"强电"系统的设计知识作一介绍,并以照明系统、供配电系统的设计为主。

# 第一章 供配电与照明设计概述

## 第一节 建筑电气工程设计的三个阶段及设计文件的组成

### 一、设计的三个阶段

在工业与民用建筑电气工程设计中，供配电与照明设计是两个非常重要的内容。为了能更加经济、合理地进行设计，先了解一下建筑电气工程设计的三个阶段。

1. 方案设计阶段

方案设计是在项目决策前对建设项目在技术经济以及其他方面是否可行，对多个实施方案做最终选择的研究论证，是建设项目投资决策的依据。

在该设计阶段中，与供配电和照明有关的内容有：确定负荷级别和一、二、三级负荷的主要内容；负荷估算；根据负荷性质和负荷量，要求外供电源的回路数、容量、电压等级；变配电所的位置、数量和容量；确定备用电源和应急电源的形式；照明设计的相关系统内容等。

2. 初步设计阶段

初步设计是项目决策后根据设计任务书的要求和有关设计基础资料所作出的具体实施方案初稿。

在该设计阶段中，与供配电和照明有关的内容包括：在电气总体平面图中，应标出高、低压线路及其他系统线路的走向、回路编号、导线及电缆型号、规格；在系统图中，应注明设备容量、计算电流、无功补偿容量、导体型号规格、用户名称；在照明平面图中，应指明灯位、灯具规格、配电箱（或控制箱）位，不需连线。

初步设计阶段的设计计算书包括的内容有：用电设备负荷计算、变压器选型计算、电线（缆）选型计算、系统短路电流计算等。

3. 施工图设计阶段

施工图设计是技术设计和施工图绘制的总称。本阶段首先是技术设计，即对经审批的初步设计原则性方案作细致全面的技术分析和计算，取得确切的技术数据后，再绘制施工安装图样。

在此设计阶段中，与供配电和照明有关的内容包括：配电箱系统图、配电平面图、照明平面图，以及因初步设计文件审查变更后需要重新进行计算的部分，其具体内容与初步设计阶段大体相同。

对于以上三个阶段，在技术要求较为简单的民用建筑工程中，经有关主管部门同意，并且合同中有不做初步设计的约定时，可在方案设计审批后，直接进入施工图设计。

## 二、设计文件的组成

建筑电气设计文件共包括三个组成部分，即设计说明书、设计计算书和设计图样。这三个组成部分在前面所述的三个阶段中有不同的重要程度。

如前所述，设计的三个阶段中，最后的设计成果与施工直接联系的就是施工图设计阶段。因此施工图设计阶段中设计图样是最重要的设计技术文件。不难理解，设计图样可以综合体现设计人员的设计思想意图构思，同时，也综合体现施工要求。

1. 设计说明书

设计说明书是要对工程的整体设计做一个文字说明，主要是设计思想的文字描述。通过设计说明书可以使业主理解设计思想，体会设计是如何实现业主对于建筑功能的要求的；可以使图纸审查部门了解设计者设计依据、使用标准和规范；可以使施工单位了解设计者要求的工艺做法和工艺流程等。总之，对于不方便或不宜在图纸上描述的内容，都可以通过设计说明书来表达。

在设计的三个阶段，设计说明书内容各不相同。

在方案设计阶段，设计说明书包括：确定供电负荷等级、供电措施、用电负荷总容量及负荷大小、总变配电所的布局和位置及建所规模、配电线路的敷设方式、防雷等级及措施、节能措施，并对不同的方案提出必要的经济概算指标对比等。

在初步设计阶段，设计说明书包括：设计依据、建筑概况、设计范围、供配电设计、负荷计算、照明设计、防雷、系统保护与接地方式、各种弱电系统、导线选择及线路敷设等内容。

在施工图设计阶段，还应根据本阶段的设计成果，对上述设计说明书进行补充和调整。

2. 设计计算书

设计计算书仅供内部使用及存档，所包括的计算内容如下：

（1）各类用电设备的负荷计算；
（2）系统短路电流及继电保护计算；
（3）变压器选型、电缆选型、导线选型、主要设备选型计算；
（4）电力、照明配电系统保护配合计算；
（5）防雷类别及避雷针保护范围计算；
（6）主要场所照度计算；
（7）接地电阻计算等。

3. 设计图样

设计图样是以图的形式来表达设计思想和设计结果，设计过程中的所有设计理念、计算结果、系统整体的布局、选择的设备参数、设备的具体位置及安装方式等，都在设计图样上有完整而清晰的表达。

设计图样包括：施工设计说明、图例符号、主要设备表、电气总平面图、高低压配电系统图、竖向配电系统图、配电箱系统图、配电平面图、照明平面图及其他如防雷、接地、消防等平面图和系统图。

## 第二节 供配电与照明设计的内容与原则

### 一、供配电与照明系统设计内容

1. 供配电系统设计的内容

建筑供配电系统由高压及低压配电线路、变电站（包括配电站）和用电设备组成，如图1-1-1所示。

一些大型、特大建筑设有总降压变电站，把35～110kV电压降为6～10kV电压，向各楼宇小变电站供电，小变电站再把6～10kV降为380/220V电压，对低压用电设备供电。中型建筑设施的供电，一般电源进线为6～10kV，经过高压配电站，再由高压配电站分出几路高压配电线将电能分别送到各建筑物变电所，降为380/220V低压，供给用电设备。小型建筑设施的供电，一般只需一个6～10kV降为380/220V的变电所。对于100kW以下用电负荷的建筑，一般不设变电站，只设一个低压配电室向设备供电。

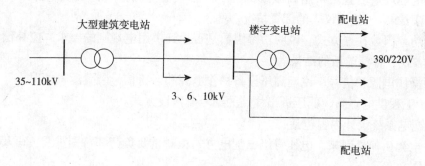

图1-1-1 建筑供配电系统

低压配电系统，是指从终端降压变电所的低压侧到低压用电设备的电力线路，其电压为380/220V，由配电装置（配电柜或盘）和配电线路（干线及分支线）组成。低压配电系统可分为动力配电系统和照明配电系统。低压配电网络由馈电线、干线和分支线组成。馈电线是将电能从变电所低压配电屏送至总配电箱的线路；干线是将电能从总配电箱送至各个分配电箱的线路；分支线是由干线分出，将电能送至每一个照明分配电箱的线路，及从分配电箱分出接至各用电设备的线路，如图1-1-2所示。

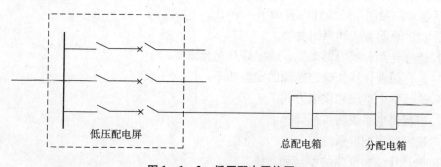

图1-1-2 低压配电网络图

由上述可以看出，供配电系统设计包括供电系统设计和低压配电系统的设计。

供电系统设计内容包括：确定供电电源及供电电压、确定高压电气主接线及低压电气主接线、选择变配电设备等。其具体设计内容如下：

（1）确定负荷等级和各类负荷容量。

（2）确定供电电源及电压等级、电源出处、电源数量及回路数、专用线或非专用线、电缆埋地或架空、近远期发展情况。

（3）确定备用电源和应急电源容量及性能要求，有自备发电机时，说明启动方式及与市电网关系。

（4）高、低压供电系统接线形式及运行方式，正常工作电源与备用电源之间的关系，母线联络开关运行和切换方式，变压器之间低压侧联络方式，重要负荷的供电方式。

（5）变、配电站的位置、数量、容量（包括设备安装容量，计算有功、无功、视在容量，变压器台数、容量）及形式（户内、户外或混合）、设备技术条件和选型要求。

（6）继电保护装置的设置。

（7）电能计量装置。采用高压或低压、专用或非专用柜（满足供电部门要求和建设方内部核算要求）、监测仪表的配置情况。

（8）功率因数补偿方式。说明功率因数是否达到供用电规则的要求，应补偿容量和采取的补偿方式，补偿前后的结果。

（9）操作电源和信号。说明高压设备操作电源和运行信号装置配量情况。

（10）工程供电。高、低压进出线路的型号及敷设方式。

低压配电系统设计内容包括：

（1）电源由何处引来，电压等级，配电方式；对重要负荷和特别重要负荷及其他负荷的供电措施。

（2）选用导线、电缆、母干线的材质和型号，敷设方式。

（3）开关、插座、配电箱、控制箱等配电设备选型及安装方式。

（4）电动机启动及控制方式的选择。

2. 照明系统的设计内容

照明系统设计包括照明光照设计和照明电气设计两大部分。其中光照设计的主要任务是选择照明方式和照明种类，选择电光源及其灯具，确定照度标准并进行照度计算，合理布置灯具等；而照明电气设计通常是在光照设计的基础上进行的，其主要任务是保证电光源能正常、安全、可靠而经济地工作。

概括起来，照明系统设计内容如下：

（1）确定照明方式和照明种类。

（2）选择光源和照明器类型，确定灯具布置方案。

（3）进行照度计算，确定光源的安装功率。

（4）选择供电电压和供电方式。

（5）进行供电系统的负荷计算。

（6）确定照明配电系统。

（7）选择导线和电缆的型号和布线方式。

（8）选择配电装置、照明开关和其他电气设备。

（9）绘制照明平面图，同时汇总安装容量，列出主要设备和材料清单。
（10）绘制相应的供电系统图。

## 二、供配电与照明设计的原则

### （一）供配电系统设计原则

供配电系统设计的基本原则是：安全、可靠、经济、灵活。

1. 安全

安全是建筑供配电设计的最主要的出发点，要保证系统在运行时人身安全，以及设备运行的安全，还应考虑系统维修安全。为此，在进行供配电设计时，不论是系统的设计，还是设备的选择都应以安全为先决条件。

2. 可靠

可靠是指供电的可靠性。可靠性主要从供电电源和供电电压两个方面体现。供电电源的可靠即供电的不间断性，亦即供电的连续性。在确定供电电源时，应结合建筑物的负荷级别、用电容量、用电单位的电源情况和电力系统的供电情况等因素，保证满足供电可靠性和经济合理性的要求。

供电质量的可靠性又包括两个方面：一是参数指标，如电压的高低、频率的快慢、波形的正弦规律的误差限定在规定的范围内；二是不利成分，如高次谐波、瞬态冲击电压减小到一定的范围。

3. 经济

供配电系统的设计方案在保证安全、可靠的前提下，还应考虑投资少、运行费用低这一经济指标因素。这就要求在进行设计时，准确定位供配电形式，合理选择导线及电气设备，提高设备的利用率等。

4. 灵活

供配电系统工作的最终目的是为人服务的，同时，它也应是被人所控制的，在进行系统设计时，应充分融入人文理念，无论在操作、控制、维修等方面，都应做到方便、灵活，随着新技术、新工艺、新产品在建筑电气领域的不断涌现，各种智能化的电气设备和成套装置、分布式智能控制网络构成的系统、数字化智能仪表，可以进一步提高系统操作的灵活性，提高系统的科技含量。

一切设计都应该严格按照标准、规范进行，也就是说，每一项设计都必须以标准、规范为依据，每一个设计结果都必须符合标准、规范的要求。随着改革开放的不断深入，世界许多著名建筑设计事务所进入国内建筑市场，在随之而来的新理念、新技术、新工艺、新产品的影响下，各种超大、超高建筑不断涌现。因此在进行设计时，可能会出现超出目前现有标准、规范的情况，在这种情况下，可以借鉴国际、国内的成功经验，但更重要的是征求专业和行业的主管部门意见后进行设计。

### （二）照明系统设计的原则

如前所述，照明系统设计包括光照设计和电气设计两部分内容，在两个部分的设计中，遵循的设计原则略有侧重不同。光照设计的原则是：安全、适用、经济、美观；电气设计的原则是：安全、可靠、经济、便利、美观、发展。

1. 安全

对于任何一个与电有关的系统，安全总是最重要的第一要求，这里所说的安全包括人身安全和设备安全两个方面。在日常生活中，照明设备的应用和分布很广泛，而且线路分支较复杂，为了保障照明设备和人身安全，必须重视照明设备及其线路的电气安全。系统如果设计考虑不周或施工质量不良，或材料、设备选用不当，都可能直接造成设备或人身事故，或大面积停电，或火灾等严重后果。为此电气设计和光照设计都应严格执行有关规程，力求把人身触电事故和设备损坏事故降低到最低限度。

2. 适用

"适用"是指能提供一定数量和质量的照明，保证规定的可见度水平，满足生产、工作和生活的需要，这就要求在进行照明设计时应满足国家指定的照度标准和用户提出的具体照度要求，并使受照区域有合理的亮度分布和照度均匀度、稳定的照度，同时使光源的显色指数和眩光的限制水平达到标准。由于照明的好坏直接影响到人身和生产的安全，影响到劳动生产率、工作和学习效率、产品的质量等，所以照明必须适用。

3. 经济

"经济"指一方面尽量采用高效新型节能光源和灯具，充分发挥照明设施的实际效益，尽量能以较少的投资获得较好的照明效果；另一方面是在符合各项规程、指标的前提下，还要符合国家当前的电力、设备和材料等方面的生产水平，尽量节省投资。

4. 美观

由于照明装置不但要保证生产和生活需要的能见度要求，同时还具有装饰房间、美化环境作用，因此设计时应在满足实用、经济的条件下，适当注意美观。选择的光源和灯具要与建筑物风格相协调。整个供配电系统与施工，应尽量不损坏建筑物的整体效果。因此在选择布线方式、线路敷设位置和电器的外形及安装方式等都必须注意配合建筑物的美观要求。

5. 可靠

这里所说的"可靠"指照明系统供电的可靠性，即不间断供电，在实际设计中，应根据照明用电负荷的等级来确定供电方式。

6. 便利

所谓"便利"主要指在进行电气设计时，应考虑到使用、维护的方便性。合理确定灯开关、插座和配电箱、配电柜、计量箱等的安装位置、安装高度，确保操作通道符合有关要求。

7. 发展

主要指在进行照明电气设计时，以近期建设为主，适当考虑发展的可能性，在选导线、开关及其他电气设备时，留有适当的发展空间。

## 第三节 供配电与照明系统设计规范标准和设计工具性资料

### 一、供配电与照明系统设计常用的设计规范与标准

1. 《民用建筑电气设计规范》（JGJ/T16—2008）

该规范由中国建筑东北设计研究院主编，于2008年1月31日被建设部批准为行业标

准，自 2008 年 8 月 1 日起实施。新的规范在原行业标准《民用建筑电气设计规范》（JGJ/T16—92）版基础上进行大量的修改更新，新增加了多项强制性条文。该规范共 20 章，对民用建筑电气设计的技术标准、规定、要求进行了较全面的论述。

二十章内容分别是：（1）总则；（2）术语；（3）供配电系统；（4）配变电所；（5）继电保护及电气测量；（6）自备应急电源；（7）低压配电；（8）配电线路布线系统；（9）常用设备电气装置；（10）电气照明；（11）民用建筑物防雷；（12）接地及安全；（13）火灾自动报警与联动控制；（14）安全技术防范；（15）有线电视和卫星电视；（16）广播、扩声与会议系统；（17）呼应信号及信息显示；（18）建筑设备监控系统；（19）计算机网络系统；（20）通信网络系统。

在此规范中，可以查到供配电与照明系统常用的术语、符号、代号，供配电系统设计的技术标准与规定，负荷计算方法，导线敷设要求，电气照明设计的技术标准与规定等内容。

2. 《供配电系统设计规范》（GB50052—95）

该规范由原机械电子工业部会同有关部门共同修订，1995 年建设部批准为强制性国家标准，于 1996 年 5 月 1 日起实施。该规范共六章，从贯彻执行国家的技术经济政策、保障人身安全、供电可靠、技术先进和经济合理的基本要求出发，对 100kV 及以下的变配电系统新建和扩建工程设计提出了规范要求。

六章内容分别是：（1）总则；（2）负荷分级与供电要求；（3）电源及供电系统；（4）电压选择和电能质量；（5）无功补偿；（6）低压配电。

3. 《低压配电设计规范》（GB50054—95）

该规范由原机械电子工业部会同有关部门共同修订，1995 年建设部批准为强制性国家标准，于 1996 年 6 月 1 日起实施。该规范共五章，从低压配电设计执行国家的技术经济政策、保障人身安全、配电可靠、电能质量合格、节约电能、技术先进、经济合理和安装保护方便出发，对新建和扩建工程的交流、工频 500V 以下的低压配电设计提出了规范要求。该规范考虑了与国际电工委员会（IEC）标准靠拢，许多方面采用了 IEC 标准。

五章内容分别是：（1）总则；（2）电器和导体的选择；（3）配电设备的布置；（4）配电线路的保护；（5）配电线路的敷设。

4. 《建筑物防雷设计规范》（GB50057—2000 年版）

该规范由原机械工业部负责主编，国家机械工业局设计研究院会同有关单位进行了局部修订，于 2000 年 10 月 1 日起实施。该规范共六章，从防止或减少雷击建筑物所发生的人身伤亡和文物、财产损失，做到安全可靠、技术先进、经济合理的角度考虑，提出了建筑物防雷设计的规范要求。

六章内容分别是：（1）总则；（2）建筑物的防雷分类；（3）建筑物的防雷措施；（4）防雷装置；（5）接闪器的选择和布置；（6）防雷击电磁脉冲。

5. 《10kV 及以下变电所设计规范》（GB50053—94）

该规范由原机械工业部负责主编，中华人民共和国建设部批准，于 1994 年 11 月 1 日起实施。该规范共六章，从保障人身安全，供电可靠，技术先进，经济合理和维护方便，确保设计质量出发制订本规范，适用于交流 10kV 及以下新建、扩建或改建工程的变电所设计。

六章内容分别是：（1）总则；（2）所址选择；（3）电气部分；（4）配变电装置；

(5) 并联电容器装置；(6) 对有关专业的要求。

6. 《建筑照明设计标准》(GB50034—2004)

该规范由中华人民共和国建设部主编。本标准系在原国家标准《民用建筑照明设计标准》GBJ 133—90 和《工业企业照明设计标准》GB 50034—92 的基础上，总结了居住、公共和工业建筑照明经验，通过普查和重点实测调查，并参考了国内外建筑照明标准和照明节能标准经修订、合并而成。该标准共八章，主要规定了居住、公共和工业建筑的照明标准值、照明质量和照明功率密度。

八章内容分别是：(1) 总则；(2) 术语；(3) 一般规定；(4) 照明数量和质量；(5) 照明标准值；(6) 照明节能；(7) 照明配电及控制；(8) 照明管理与监督。

7. 《建筑设计防火规范》(GB50016—2006)

该规范由中华人民共和国公安部主编、公安部天津消防研究所会同有关单位共同修订，于 2006 年 7 月 12 日被中华人民共和国建设部批准为强制性国家标准，于 2006 年 12 月 1 日开始实施。

该规范共分十二章，内容分别是：(1) 总则；(2) 术语；(3) 厂房（仓库）；(4) 甲、乙、丙类液体、气体储罐（区）与可燃材料堆场；(5) 民用建筑；(6) 消防车道；(7) 建筑构造；(8) 消防给水和灭火设施；(9) 防烟与排烟；(10) 采暖、通风与空气调节；(11) 电气；(12) 城市交通隧道等。

8. 《高层民用建筑设计防火规范》GB50045—95（2005 年版）

该规范由中华人民共和国公安部消防局会同有关单位共同修订，中华人民共和国建设部 2005 年 7 月 15 日批准，自 2005 年 10 月 1 日起实施。

该规范共有九章和两个附录。其内容包括：(1) 总则；(2) 术语；(3) 建筑分类和耐火等级；(4) 总平面布局和平面布置；(5) 防火、防烟分区和建筑构造；(6) 安全疏散和消防电梯；(7) 消防给水和灭火设备；(8) 防烟、排烟和通风、空气调节；(9) 电气等。

## 二、供配电与照明系统设计工具性资料

1. 设计手册

这是必备的工具书，目前常用的有：

(1) 中国航空工业规划设计研究院等编的《工业与民用配电设计手册》（第三版），中国电力出版社，2005 年出版。

(2) 朱林根等著译的《21 世纪建筑电气设计手册（上、下）》，中国建筑工业出版社，2001 年出版。

(3) 王国君主编的《电气制图与读图手册》，科学普及出版社，1995 年出版。

(4) 焦留成主编的《供配电设计手册》，中国计划出版社，1999 年出版。

(5) 手册编写组编写的《电气工程标准规范综合应用手册》，中国建筑工业出版社，1994 年出版。

(6) 北京照明学会照明设计专业委员会编写的《照明设计手册》，中国电力出版社，2006 年出版。

(7) 中国建筑标准设计研究院编写的《建筑电气常用数据》，中国建筑标准设计研究

院，2006 年出版。

2. 常用综合图集

综合图集均是作者根据丰富的知识和多年的经验，经广泛收集汇总而成，是进行设计的宝贵参考资料。

（1）刘宝林主编的《简明建筑电气设计图册》，中国建筑工业出版社，1990 年出版。

（2）北京照明学会设计委员会编写的《建筑电气设计实例图册》，中国建筑工业出版社，1998 年出版第 1 册，2000 年出版第 2 册。

（3）中国建筑标准设计研究院编写的《民用建筑工程电气初步设计深度图样》，中国建筑标准设计研究院，2005 年出版。

（4）吕光大主编的《建筑电气安装工程图集（三）设计、施工、材料》，中国电力出版社，2006 年出版。

# 本章小结

本章主要介绍建筑供配电与照明设计的步骤、内容、原则以及在设计中应遵循的相关国家规定、规范、标准等。同时还向读者简介了设计中可以借鉴的相关资料。

1. 电气工程设计包括三个阶段：方案设计阶段、初步设计阶段和施工图设计阶段。

2. 在施工图设计阶段，电气专业设计文件应包括：图纸目录、施工设计说明、设计图纸、主要设备表、计算书（供内部使用及存档）、工程预算。

3. 通过三个阶段的设计，最后形成的设计文件包括：设计说明书，设计计算书和设计图样三部分内容。

4. 供配电与照明系统的设计也遵循上述程序和要求。

5. 供配电系统设计的内容包括：确定供电电源及供电电压，确定高压电气主接线及低压电气主接线，选择变配电设备等。

6. 照明系统的设计内容包括：选择照明方式和照明种类，选择电光源及灯具，确定照度标准并进行照度计算，进行灯具布置，确定照明供配电方式，确定照明控制策略等。

7. 在进行供配电和照明设计时，应严格执行国家制定的规范和标准，在保证人身、线路、设备安全的基础上，力求供电可靠、技术先进、经济合理、控制维修方便、布置美观和利于发展。

8. 供配电系统设计的基本原则是：安全、可靠、经济、灵活。

# 第二章 阅读电气工程图的基本知识

能表明建筑中电气工程的构成、功能、原理，并提供必要的技术数据作为安装、维护的依据的图叫电气工程图。它是电气工程中应用特别广泛的图。设计部门用它表达设计思想和设计意图；生产部门用它指导加工与制造；使用部门用它作为编制招标标书的依据，或用以指导使用和维护；施工部门用它作为编制施工组织计划、编制投标报价及准备材料、组织施工等等的根据。对于电气工程技术人员和管理人员来说，都应具有一定的绘图能力和读图能力。

## 第一节 阅读电气工程图需要的基本技能

### 一、电气工程图中常用的图文符号及其含义

详见书后附录1。

### 二、设备和线路的一般标注方式

1. 导线标注

标注方式：$a-b(c\times d)e-f$

当导线截面不同时，应分别标注：$a-b(c\times d+n\times h)e-f$

说明：$a$——线路编号；

$b$——导线型号；

$c$、$n$——导线根数；

$d$、$h$——导线截面；

$e$——敷设方式及穿管管径；

$f$——敷设部位。

对于非末端线路，还应标注线路的代号。

线路的代号：

PG——配电干线；

LG——电力干线；

MG——照明干线；

LFG——电力分支线；

PFG——配电分支线；

MFG——照明分支线；

KZ——控制线。

2. 用电设备标注

标注方式：$\dfrac{a}{b}$ 或 $\dfrac{a}{b}+\dfrac{c}{d}$

说明：$a$——设备编号；
　　　$b$——额定功率（kW）；
　　　$c$——线路首端熔片或熔断器释放器的电流（A）；
　　　$d$——标高（m）。

3. 电力和照明设备

一般标注方法：$a\dfrac{b}{c}$ 或 $a-b-c$

当需要标注引入线的规格时：$a\dfrac{b-c}{d(e\times f)-g}$

说明：$a$——设备编号；
　　　$b$——设备型号；
　　　$c$——设备功率（kW）；
　　　$d$——导线型号；
　　　$e$——导线根数；
　　　$f$——导线截面（mm²）；
　　　$g$——导线敷设方式及部位。

4. 开关及熔断器标注

一般标注方法：$a\dfrac{b}{c/i}$ 或 $a-b-c/i$

当需要标注引入线的规格时标注为：$a\dfrac{b-c/i}{d(e\times f)-g}$

说明：$a$——设备编号；
　　　$b$——设备型号；
　　　$c$——额定电流（A）；
　　　$i$——整定电流（A）；
　　　$d$——导线型号；
　　　$e$——导线根数；
　　　$f$——导线截面（mm²）；
　　　$g$——导线敷设方式。

5. 灯具标注

一般标注方法：$a-b\dfrac{c\times d\times L}{e}f$

灯具吸顶安装：$a-b\dfrac{c\times d\times L}{-}$

说明：$a$——灯数；
　　　$b$——型号或编号；
　　　$c$——每盏照明灯具的灯泡数；
　　　$d$——灯泡容量（W）；
　　　$e$——灯具安装高度（m）（壁灯灯具中心与地距离/吊灯灯具底部与地距离）；
　　　$f$——安装方式；
　　　$L$——光源种类，符号如下：

IN——白炽灯；   FL——荧光灯；   IR——红外灯；   UV——紫外灯；
Ne——氖灯；   I——碘灯；   Xe——氙灯；   Na——钠灯；
Hg——汞灯；   ARC——弧光灯；   LED——发光二极管。

6. 导线根数标注

标注方式：——///——    ——/3——    ——/n——

说明：用具体数字说明导线的根数。

7. 配电箱的标注

平面图中标注方式：$a$

系统图中标注方式：$a-b-c$

说明：$a$——设备编号；

    $b$——设备型号；

    $c$——功率（kW 或 kvar）或计算电流（A）。

### 三、照明配电线路的导线根数读取方法

由于照明灯具一般都是单相负荷，其控制方式是多种多样的，加上施工配线方式的不同，对相线、中性线、保护线的连接各有要求，所以其连接关系比较复杂，如相线必须经开关后再接于灯座，零线可以直接进灯座，保护线则直接与灯具金属外壳相连接。这样就会在灯具之间、灯具与开关之间出现导线根数变化。我们将从开关出来的电线称为"控制线"。那么对于 $n$ 联开关，送入开关 1 根相线以及 $n$ 根"控制线"，因此 $n$ 联开关共有 $n+1$ 根导线。

下面就来分析几种常见情况下，如何读取导线的根数。

1. 一只开关控制一盏灯

最简单的照明控制线路在一个房间内采用一只开关控制一盏灯，若采用管配线暗敷设，其照明平面图如图 1-2-1 所示，透视接线图如图 1-2-2 所示。

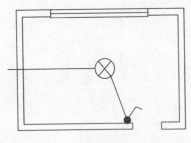
图 1-2-1 一只开关控制一盏灯的照明平面图

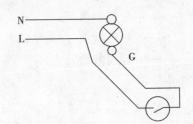
图 1-2-2 一只开关控制一盏灯的透视接线图

可以看出平面图和实际接线图是有区别的。由图可知，电源与灯座的导线和灯座与开关之间的导线都是两根，但其意义却不同，电源与灯座的两根导线，一根为直接接灯座的中性线（N），一根为相线（L），中性线直接接灯座，相线必须经开关后再接于灯座；而灯座与开关间的两根导线，一根为相线，一根为控制线（G）。

2. 多只开关控制多盏灯

图 1-2-3 是两个房间的照明平面图，图中有一个照明配电箱，三盏灯，一个双联单

控开关和一个单联单控开关，采用管配线。图中大房间的两灯之间为三根线，中间一盏灯与双联单控开关之间为三根线，其余都是两根线，因为线管中间不允许有接头，接头只能放在灯座盒内或开关盒内，实际接线图见图1-2-4。

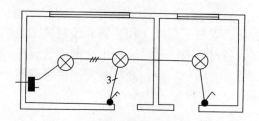 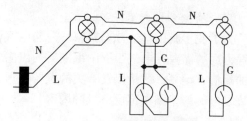

图1-2-3　多只开关控制多盏灯的照明平面图　　　　图1-2-4　多只开关控制多盏灯的透视接线图

由实际接线图不难看出：大房间中两盏灯之间的三根导线，其中一条为相线，一根为中性线，一根为控制线；而中间一盏灯与双联单控开关之间的三根导线，一根为相线其余两根均为控制线。

3. 两只开关控制一盏灯

用两只双控开关在两处控制一盏灯，通常用于楼梯、过道或客房等处。其平面图如图1-2-5所示，透视接线图如图1-2-6所示。图中一盏灯由两个双控开关在两处控制，两个双控开关之间的导线都为三根，三根均是一相线加两条控制线。

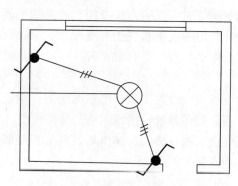 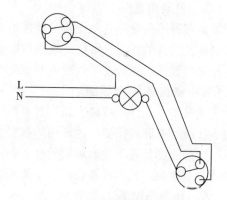

图1-2-5　两只开关控制一盏灯的平面图　　　　图1-2-6　两只开关控制一盏灯的透视接线图

## 第二节　电气工程图的组成及其表达内容

### 一、电气工程图的组成及用途

**（一）目录、说明、图例、设备材料表**

1. 图样目录

包括图样名称、编号、张数、图样大小及图样序号等。通过图样目录，可以对整个设计图样目录技术文件有全面的了解。

2. 设计/施工说明

阐述设计依据、建筑方要求和施工原则、建设特点、安装标准及方法、工程等级，说明建筑工程中主要电气设备的规格型号、使用的新材料、新工艺、新技术及对施工的要求等。

3. 设备材料明细表

为了便于施工单位计算材料、采购电气设备、编制工程概（预）算和编制施工组织计划等方面的需要，电气工程图纸上要列出主要设备材料表。表内应列出全部电气设备、材料的规格、型号、数量以及有关的重要数据，要求与图纸一致，而且要按照序号编写。材料表是电气施工图中不可缺少的内容。

（二）电气系统图

表现电气工程供电方式、电能输送、分配及控制关系和设备运行情况的图样。电气系统图只表示电路中元件间的连接，而不表示具体位置、接线情况等，可反映出工程概况。电气系统图又分强电系统图和弱电系统图两类：强电系统图主要反映电能的分配、控制及各主要元件设备的设置、容量及控制作用；弱电系统图主要反映信号的传输及变化，各主要设备、设施的布置与关系。系统图通常用单线条表示，是电气施工图中最重要的部分，是学习识图的重点。

（三）电气平面图

电气平面图是以建筑平面图为依据，表示设备、装置与管线的安装位置、线路走向、敷设方式等平面布置，而不反映具体形状的图。根据用电负荷的不同，电气平面图有照明平面图、动力平面图、防雷平面图、接地平面图、弱电平面图等。

（四）设备布置图

设备布置图是表示各种设备及器件平面和空间位置、安装方式及相互关系的平面、立面和剖面及构件的详图，多按三视图原则绘出。常用的设备布置图有变/配电、非标设备、控制设备布置图，最为常用且重要的是配电室及中央控制平剖面布置图。

（五）安装接线/配线图

表示设备、元件和线路安装位置、配线及接线方式以及安装场地状况的图，用以指导安装、接线和查障、排障。其常用的有开关设备、防雷系统、接地系统安装接线图。

二次接线图是与下述原理图配套，表示电气仪表、互感器、继电器及其他控制回路的接线图。复杂的还配有接线表，简单地附在原理图侧。

（六）电气原理图

依照各部分动作原理，多以展开法绘制，表现设备或系统工作原理，而不考虑具体位置和接线的图。它用以指导安装、接线、调试、使用和维修，是电气工程图中的重点和难点。常用的电气原理图是各种控制、保护、信号、电源等的原理图。

电气原理图要反映设备及元件的启动、信号、保护、联锁、控制及测量这类动作原理及实现功能，它通常技术性最强。

（七）详图

表现设备中某一部分具体安装和做法的图称为样图，往往又称为大样图。一般屏、箱、柜和电气专业通用标准图多为详图。

在电气工程图中，电气原理图、设备布置图、安装接线图等，用在安装做法比较复杂或者是电气工程施工图册中设有标准图而又特别需要表达清楚的地方，一般工程不一定会全有。

## 二、供配电与照明系统中常用的电气工程图

在供配电与照明系统中，常用到的工程图有两类：建筑电气平面图和系统图。平面图是用来指导施工人员现场具体安装设备、布置导线，以及为维修人员提供寻找、确定设备的依据；系统图是对整个配电系统的配电方式，电能的传输、分配、控制等作全面描述；对高低压开关柜、低压配电箱等成套设备的内部结构、配电方式、所用高低压电器设备以及其他配电电器的型号、技术参数等作全面的说明，通过系统图，系统的运行维修人员可以对系统有一个全面的了解。

1. 供电总平面图

供电总平面图标出建筑子项名称（或编号）、层数（标高）、等高线和用户的设备容量等；画出变配电所位置、线路走向、电杆、路灯、拉线、重复接地和避雷器、室外电缆等；标出回路编号、电缆、导线截面、根数、路灯型号和容量；绘制杆型选择表。

2. 高、低压供电系统图

高、低压供电系统图画单线图，标明继电保护、电工仪表、电压等级、母线和设备元件的型号规格；开关柜编号、开关柜型号、设备容量、计量电流、导线型号规格及敷设方法、用户名称、二次回路方案编号。

3. 电力平面图

电力平面图画出建筑物平面轮廓（由建筑专业提供工作图）、用电设备位置、编号、容量及进出线位置；配电箱、开关、启动器、线路及接地平面布置，注明回路编号、配电箱编号、型号规格、总容量；两种电源以上的配电箱应冠以不同符号。注明干线、支线、引上引下线回路编号、导线型号规格、保护管径、敷设方式，画出线路始终位置（包括控制线路）。不出电力系统图时，必须在平面图上注明自动开关整定电流和熔体电流；注明选用的标准安装图的编号和页次。

4. 电力系统图

电力系统图用单线图绘制（一般绘至末级配电箱），标出配电箱编号、型号规格、开关、熔断器、导线型号规格、保护管管径和敷设方法、用电设备编号、名称及容量。

5. 照明平面图

照明平面图画出建筑门窗、轴线、主要尺寸，注明房间名称，主要场所照度标准，绘出配电箱、灯具、开关、插座、线路等等平面布置，标明配电箱、干线及分支线回路编号，标注线路走向及导线根数，多层建筑有标准层时可只绘出标准层照明平面图；说明主要包括电源电压、引入线方式、导线选型及敷设方式等。

6. 照明系统图

照明系统图用单线图绘制，标出配电箱、开关、熔断器、导线型号规格、保护管管径和敷设方式，需计量时还应画出电度表，分支回路应标明相序。

7. 建筑物防雷接地平面图

一般小型建筑物绘顶视平面图（在建筑屋顶平面图的基础上作业），复杂形状的大型建筑物应绘立面图，注出标高和主要尺寸；避雷针或避雷带（网）引下线、接地装置平面图、材料规格、相对位置尺寸；注明选用的标准图编号、页次；说明主要包括建筑物和构

筑物防雷等级和采取的防雷措施；接地装置的电阻值要求及型式、材料和埋设方法等。

上述仅对电气工程中与供配电和照明相关的工程图做了简单介绍。其实，图样涉及了变配电工程、电力工程、电气照明工程、自动控制与自动调节工程、建筑设备电脑管理系统工程、建筑与构筑物防雷保护工程、弱电工程等许多方面。在这里就不一一详细介绍了。

## 第三节　电气工程图的特点、识图方法与步骤

### 一、电气工程图的特点

1. 简图是电气工程图的主要表达形式

所谓简图是用图形符号、带注释的围框或简化外形表示系统或设备中各组成部分之间相互关系及其连接关系的一种图，如图1-2-7所示。很显然，绝大部分电气工程图都是简图，如系统图、平面图等。所以说简图是电气工程图的主要表达形式。

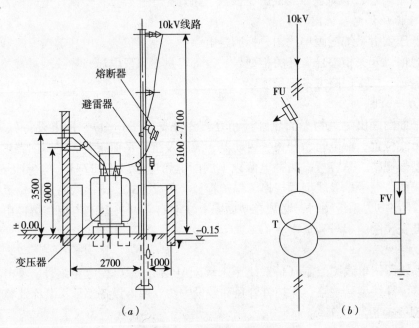

**图1-2-7　变电所电气图示例**
(a) 断面图；(b) 系统图

这里应当指出的是，简图并不是简略的图，而是一种术语。其简化的是表达形式，而其表达的内容却是极其复杂和严密的。

2. 元件和连接线是电气工程图的主要表达内容

一个电路通常由电源、开关设备、用电设备和连接导线四个部分组成，如果将电源设备、开关设备和用电设备看成是元件，则电路由元件与连接线组成。元件和连接线是电气工程图的主要表达内容。

实际上，由于采用不同的方式和手段对元件和连接线进行描述，从而显示出了电气工程图的多样性。例如在系统图中通常用简化外形符号（圆形、正方形、长方形）表示元

件，而在平面图中元件通常用一般符号表示。

元件和连接线又有不同的表示方法，例如集中表示法、分开表示法等。在二次电气图中，一般采用分开表示法，在平面图和系统图中，一般采用单线表示法，而多张系统图相互有关系时，一般采用中断表示法等。

3. 功能布局法和位置布局法是电气工程图两种基本布局方法

功能布局法是指电气图中元件符号的布置，只考虑便于看出它们所表示的元件之间功能关系，而不考虑实际位置的一种布局方法。电气工程图中系统图即采用这种布局方法。

位置布局法是指电气图中元件符号的布置对应于该元件实际位置的布局方法。电气工程图中的平面布置图通常采用这种布局方法。

4. 图形符号、文字符号和项目代号是构成电气工程图的基本要素

一个电气系统、设备或装置通常由许多部件、组件、功能单元等组成。这些部件、组件、功能单元等被称为项目。在主要以简图形式表示的电气图中，为了描述和区分这些项目的名称、功能、状态、特征及相互关系、安装位置、电气连接等等，没有必要也不可能一一画出各种元器件的外形结构，一般是用一种简单的符号表示的，这些符号就是图形符号。一个图形符号可以表示多种类型的元器件，例如一个熔断器符号，可表示高压熔断器、低压熔断器、户内式的、户外式的等等，显然，在一个图中用一个符号来表示多种类型的产品显然是不严格的，还必须在符号旁标注不同的文字符号（严格地讲，应该是项目代号），以区别其名称、功能、状态、特征及安装位置等等。所以，图形符号、文字符号（或项目代号）是电气工程图的主要组成部分。

当然，为了更加具体地加以区分，在一些图中除了标注文字符号外，有时还要标注技术数据（型号、规格等）。

## 二、阅读电气工程图应具备的专业知识

1. 电气专业方面

（1）熟练掌握电气图形符号、文字符号、标注方法及其含义，熟悉建筑电气工程制图标准、常用画法及图样类别（将在第三部分第一章介绍）。

（2）熟悉建筑电气工程经常采用的标准图集图册、有关设计规程规范及标准，了解设计的一般程序、内容及方法，了解电气安装工程施工及验收规范、安装工程质量验评标准及规范等。

（3）掌握电气工程中的常用设备、电气线路的安装方法及设置。

（4）熟练掌握工程中常用的电气设备、材料（如开关柜、导线电缆、灯具等）的性能、工作原理、规格型号。

2. 土建专业方面

（1）熟悉土建工程、装饰工程施工图中常用的图形符号、文字符号和标注方法。

（2）了解建筑施工图类及与电气施工图的关系。

3. 管道和采暖通风专业方面

熟悉管道、采暖通风空调工程施工中常用的图形符号、文字符号和标注方法，了解制图标准及常用画法，熟悉这些专业的工程工艺和程序，掌握与电气关联部位及其一般要求。

4. 设备安装专业方面

熟悉风机、泵类设备等安装施工图常用符号、文字符号和标注方法，了解制图标准及常用画法，熟悉工程工艺和程序，掌握与电气关联部位及其一般要求。

### 三、读图要点

在实践中，阅读电气工程图一般按设计说明、系统图、平面图与详图、设备材料表和图例并进的程序进行。各部分读图要点如下。

1. 设计说明部分

阅读设计说明时，要注意并掌握下列内容：

（1）工程规模概况、总体要求、采用的标准规范、标准图册及图号、负荷级别、供电要求、电压等级、供电线路、电源进户要求和方式、电压质量等。

（2）系统保护方式及接地电阻要求，系统对漏电采取的技术措施。

（3）工作电源与备用电源的切换程序及要求，供电系统短路参数、计算电流、有功负荷、无功负荷、功率因数及要求等。

（4）线路的敷设方法及要求。

（5）所有图中交代不清、不能表达或没有必要用图表示的要求、标注、规范、方法等。

2. 系统图部分

读系统图时，要注意并掌握以下内容：

（1）进线回路编号、进线线制、进线方式、导线（或电缆）的规格型号、敷设方式和部位，穿线管的规格型号。

（2）配电箱的规格型号及编号、各开关（或熔断器）的规格型号和用电设备编号、名称及容量。

（3）配电箱、柜、盘有无漏电保护装置，其规格型号、保护级别及范围。

（4）用电设备若为单相的，还应注意其分相情况。

3. 照明平面图部分

阅读照明平面图时，应注意并掌握以下内容：

（1）灯具、插座、开关的位置、规格型号、数量，照明配电箱的规格型号、台数、安装位置、安装高度及安装方式，从配电箱到灯具和插座安装位置的管线的规格、走向及导线根数和敷设方式等。

（2）电源进户线位置、方式，线缆规格型号，总电源配电箱规格型号及安装位置，总配电箱与各分配电箱的连接形式及线缆规格型号等。

（3）核对系统图与照明平面图的回路编号、用途名称、容量及控制方式是否相同。

（4）建筑物为多层结构时，上下穿越的线缆敷设方式（管、槽、竖井等）及其规格、型号、根数、走向、连接方式（盒内、箱内式），上下穿越的线缆敷设位置的对应。

（5）其他特殊照明装置的安装要求及布线要求、控制方式等。

4. 详图部分

阅读详图时，应注意并掌握以下内容：

材料及材质要求、几何尺寸、加工要求、焊接防腐要求、安装具体位置、内部结构形式、元件规格型号及功能、具体接线及接线方式、元件排列安装位置、制作比例、开孔要求及其部位尺寸、螺纹加工要求、安装操作程序及要求、组装程序、与其他图样的联系及要求。

5. 设备材料表部分

阅读设备材料表时，主要是掌握工程中的设备、材料、元件的规格型号、数量和质量。

需要说明的是：设备材料表中的内容不能作为工程施工备料或安装依据。施工备料的依据，必须是经过会审后的施工图、会签的设计变更、现场实际发生的经甲方或监理或设计签发的技术文件。

### 四、读图步骤及方法

读图一般分为三个步骤进行。

1. 粗读

所谓粗读就是将施工图从头到尾大概浏览一遍，以了解工程的概况，做到心中有数。粗读时可重点阅读电气系统图、设备材料表、设计说明，主要掌握工程内容、电源情况、线缆规格型号及敷设方式，主要灯具、设备的规格型号，土建工程要求及其他专业要求等。

2. 细读

所谓细读就是按读图程序和读图要点仔细阅读每一张施工图纸，达到读图要点中的要求，并对以下内容做到了如指掌：

（1）灯具及其他电气设备的安装位置及要求。

（2）每条管线走向、布置及敷设要求。

（3）系统图、平面图的标注是否一致，有无差错。

3. 精读

所谓精读就是将关键部位及设备等的施工图纸重新仔细阅读，系统地掌握施工要求。

### 五、读图举例

1. 某住宅楼的供电系统图

图 1-2-8 为某住宅楼的供电系统图，该住宅楼共有 3 个单元，每单元均为一梯三户，现分析 1 单元。

（1）本住宅楼采用三相四线制供电 380/220V 电源。由一层进户，进户标高 2.95m，进线导线采用橡皮绝缘铜线（BX-500 4×16+1×10-SC40），采用穿钢管暗敷设，计算电流 42A。进线总开关采用 HK1-60/3-50 型，熔丝电流为 50A。

（2）各单元采用树干式配电，各单元分支干线采用塑料绝缘铜线 BV-500-3×6-PC20，采用穿塑料管暗敷设。每单元集中计量采用 DD28 单相电度表，单元总开关采用 HK1-30/3-25（熔体电流）。

（3）各单元每层（三户）设一个配电箱，进线开关采用 HK1-15/3-10（熔体电流），每户分开计量，分别安装 DD28 单相电度表各一个，每户采用 RC1A-3A 瓷插式熔断器（熔体电流3A）。1~4 层楼梯灯从 1 单元一层配电箱引出，装瓷插式熔断器，熔体电流为 1A。

（4）每户室内导线均选用塑料绝缘铜线（BV-500-3×2.5-PC15），采用穿塑料管暗敷设。

（5）电源引入各单元的分支干线采用放射式接线，引至2单元、3单元的干线均采用铜芯塑料绝缘导线（BV-500V-4×10-PC32），分别引入各单元的分支线同一单元，均采用BV-500V-3×6-PC20。

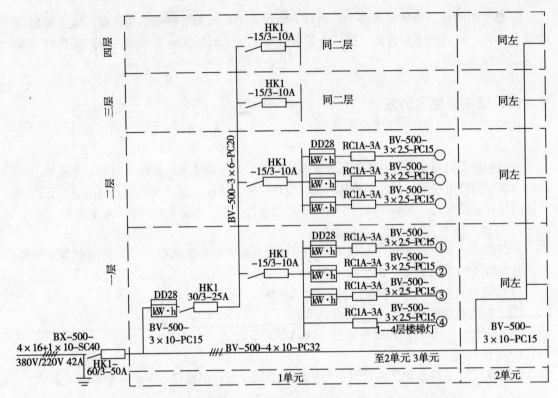

图1-2-8 某住宅楼电气照明供电系统图（2、3单元线路从略）

2. 某住宅楼的电气照明平面图

图1-2-9为某住宅楼1单元的电气照明平面图，现分析如下：

（1）从标准层照明平面图可以看出，配电箱在C轴上，三户共用一个配电箱，进户线（标高为2950mm）由楼梯间引入，由分配电箱引出三条支路到各户，第4路为楼梯照明电源。

（2）各户房间内的所有插座均为暗设（有两芯插座和三芯插座），均为明装拉线开关。房间内各灯安装高度均为2.4m。

（3）两端户 2个居室荧光灯标注 $2\frac{20}{2.4}$ ch，表示安装2盏功率为20W荧光灯，链吊式安装，悬挂高度为距地平面2.4m，采用明装拉线开关；另一居室荧光灯的标注 $2\frac{30}{2.4}$ ch，表示安装1盏功率为30W荧光灯，其余同前；壁灯标注 $2\frac{15}{2.4}$ W，表示客厅安装2盏功率为15W白炽灯，W表示壁装式，距地平面2.4m，采用明装拉线开关；厨房的 $\frac{25}{2.4}$ cp表示安装1盏功率为25W的白炽灯，cp表示安装方式为线吊式，采用明装拉线开关；厕所的 $\frac{15}{2.4}$ W，表示安装1盏功率为15W白炽灯；客厅 $\frac{40}{2.4}$ ch表示安装1盏广照型功率为40W白炽灯，链吊式安装，安装高度为2.4m。

（4）中间户 除两居室用30W荧光灯外，其他房间布置与上相同。

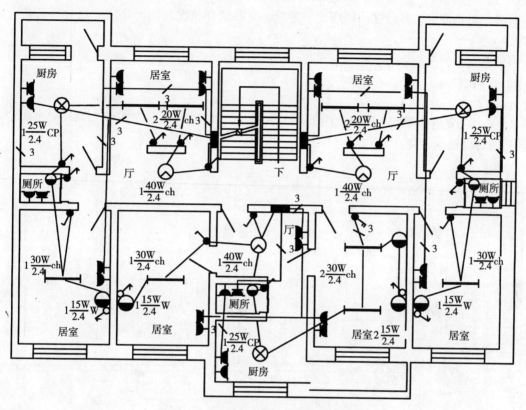

图1-2-9 某住宅楼标准层照明施工图

# 本章小结

本章主要介绍在供配电与照明系统中，常用的电气工程图的种类及其用途，阅读电气工程图必须具备的知识以及读图的步骤，并通过实例分析，介绍了读图的具体方法。

1. 要正确阅读电气工程图，首先应该熟悉电气施工图中常用的符号及其含义，其次应该熟悉相关的设计规范规程及设计标准等电气专业方面的知识，同时还要了解其他相关专业方面的基本知识。

2. 电气工程图一般由图样目录、设计说明、设备材料表、电气系统图、电气平面图、设备布置图、安装接线/配线图、详图等组成。

3. 在供配电与照明系统中，关系最紧密的是供电平面图、供配电系统图和照明平面图。

4. 阅读电气工程图要分三个步骤：粗读、细读、精读。

5. 在阅读施工图中，一定要掌握读图要点，熟悉不同种类的图纸，要表达什么具体内容。

6. 读平面图时，应主要了解电源进线位置、方式、型号规格、各配电箱之间的连接，从配电箱引出几条回路、编号、各回路用途，各用电设备名称、容量、数量、导线的敷设方式等。

7. 读系统图时，应重点了解进线回路编号、方式、规格型号、敷设、使用各开关（熔断器）规格型号，各分支回路用途、容量、导线选择情况，同时还应求出计算负荷大小等。

## 实训项目

1. 某办公室电气照明平面图如图 1-2-10 所示，试说明该平面图中各符号代表的设备名称及各标注的含义。

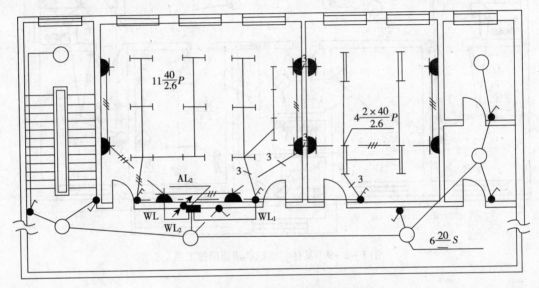

图 1-2-10 某办公室电气照明平面图

2. 某配电箱系统如图 1-2-11 所示，说明图中各标注的含义。

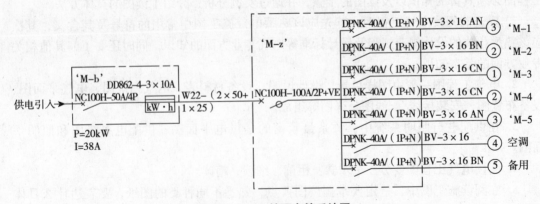

图 1-2-11 某配电箱系统图

# 第二部分

# 建筑供电与照明系统设计计算

在建筑供配电与照明系统的设计中，所涉及的计算及其目的概括如下：

一、负荷计算

负荷计算主要是求计算负荷，尖峰电流，一级、二级负荷容量和季节性负荷等。

1. 计算负荷

所谓计算负荷，是指一组用电负载实际运行时，消耗电能最多的30min内的平均负荷，可以用有功功率、无功功率、视在功率或电流来表示，分别记为$P_c$、$Q_c$、$S_c$和$I_c$（工程上一般记为$P_j$、$Q_j$、$S_j$和$I_j$）。求计算负荷的目的：（1）作为选择配电变压器、导体及各种开关电器的依据；（2）用来计算电压损失和功率损耗；（3）作为电能消耗量及无功补偿的计算依据。

2. 尖峰电流

所谓尖峰电流，是指供电系统中持续了1~2s的最大负荷电流，用$I_{pk}$表示。求尖峰电流的目的：（1）求供电系统中的电压波动；（2）确定供电系统中继电保护装置的动作值；(3) 选择熔断器、断路器；(4) 检验电动机自启动条件等。

### 3. 一级、二级负荷容量

确定一级、二级负荷容量的目的是合理确定供电方案及供电变压器数量，合理选择备用电源和应急电源。

### 4. 季节性负荷

确定季节性负荷的目的是合理选择变压器的数量和容量，合理确定供电方案，以达到经济运行。

## 二、短路电流计算

造成短路故障的重要原因是电气设备载流部分的绝缘损坏。这种损坏可能是由于设备长期运行引起绝缘老化，或由于设备本身不合格、绝缘强度不够而被正常电压击穿，或设备绝缘正常而被过电压（包括雷电过电压）击穿，或是设备绝缘受到外力损伤等而造成短路。

计算短路电流的目的：(1) 用来对电气设备进行热稳定校验和动稳定校验；(2) 对开关设备进行分断能力的校验；(3) 用以整定继电保护装置的动作值。

## 三、电压损失计算

线路上的电压损失是指供电线路首末端有效值之代数差，通常用相对电压损失来表示，记为 $\Delta U\%$。不同的供电线路，其电压损失的范围要求不同。按发热条件选择导线截面时，需要进行电压损失的校验，因为计算电压损失不符合要求，说明供电电压不满足质量指标的要求，必须重新选择导线截面，或者重新调整负荷的分配。因此，计算电压损失的目的就是校验所选导线截面是否合适。

## 四、防雷计算

防雷计算主要是求年预计雷击次数，《建筑物防雷设计规范》（GB50057—2000 年版）中规定了求年预计雷击次数 $N$ 的公式，求年预计雷击次数的目的就是确定建筑物的防雷等级，以便进行正确的防雷系统设计。

## 五、照度计算

照度是用来描述单位被照面积上所接收的光通量的多少的，是照明工程中最常用的术语和重要的物理量之一。我国根据自身的特点和客观条件，结合各种因素制定了针对各种场合的照度标准。在进行照明设计时，必须遵守这一标准，因此照度是评价照明质量好坏的重要指标之一，求照度的目的就是在照明工程设计中进行合理的光照设计。

在第一章至第三章中，将介绍与供配电和照明系统有关的设计与计算知识。

# 第一章 10kV 及以下变配电系统的设计计算

每一种建筑都需要一个供配电系统,以接收电力系统送来的电能,但不同规模的建筑,要求的供配电系统组成各不相同。一般的建筑采用低压供电,而高层建筑通常采用 10kV 甚至 35kV 的电压供电。根据我国主管部门的有关规定,凡用户用电设备的安装容量在 250kW 或需用的变压器容量在 160kV·A 以上者,均应以高压方式供电。在城市中,各类民用建筑工程的变电所,多数为 10kV 及以下的变配电所,其中以 10kV 中压变配电所为主流。对小容量住宅亦可采用市电 0.4kV 低压直接供电。

供配电系统设计是建筑电气设计的主要内容。本章以 10kV 及以下供配电系统设计为主,来介绍与之相关的供配电系统的基本概念、负荷的计算、导线及设备的选择、供配电线路的选择、变配电所的设计、无功功率的补偿等内容。

## 第一节 供配电系统及其组成

### 一、供配电系统的组成

供配电系统就是指接受电能和分配电能设备的总称。为了掌握供配电系统的知识,让我们先来了解一下电力系统。图 2-1-1 是电力系统的方框图,图 2-1-2 是电力系统的示意图。

图 2-1-1 电力系统方框图

从图中可以看出:电力系统由发电、输电和配电系统组成。它是集发电、输电、变电、配电和用电为一体的统一整体,这个系统实现了非电能量通过电能方式传输,最终可以在人们需要的地方,以人们希望的非电能量方式消耗的全过程。

供配电系统包括变电(降压)、配电(包括短距离输电)和用电三个部分。在图 2-1-2中,虚线部分表示建筑供配电系统。由此看出,欲了解供配电系统,学会其设计方法,必须掌握其供电电压,高、低压接线方式,线路上导线及设备选择等有关知识。

### 二、供电电源

在确定供配电系统的供电电源时,应该从供电电压的大小、质量、供电方式等几个方面来决定。

(一)供配电系统的电压等级

由《电工学》中所学的知识可以知道,在供配电系统中,各种损耗均与系统的电压有

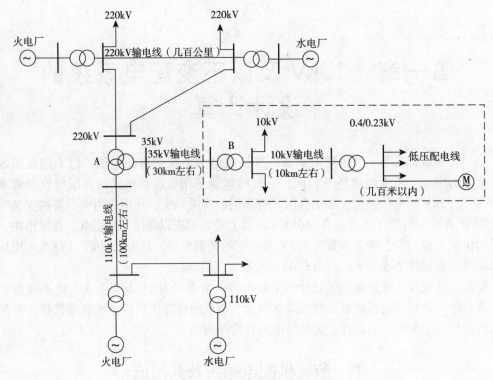

图2-1-2 电力系统示意图

关。一条输电线路,当线路导线的材料、截面、长度及敷设方式一定时,线路导线的电阻基本为一定值。在线路导线传输的电功率不变的情况下,电压越高,流过线路导线的电流就越小,那么线路导线的有功损耗就越小;同样线路导线上的电压降也就越小。也就是说系统电压越高,传输电能的效率就越高,但要求绝缘水平也越高,因而造价也越高。

对于供配电系统中额定电压来说,它是一个国家根据本国电力工业的发展确定的。电压等级不宜太多,否则输变电容量重复太多,也不易实现电机、变压器及其他用电设备的生产标准化。目前,我国电力网的电压等级主要有 0.22kV、0.38kV、3kV、6kV、10kV、35kV、110kV、220kV、330kV 和 500kV 共十级。

**(二)供配电系统中供电电压的选择**

前面已经讲过,供配电系统中额定电压等级的确定应视用电量大小、供电距离的长短等条件来确定,其实除了这两点外,供配电系统额定电压的大小还与用电设备的特性、供电线路的回路数、用电单位的远景规划、当地已有电网现状和它的发展规划以及经济合理等因素有关。

在《民用建筑电气设计规范》(JGJ/16—2008)中对于民用建筑供配电系统电压选择做出了明确的规定:

(1)用电设备容量在 250kW 或需用变压器容量在 160kV·A 以上者应以高压方式供电;用电设备容量在 250kW 或需用变压器容量在 160kV·A 及以下者,应以低压方式供电,特殊情况也可以高压方式供电。

(2)用电单位的高压配电电压宜采用 10kV,如 6kV 用电设备的总容量较大,选用

6kV电压配电技术经济合理时，则应采用6kV。

（3）低压配电电压应采用220/380V。

在我国，建筑供配电系统的供电电压大小一般按下述方法选择：

对于100kW以下用电负荷的建筑，一般不设变电站，只设一个低压配电室向设备供电。

对于中型建筑设施的供电，一般电源进线为6~10kV，经过高压配电站，再由高压配电站分出几路高压配电线将电能分别送到各建筑物变电所，降为380/220V低压，供给用电设备。

一些大型、特大型建筑有总降压变电站，把35~110kV电压降为6~10kV电压，向各楼宇小变电站供电，小变电站把6~10kV降为380/220V电压，对低压用电设备供电。

### （三）供电电源的质量

供电电源质量评价主要通过以下几个方面来进行。

#### 1. 供电可靠性

供电可靠性即供电的不间断性，供电可靠性指标是根据用电负荷的等级要求制定的。用电负荷分三个级别，分别采用相应的供电方式以便达到不同要求的供电可靠性。

#### 2. 电压偏差

供配电系统改变运行方式和负荷缓慢地变化使供配电系统各点的电压也随之变化，各点的实际电压与系统额定电压之差称为电压偏差，通常以百分数表示。用公式表示为：

$$\Delta U\% = \frac{U - U_N}{U_N} \times 100\%$$

式中　$U_N$——用电设备的额定电压（kV）；

　　　$U$——用电设备的实际电压（kV）。

产生电压偏差的主要原因是系统内存在滞后的无功负荷所引起的系统电压损失。

（1）电压偏移的允许范围

根据《民用建筑电气设计规范》（JGJ/16—2008）中规定：

①一般电动机±5%。

②电梯电动机±7%。

③照明：在一般工作场所为±5%；在视觉要求较高的屋内场所为+5%，-2.5%；对于远离变电所的小面积一般工作场所，难以满足上述要求时，可为+5%，-10%；应急照明、道路照明和警卫照明为+5%，-10%。

④其他用电设备，当无特殊规定时为±5%。

（2）电压偏差的修正方法

当电压偏差超过允许标准时，必须采取必要的措施，以满足供电质量的要求。其常用的方法如下：

①正确设计配电系统的运行方式，减少电网或变压器的电压降。在条件许可时，对大型企业可采取高压线路供电方式，分散设置降压变电所，以减少供电距离，降低电压损失；在技术经济合理的条件下，采用双回路线路供电；采用灵活的联络系统，保证系统在不同的运行方式下，能做到合理供电；必要时对户外照明及事故照明设置专用小型变压器。

②按照允许电压降来选择导线截面，是减少电压降、调节电压的有效措施之一。例如用电缆代替导线，用低压母线槽或用大截面的导线代替小截面导线等方法。

③合理选择变压器，利用设备自身特性减少电压降损耗。利用变压器自身特性进行调整电压的措施常用以下三种：

第一种措施是：选择变压器的分接开关。采用这种开关调压一般不许在带电的情况下进行。

第二种措施是：选择有载调压变压器。采用这种设备，可以在电压变动的情况下自动调节电压，以充分保证设备端电压稳定。一般高级旅馆、电视台等常采用不断电的有载自动调压设备。

第三种措施是：选择三相自耦调压器。这种方法可实现在有载情况下调压，或切掉相对次要的负荷，使用电的负荷曲线尽可能平坦，即所谓"削峰填谷"。

④合理补偿无功功率。

⑤尽量使三相负荷平衡。

3. 电压波动

电压波动是由于用户负荷的大幅度变化所引起的。例如电动机的满载启动等造成负荷电压急剧变化；大型混凝土搅拌机、轧钢机等冲击性负荷的工作引起的电网电压的明显波动等。

电压波动可以用下述公式表示：

$$\Delta U\% = \frac{U_{\max} - U_{\min}}{U_N} \times 100\%$$

其中 $U_{\max}$ 和 $U_{\min}$ 分别表示用电设备端电压波动的最大值、最小值，$U_N$ 指用电设备的额定电压。

通常情况下，当 $\Delta U\% > 4\%$ 时，就应该采取限制电压波动的措施。其具体措施如下：

（1）对负荷变化较大的用电设备采取专线供电。

（2）对较大功率的冲击性负荷或冲击性负荷群与对电压波动敏感的负荷，宜分别由不同的配电变压器供电。

（3）若冲击性负荷与其他负荷共用低压配电线路时，宜降低配电线路阻抗。

4. 频率偏差

频率偏差是指电网的实际频率与电网的标准频率的差值。

我国电网的标准频率为50Hz，频率偏差一般不应超过 ±0.25Hz，当电网容量大于3000MW 时，频率偏差不应超过 ±0.2Hz。

调整频率偏差的办法主要是改变电力系统发电机的有功功率。

5. 谐波

谐波是指一个周期电气量中频率为大于基波频率且为基波频率整数倍的正弦分量，谐波的次数为谐波频率和基波频率的整数比。

电力系统中存在着许多谐波源，凡是电压和电流的关系为非线性的元件，都是谐波电流源。例如：气体放电灯、交流电动机、电焊机、晶闸管调光调速装置、变频器、变压器和感应电炉等都是产生谐波的根源。

高次谐波会使变压器的铁芯损耗增大，由于过热而缩短变压器的使用寿命，高次谐波通过交流电动机不仅使电机铁损增大，还使电机的转子振颤，严重地影响产品的加工质量。高次谐波会使供电线路上的电能损耗增大，使电力系统发生电压谐振，从而在线路上引起过电压，甚至击穿绝缘，使系继电保护和自动装置发生误动作，并且影响附近的通信设备正常工作，产生信号干扰。

为了保证供电质量，控制各类非线性用电设备所产生的谐波引起的电网电压正弦波形畸变在合理范围内，宜采用下列措施：

（1）各类大功率非线性用电设备变压器的受电电压有多种可供选择时，如选用较低电压不能符合要求，宜选用较高电压。

（2）增加整流变压器二次侧的相数，二次侧的相数越多，则整流波形脉波数就越多，这时次数低的谐波被消去的也就越多，从而谐波的最低次数变高，而谐波电流的幅值变小。

（3）多台相数相同的整流装置，宜使整流变压器的二次侧有适当的相角差。

（4）按谐波次数装设分流滤波器，如图2-1-3所示，这是用R、L、C等元件组成的串联谐振电路，通常采用Y形连接，以免其中一相电容器故障击穿引起相间短路，对大型静止"谐波源"（如大容量的晶闸管变流设备等），在它与电网连接处并联装设分流滤波器，使滤波器的各组R、L、C电路分别对需要消除的5、7、11…次高次谐波进行调谐，使之发生串联谐振，被滤波器滤去或吸收，而不会注入电网。

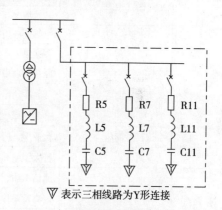

图2-1-3 分流滤波器吸收高次
谐波接线图

（5）用三相整流变压器Y形连接，即d（Y/△）或y（△/Y）形连接，这种接线可以消除3次、6次、9次等整数倍次的谐波，使注入电网的谐波电流只有5次、7次、11次等单次谐波了。

此外，还应把产生高次谐波源的设备与不能受干扰的负荷隔离开，限制电力系统接入变流设备及交流调压装置，提高对大容量非线性设备的供电电压，选用D，yn11联结组别的三相变压器等，这都是抑制谐波的基本方法。

### （四）供电方式

电力负荷应根据供电可靠性及中断供电在政治、经济上所造成的损失或影响的程度，分为一级负荷、二级负荷及三级负荷。根据《民用建筑电气设计规范》JGJ/16—2008的规定，民用建筑中常用重要电力负荷的分级应符合表2-1-1的规定。

常用重要电力负荷级别　　　　　　表2-1-1

| 序号 | 建筑物名称 | 电力负荷名称 | 负荷级别 |
|---|---|---|---|
| 1 | 高层普通住宅 | 客梯、生活水泵电力、楼梯照明 | 二级 |
| 2 | 高层宿舍 | 客梯、生活水泵电力、主要通道照明 | 二级 |
| 3 | 重要办公建筑 | 客梯电力、主要办公室、会议室、总值班室、档案室及主要通道照明 | 一级 |
| 4 | 部、省级办公建筑 | 客梯电力、主要办公室、会议室、总值班室、档案室及主要通道照明 | 二级 |
| 5 | 高等学校教学楼 | 客梯电力、主要通道照明 | 二级[①] |

续表

| 序号 | 建筑物名称 | 电力负荷名称 | 负荷级别 |
|---|---|---|---|
| 6 | 一、二级旅馆 | 经营管理用及设备管理用电子计算机系统电源 | 一级① |
| | | 宴会厅电声、新闻摄影、录像电源、宴会厅、餐厅、娱乐厅、高级客房、康乐设施、厨房及主要通道照明，地下室污水泵、雨水泵电力，厨房部分电力、部分客梯电力 | 一级 |
| | | 其余客梯电力、一般客房照明 | 二级 |
| 7 | 科研院重要实验室 | | 一级② |
| 8 | 高等学校重要实验室 | | 一级② |
| 9 | 大型博物馆、展览馆 | 防盗信号电源，珍贵展品展室的照明 | 一级③ |
| | | 展览用电 | 二级 |
| 10 | 重要图书馆 | 检索用电子计算机系统电源 | 一级③ |
| | | 其他用电 | 二级 |
| 11 | 银行 | 主要业务用电子计算机系统电源、防盗信号电源 | 一级③ |
| | | 客梯电力、营业厅、门厅照明 | 二级④ |
| 12 | 大型百货商店 | 经营管理用电子计算机系统电源 | 一级③ |
| | | 营业厅、门厅照明 | 一级 |
| | | 自动扶梯、客梯电力 | 二级 |
| 13 | 中型百货商店 | 营业厅、门厅照明、客梯电力 | 二级 |
| 14 | 火车站 | 特大型站和国境站的旅客站房、站台、天桥、地道的用电设备 | 一级 |
| 15 | 水运客运站 | 通信枢纽、导航设施、收发讯台 | 一级 |
| | | 港口重要作业区、一级客运站用电 | 二级 |
| 16 | 汽车客运站 | 一、二级站 | 二级 |
| 17 | 冷库 | 大型冷库、有特殊要求的冷库的一台氨压缩机及其附属设备的电力、电梯电力、库内照明 | 二级 |
| 18 | 监狱 | 警卫照明 | 一级 |

① 仅当建筑物为高层建筑时，其客梯电力、楼梯照明为二级负荷。
② 此处系指高等学校、科学院所中一旦中断供电将造成人员伤亡或重大政治影响、经济损失的实验室，例如：生物制品实验室。
③ 该一级负荷为特别重要的一级负荷。
④ 在面积较大的银行营业厅，供暂时工作用的应急照明为一级负荷。

对于不同级别的负荷，应分别采用相应的供电方式，以便达到提高经济效益和社会效益及环境效益之目的。

（1）对于普通一级负荷，应由两个电源供电，当一个电源发生故障时，另一个电源应不致同时受到损坏。

一级负荷容量较大或有高压用电设备时，应采用两路高压电源；如一级负荷容量不大时，应优先采用从电力系统或临近单位取得第二低压电源，亦可采用应急发电机组；如一级负荷仅为照明或电话站负荷时，宜采用蓄电池组作为备用电源。

根据我国目前的实际供电水平以及经济和技术条件，符合下列条件之一的，即可认为满足上述两个电源的供电要求：电源来自两个不同的发电厂，如图2-1-4(a)所示；

电源来自两个不同的区域变电所,且区域变电所的进线电压不低于35kV,如图2-1-4(b)所示;电源来自一个区域变电所,一个自备发电设备,如图2-1-4(c)所示。

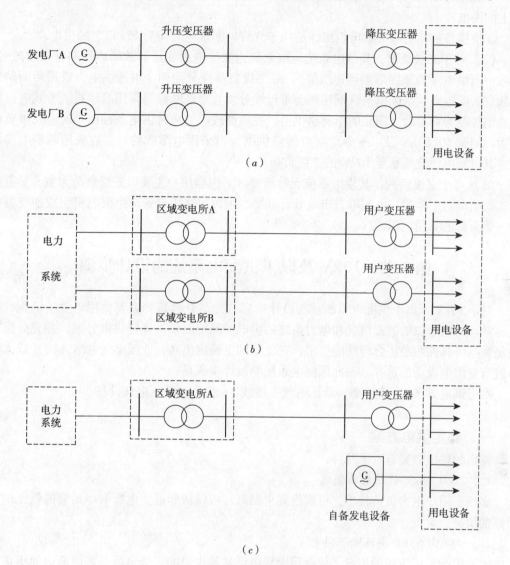

**图2-1-4 满足一级负荷要求的电源**
(a)电源来自两个不同的发电厂;(b)电源来自两个不同的区域变电所;
(c)电源来自一个区域变电所、一个自备发电设备

一级负荷中特别重要的负荷,除上述两个电源外,还必须增设应急电源,为保证对特别重要负荷的供电,严禁将其他负荷接入应急供电系统。

常用的应急电源可有下列几种:
①独立于正常电源的发电机组。
②供电网络中有效地独立于正常电源的专门馈电线路。
③蓄电池。
根据允许的中断供电时间可分别选择下列应急电源:

①静态交流不间断电源装置适用于允许中断供电时间为毫秒级的供电。

②带有自动投入装置的独立于正常电源的专门馈电线路,适用于允许中断时间为1.5s以上的供电。

③快速自启动的柴油发电机组,适用于允许中断供电时间为15s以上的供电。

(2) 对于二级负荷,其供电系统应该做到当发生电力变压器故障或线路常见故障时,不致中断供电（或中断后能迅速恢复）。对二级负荷应采用两个电源供电,或用两回路送到适宜的配电点。当配电系统低压侧为单母线分段且母联断路器采用自动投入方式时,也可选用线路为可靠独立出线的单回路供电。在负荷较小或地区供电条件困难时,二级负荷可由一回路10(6)kV及以上专用架空线路供电,当采用电缆线路时,应采用两根电缆供电,其每根电缆应能承受100%的二级负荷。

(3) 对于三级负荷,其供电系统无特殊要求。但当用户主要以三级负荷为主,又有少量二级负荷时,除第一电源取自市电外,其第二电源可采用自备应急发电机组或逆变器作为一级负荷的备用电源。

## 第二节　10kV及以下供配电系统的设计步骤

对于10kV及以下供配电系统,在设计时应首先结合建筑物或其他用电负荷级别、用电容量、用电单位的电源情况和电力系统的供电情况等因素,确定供电方案,并充分保证满足供电可靠性和经济合理性的要求,在此基础上确定出高、低压电气主结（接）线,最后进行变配电设备的选择。因此供配电系统的设计步骤是:

确定供电方案 → 确定高、低压电气主接线 → 选高、低压电气设备

### 一、确定供电方案

常用的供电方案有以下几种:

**1. 0.22/0.38kV低压电源供电**

多用于用户电力负荷较小,可靠性要求稍低,可以从邻近变电所取得足够的低压供电回路的情况。

**2. 一路10(6)kV高压电源供电**

主要用于三级负荷的用户,仅有照明或电话站等少量的一级负荷,采用蓄电池组作为备用电源。

**3. 一路10(6)kV高压电源,一路0.22/0.38kV低压电源供电**

用于取得第二高压电源较困难或不经济,且可以从邻近处取得低压电源作为备用电源的情况。

**4. 两路10(6)kV电源供电**

用于负荷容量较大,供电可靠性要求较高,有较多一、二级负荷的用户,是最常见的供电方式之一。

**5. 两路10(6)kV电源供电、自备发电机组备用**

用于负荷容量大、供电可靠性要求高,有大量一级负荷的用户,如星级宾馆、《高层民用建筑设计防火规范》中规定的一类高层建筑等。这种供电方式也是最常见的供电方式。

6. 两路35kV电源供电，自备发电机组备用

用于对负荷容量特别大的用户，如大型企业、超高层建筑或高层建筑群。

## 二、高、低压电气主接线

### （一）高压电气主接线

1. 一路电源进线的单母线接线

如图2-1-5所示，这种接线方式适用于负荷不大、可靠性要求稍低的场合。当没有其他备用电源时，一般只用于三级负荷的供电；当进线电源为专用架空线或满足二级负荷供电条件的电缆线路时，则可用于二级负荷的供电。

2. 两路电源进线的单母线接线

如图2-1-6所示，两路10kV电源一用一备，一般也都用于二级负荷的供电。

3. 无联络的分段单母线接线

如图2-1-7所示，两路10kV电源进线，两段高压母线无联络，一般采用互为备用的工作方式。这种接线多用于负荷不太大的二级负荷的场合。

4. 母线联络的分段单母线接线

如图2-1-8所示，这是最常用的高压主接线形式，两路电源同时供电、互为备用，通常母联开关为断路器，可以手动切换，也可以自动切换，适用于一、二级负荷的供电。

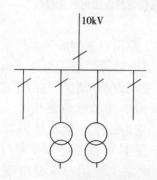

图2-1-5 一路电源进线的单母线接线

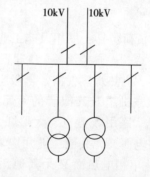

图2-1-6 两路电源进线的单母线接线

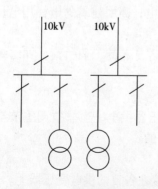

图2-1-7 无联络的分段单母线接线

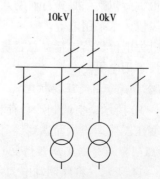

图2-1-8 母线联络的分段单母线接线

### (二) 低压电气主接线

10kV 变配电所的低压电气主接线一般采用单母线接线和分段单母线接线两种方式。对于分段单母线接线，两段母线互为备用，母联开关手动或自动切换。

根据变压器台数和电力负荷的分组情况，对于两台及以上的变压器，可以有以下几种常见的低压主接线形式。

**1. 电力和照明负荷共用变压器供电**

如图 2-1-9 所示，对于这种接线方式，为了对电力和照明负荷分别计量，应将电力电价负荷和照明电价负荷分别集中，设分计量表。

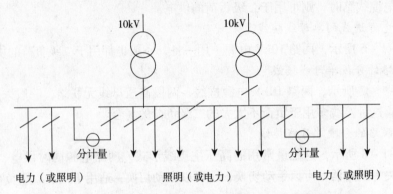

图 2-1-9　电力和照明负荷共用变压器供电的低压电气主接线

照明电价负荷包括：民用及非工业用户或普通工业用户的生活和生产照明用电（霓虹灯、家用电器、普通插座等）；理发吹风、电剪、电烫等用电；电灶、烘焙、电热取暖、电热水器、电热水蒸气浴、电吸尘器等用电；空调设备用电（包括窗式空调器、立式空调机、冷冻机组及其配套的附属设备）；供给照明用的整流器用电；总容量不足 3kW 的晒图机、医用 X 光机、太阳灯、电热消毒等用电；总容量不足 3kW 的非工业用电力、电热用电而又无其他工业用电者；总容量不足 1kW 的工业用单相电动机，或不足 2kW 的工业单相电热而又无其他工业用电者；大宗工业用户（受电变压器容量在 315kV·A 及以上）内的生活区或厂区里的办公楼、食堂、实验室的照明用电（车间照明除外）。

非工业电价负荷包括：服务行业的炊事电器用电；高层建筑的电梯用电；民用建筑采暖锅炉房的鼓风机、水泵用电等。

普通工业电力电价负荷包括：总容量不足 320kV·A 的工业负荷，如纺织合线设备用电、食品加工设备用电等。

**2. 空调制冷负荷专用变压器供电**

如图 2-1-10 所示，空调制冷负荷由专用变压器供电，当非空调季节空调设备停运时，可将专用变压器停运，从而达到经济运行的目的。

**3. 电力和照明负荷分别变压器供电**

如图 2-1-11 所示，将照明和电力负荷分别接在各自的供电变压器上。

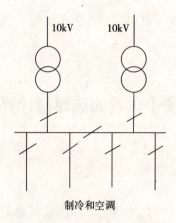

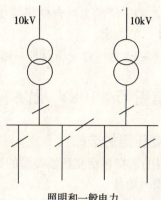

图 2-1-10 空调制冷负荷专用
变压器供电的低压电气主接线

图 2-1-11 照明和电力负荷分别
变压器供电的低压电气主接线

为满足消防负荷的供电可靠性要求,在采用备用电源时,变电所的低压电气主接线如图 2-1-12、图 2-1-13 所示(注:两图未考虑不同电价负荷的分别计量)。

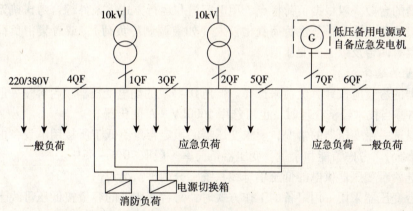

图 2-1-12 两台变压器加一路备用电源的低压电气主接线

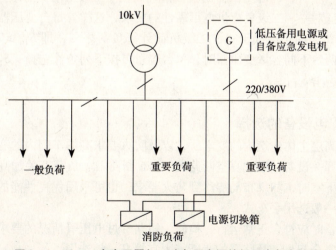

图 2-1-13 一台变压器加一路备用电源的低压电气主接线

图 2-1-12 所示为两台变压器加一路备用电源（可以是自备发电机组，也可以是低压备用市电）的方案。

图 2-1-13 为一台变压器加一路备用电源的方案。

## 第三节　10kV 及以下变配电系统中设备的选择与计算

### 一、变压器的选择

变压器的选择包括变压器类型的选择、台数的选择和容量的选择。

1. 类型的选择

在《10kV 及以下变电所设计规范》（GB50053—94）中规定，多层或高层主体建筑内的变电所，宜选用不燃或难燃型变压器；在防火要求高的车间内的变电所，也如此。在多尘或有腐蚀性气体严重影响变压器安全运行的场所，应选用防尘型或防腐蚀型变压器。常用的不燃或难燃型变压器有环氧树脂浇注干式变压器、六氟化硫变压器、硅油变压器和空气绝缘干式变压器等。

2. 台数的选择

变压器的台数一般根据负荷特点、用电容量和运行方式等条件综合考虑确定。当有大量一、二级负荷，或者季节性负荷变化较大（如空调制冷负荷），或者集中负荷较大的情况，一般宜有两台及以上的变压器。

3. 容量的选择

变压器的容量应按计算负荷来选择。低压 0.4kV 的配电变压器单台容量一般不宜大于 1250kV·A，当技术经济合理时，也可选用 1600kV·A 变压器。

对于只选一台变压器的情况，要求变压器的额定容量不低于所接用电设备的总计算负荷，即 $S_{TN} \geq S_c$。考虑节能和余量，变压器负荷率一般取 70%~85%。

对于选两台变压器供电的低压单母线系统，分两种情况讨论：

若两台变压器采用一用一备的工作方式时，每台变压器的容量按低压母线上的全部计算负荷来确定，即 $S_{TN} > S_c$；若两台变压器采用互为备用的工作方式，正常时每台变压器负担总负荷的一半左右，一台变压器出现故障时，另一台变压器应承担全部负荷中的一、二级负荷，以保证对一、二级负荷供电可靠性的要求，这样，每台变压器的容量应不低于总计算负荷的 70%，而且不低于一、二级负荷计算负荷之和，即 $S_{TN} \geq 70\% S_c$，且 $S_{TN} > S_{c(I、II)}$；当选用两台不同容量变压器时，每台容量可按下列条件选择：$S_{TN1} + S_{TN2} > S_c$，且 $S_{TN1} \geq S_{c(I、II)}$、$S_{TN2} \geq S_{c(I、II)}$。

### 二、高压配电设备的选择

对于多层或高层主体建筑内的变电所，以及防火要求高的车间内的变电所，为了满足防火要求，高压开关设备一般选真空断路器、SF6 断路器、负荷开关加高压熔断器。当高压配电室不在地下室时，如果布局能达到防火要求，也可采用优良性能的少油断路器。高压成套配电装置一般选用手车式。

选择电器设备时应符合正常运行、检修、短路和过电压等情况的要求。对于高层建筑中的变电所，为安全起见，断路器的遮断能力宜提高一档选用。

在上述正常使用条件基础上，对设备的长期工作条件各参数进行选择。

**（一）设备的额定电压（即最高电压）和额定电流**

1. 设备的额定电压

设备的额定电压应不小于所在电网的最高运行电压，$U_N \geq U_{gmax}$。

2. 设备的额定电流

设备的额定电流应不小于该回路在各种合理运行方式下的最大持续工作电流，$I_N \geq I_{gmax}$。对于户外隔离开关，考虑长期暴露于空气中，触头会发生氧化，使温升偏高，故其额定电流应留有一定裕度。

**（二）按开断电流选择（对有要求的设备，如断路器）。**

断路器的额定开断电流应不小于可能开断的最大电流。

$$I_N^{(3)} \geq I_k^{(3)} \text{ 或 } S_N^{(3)} \geq S_k^{(3)}$$

$I_k^{(3)}$、$S_k^{(3)}$ 分别是三相短路电流和三相短路容量。

**（三）额定绝缘水平**

配电设备的绝缘水平按电力网中可能出现的各种作用电压、保护装置特性及设备绝缘特性等因素来确定，从而保证配电设备的绝缘在工作和过电压作用下具有足够的可靠性，表2-1-2中列出了35kV及以内的设备标准绝缘水平。

电压 $1kV \leq U_N \leq 35kV$ 的标准绝缘水平（GB311.1—1997）　　表2-1-2

| 系统标称电压（kV）（有效值） | 设备最高电压（kV）（有效值） | 额定雷电冲击耐受电压（kV）（峰值） | | 额定短时工频耐受电压（kV）（有效值） |
|---|---|---|---|---|
| | | 系列Ⅰ | 系列Ⅱ | |
| 3 | 3.5 | 20 | 40 | 18 |
| 6 | 6.9 | 40 | 60 | 25 |
| 10 | 11.5 | 60 | 75 | 30/42①，35 |
| | | | 95 | 30/42①，35 |
| 15 | 17.5 | 75 | 95 | 40，45 |
| | | | 105 | 40，45 |
| 20 | 23.0 | 95 | 125 | 50，55 |
| 35 | 40.5 | 185/200② | | 80/95①，85 |

3~15kV 系列Ⅰ仅用于中性点直接接地系统。
① 为设备外绝缘在干燥状态下之耐受电压。
② 该栏斜线下数据使用于变压器类设备的内绝缘。

**（四）校验短路的稳定性**

1. 一般原则

（1）应按最大可能通过的短路电流进行动稳定和热稳定校验。

（2）用熔断器保护的配电设备可不校验热稳定。当熔断器有限流作用时，可不校验动稳定，用熔断器保护的电压互感器可不校验动热稳定。

2. 动稳定校验

所谓动稳定校验是指在冲击电流作用下，配电设备的载流部分所产生的电动力是否能导致断路器的损坏，配电设备的极限电流必须大于三相短路时通过配电设备的冲击电

流，即

$$i_{max} \geq i_{sh} \text{ 或 } I_{max} \geq I_{sh}$$

式中　$i_{max}$、$I_{max}$——配电设备允许的动稳定电流幅值和有效值（kA）；

　　　$i_{sh}$、$I_{sh}$——配电设备的短路冲击电流幅值和有效值（kA）。

3. 热稳定校验

所谓热稳定校验是指短路电流 $I_\infty$ 在假想时间内通过断路器时，其各部分的发热不会超过规定的最大允许温度，即

$$I_t^2 t \geq I_\infty^2 t_{ima}$$

式中　$I_t$、$t$——制造厂给出的允许通过的热稳定电流和持续时间（kA 和 s），旧产品为 1，5，10s，新产品为 4s；

　　　$I_\infty$——稳态短路电流（kA）；

　　　$t_{ima}$——假想时间（s）。

$$t_{ima} = t_k + 0.05 \left( \frac{I''}{I_\infty} \right)^2$$

在无限大容量电源供电系统中，$I'' = I_\infty$，故 $t_{ima} = t_k + 0.05s$，当 $t_k > 1s$ 时，$t_{ima} \approx t_k$，$t_k = t_{op} + t_{oc}$

式中　$t_{op}$——继电保护动作时间（s）；

　　　$t_{oc}$——断路器全分断时间（固有分闸时间和灭弧时间）（s），一般断路器 $t_{oc} = 0.2s$，高速断路器 $t_{oc} = 0.1 \sim 0.15s$。

对母线及电线电缆等导体，满足热稳定的等效条件是

$$A \geq A_{min} = \frac{I_\infty \times 10^3}{C} \sqrt{t_{ima}}$$

式中　$I_\infty$——稳态短路电流（kA）；

　　　$A$——导体截面积（$mm^2$）；

　　　$A_{min}$——满足热稳定的最小允许截面积（$mm^2$）；

　　　$C$——导体的热稳定系数。

### （五）电动力计算

所选设备的端子的允许负载，应大于设备引线在正常运行和短路时的最大作用力。

对于两根平行导体，当通过电流为 $i_1$ 和 $i_2$ 时，其相互间的作用力为：

$$F = 2 i_1 \cdot i_2 k_f \frac{L}{a} \times 10^{-7}$$

式中　$i_1$、$i_2$——两导体中电流瞬时值（A）；

　　　$L$——平行导体长度（m）；

　　　$a$——两平行导体中心线距（m）；

　　　$k_f$——相邻矩形截面形状系数，见图 2-1-14。

在三相系统中，当三相导体在同一平面布置时，受力最大的是中间相，在发生三相短路故障时，短路电流冲击值通过导体中间相产生的电动力为

$$F_{max}^{(3)} = \sqrt{3} k_f i_{sh}^2 \frac{L}{a} \times 10^{-7}$$

式中 $F_{\max}^{(3)}$——中间相导体所受的最大电动力（N）；

$i_{sh}$——三相短路电流冲击值（kA）。

由上式可见，当 $L$、$a$ 和 $k_f$ 为定值时，$F_{\max}$ 仅与电流有关，故对一般电器，其动稳定性可用极限通过电流（即额定峰值耐受电流）来表示。

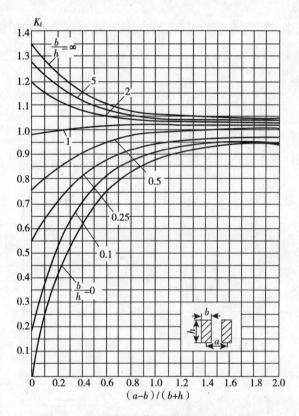

图 2-1-14 矩形截面母线形状系数曲线

## 第四节 10kV及以下变配电系统中短路电流的计算

供电系统中，既要保证其供电可靠的连续性，同时也应考虑各种异常运行情况（过载、欠压等）。在各种故障中，短路故障是最危险的，应对之加以重视，求出短路电流，借以进行其保护设备的选择。

### 一、短路形成的原因及造成的后果

1. 短路形成的原因

(1) 电气设备因素：元件损坏、设备自然老化、本身缺陷、运行时被击穿等；

(2) 自然因素：大风、雷击、雷电感应、洪水、鸟类跨线等；

(3) 人为因素：操作不当、安装不当、接线错误、维护不及时等。

2. 短路造成的后果

(1) 造成停电事故，短路点越靠近电源，停电范围越大；

(2) 造成所在线路的电压大大下降,导致其他用电设备无法正常工作;
(3) 产生强烈的电磁干扰,对相邻的通信线路和弱电控制信号线路造成干扰;
(4) 产生很大的电动力和电热效应,使设备变形、元件烧坏等。

## 二、短路的形式

在三相电力系统中,可能发生的短路形式有:三相短路、两相短路、单相短路和两相接地短路。

1. 三相短路

是指供电系统中三相导线间发生对称性的短路,用 $K^{(3)}$ 表示,如图 2-1-15（a）所示。

2. 两相短路

是指供电系统中任意两相间发生的短路,用 $K^{(2)}$ 表示,如图 2-1-15（b）所示。

3. 单相短路

是指供电系统中任一相经大地与电源中性点发生的短路,用 $K^{(1)}$ 表示,如图 2-1-15（c）、（d）所示。

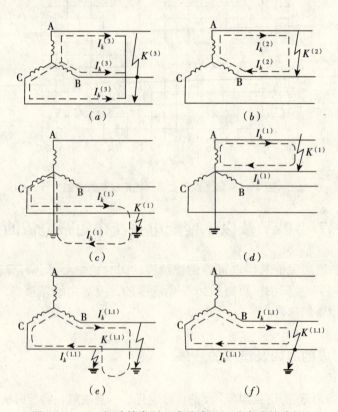

图 2-1-15 短路的类型（虚线表示短路电流的路径）
(a) 三相短路; (b) 两相短路; (c) 单相短路;
(d) 单相短路; (e) 两相接地短路; (f) 两相接地短路

### 4. 两相接地短路

是指中性点不接地的电力系统中，两不同相的单相接地所形成的相间短路，用 $K^{(1.1)}$ 表示，如图 2-1-15（e）所示；也指两相短路又接地的情况，如图 2-1-15（f）所示。

上述的三相短路，是对称性短路，其他形式均属不对称的短路。在各种短路形式中，三相短路的短路电流最大，对电力系统所造成的危害最严重；而两相短路的短路电流最小。发生单相短路的可能性最大，而发生三相短路的可能性最小。为了使电力系统中的电气设备在最严重的短路状态下也能可靠地工作，因此作为选择校验电气设备用的短路电流采用系统最大运行方式下的三相短路电流。而在继电保护的灵敏度计算中，则采用系统最小运行方式下的两相短路电流。

## 三、三相短路过渡过程分析

短路发生后，电力系统的工作状态有一个暂态过程进入短路后的稳态过程，电流也将由原来的正常的负荷电流突然增大，再经过暂态电流达到短路后的稳态值。这一电流的变化过程可以用图 2-1-16 描述。

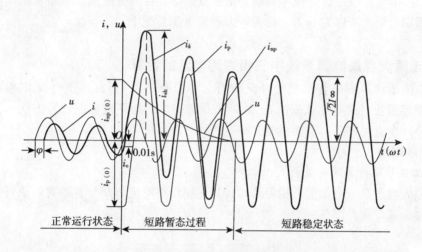

图 2-1-16 无限大容量系统发生三相短路时前后电压、电流的变化曲线

从图中可以看出，短路电流包括两个部分：第一部分是短路电流的周期分量 $i_P$，这个量是一个正弦量；第二部分是短路电流的非周期分量 $i_{nP}$，这个量是随时间而逐渐衰减的指数函数，经过几个周期后，其值就会衰减为零。

下面介绍图中各量的含义。

1. **短路电流周期分量（$i_P$）及其有效值（$I_P$）**

短路电流周期分量的大小由短路回路的总阻抗决定，在无限大容量电源系统中，认为短路电流周期分量的有效值在全短路过程中维持不变。

2. **短路电流非周期分量（$i_{nP}$）**

短路电流非周期分量，是用以维持短路初始瞬间的电流不致突变而由电感引起的自感电动势所产生的一个反向电流，其值是按指数规律衰减的，经历 $3\sim5\tau$ 即衰减为零，短路的暂态过程结束，进入稳态。

3. 短路全电流（$i_K$）及其有效值（$I_K$）

短路全电流就是其周期分量与非周期分量之和，即

$$i_k = i_p + i_{np}$$

4. 短路冲击电流（$i_{sh}$）与冲击电流的有效值（$I_{sh}$）

短路冲击电流为短路全电流中的最大瞬时值，由图2-1-16可以看出，短路后经过半个周期（即0.01s）$i_k$达到最大值，此时的短路电流就是短路冲击电流$i_{sh}$。

通常，在高压供电系统中有：

$$i_{sh} = 2.55 I_p$$
$$I_{sh} = 1.51 I_p$$

在低压供电系统中有：

$$i_{sh} = 1.84 I_p$$
$$I_{sh} = 1.09 I_p$$

5. 短路稳态电流（$I_\infty$）

短路稳态电流是指短路电流非周期分量衰减完毕以后的全电流，短路稳态电流只含短路电流的周期分量，所以$I_\infty = I_P$。在无限大容量电源系统中，$I_\infty = I_P = I_k$。

## 四、无限大容量电源系统中三相短路电流的计算

短路电流的计算方法有欧姆法（又称有名单位制法）、标幺值法（又称相对单位制法）和短路容量法（又称兆伏安法）。欧姆法是最基本的短路电流的计算方法，但标幺制法在工程设计中应用广泛，下面主要介绍这两种方法。

### （一）欧姆法

1. 欧姆法短路计算的有关公式

在无限大容量系统中发生三相短路时，其三相短路电流周期分量的有效值可按三相电路欧姆定律公式计算，即

$$I_k^{(3)} = \frac{U_c}{\sqrt{3}|Z_\Sigma|} = \frac{U_c}{\sqrt{3}\sqrt{R_\Sigma^2 + X_\Sigma^2}}$$

式中　　$U_c$——短路点的短路计算电压，其值取为比线路的额定电压高5%，即$U_c = 1.05 U_N (kV)$；

　　$|Z_\Sigma|$、$R_\Sigma$、$X_\Sigma$——分别为短路电路的总阻抗的模、总电阻和总电抗（Ω）。

在高压电路的短路计算中，正常总电抗远比总电阻大，所以一般只计电抗，不计电阻。在计算低压侧短路时，也只有当短路电阻的$R_\Sigma > X_\Sigma/3$时，才需要考虑电阻。

如果不计电阻，则三相短路电流周期分量的有效值为

$$I_k^{(3)} = \frac{U_c}{\sqrt{3} X_\Sigma}$$

三相短路容量为

$$S_k^{(3)} = \sqrt{3} U_c I_k^{(3)}$$

采用欧姆法进行短路电流的计算的关键是确定短路回路的总抗。下面分别讲述供电系统中各主要元件如电源系统、电源变压器和电力线路的阻抗计算。至于供电系统中的母

线、线圈型电流互感器的一次绕组、低压断路器的过电流脱扣线圈及开关的触头等的阻抗，相对来说很小，在短路计算中可略去不计。在略去一些阻抗后，计算出来的短路电流自然稍有偏大，用其来校验电气设备，显然更有保证。

(1) 电力系统的阻抗

电力系统的电阻很小，不予考虑。而电力系统的电抗，可由电力系统变电站高压馈电线出口断路器的断流容量 $S_{oc}$ 来估算，这断流容量就看作系统的极限短路容量 $S_k$。因此电力系统的电抗为

$$X_s = \frac{U_c^2}{S_{oc}}$$

式中　$U_c$——短路点的计算电压（kV）；

　　　$S_{oc}$——系统出口断路器的断流容量（MV·A）。

(2) 电力变压器的阻抗

变压器的电阻 $R_T$，可由变压器的短路损耗 $\Delta P_k$ 近似地计算。因

$$\Delta P_k \approx 3I_N^2 R_T \approx 3\left(\frac{S_N}{\sqrt{3}U_c}\right)^2 R_T = \left(\frac{S_N}{U_c}\right)^2 R_T$$

故

$$R_T \approx \Delta P_k\left(\frac{U_c}{S_N}\right)^2$$

式中　$U_c$——短路点的计算电压（kV）；

　　　$S_N$——变压器的额定容量（kV·A）；

　　　$\Delta P_k$——变压器的短路损耗（kW）。

变压器的电抗 $X_T$，可由变压器的短路电压（即阻抗电压）$U_k\%$ 来近似计算。

因

$$U_k\% \approx \left(\frac{\sqrt{3}I_N X_T}{U_c}\right) \times 100 \approx \left(\frac{S_N X_T}{U_c^2}\right) \times 100$$

故

$$X_T \approx \frac{U_k\% U_c^2}{100 S_N}$$

式中　$U_k\%$——变压器的短路电压百分比值。

(3) 电力线路的阻抗

线路的电阻 $R_{WL}$，可由已知截面的导线或电缆的单位长度电阻 $R_0$ 值求得：

$$R_{WL} = R_0 l$$

式中　$R_0$——导线或电缆的单位长度电阻（Ω/km）；

　　　$l$——线路长度（km）。

线路的电抗 $X_{WL}$，可由已知截面和线距的导线或已知截面和电压的电缆单位长度电抗 $X_0$ 值求得：

$$X_{WL} = X_0 l$$

式中　$X_0$——导线或电缆的单位长度电抗（Ω/km）；

　　　$l$——线路长度（km）。

求出各元件的阻抗后，求出短路的总阻抗，继而计算短路电流的周期分量及其他短路量。短路的总阻抗计算公式如下：

$$R_\Sigma = \sum_{i=1}^{n} R_i$$

$$X_\Sigma = \sum_{i=1}^{n} X_i$$

$$Z_\Sigma = \sqrt{R_\Sigma^2 + X_\Sigma^2}$$

必须注意：在计算短路电流的阻抗时，假如电路内含有变压器，则电路内各元件的阻抗都应该统一换算到短路点的短路计算电压上去。阻抗等效换算的条件是元件的功率损耗不变。其换算公式是：

$$R' = R\left(\frac{U_C{'}}{U_C}\right)^2$$

$$X' = X\left(\frac{U_C{'}}{U_C}\right)^2$$

式中　$R$、$X$、$U_C$——换算前元件的电阻、电抗和元件所在处的短路计算电压；

$R'$、$X'$、$U_C'$——换算后元件的电阻、电抗和元件所在处的短路计算电压。

就短路计算中考虑的几个主要元件的阻抗来说，只有电力线路的阻抗有时需要换算，例如计算低压侧的短路电流时，高压侧的线路阻抗就需要换算到低压侧。而电力系统和电力变压器的阻抗，由于它们的计算公式中均含有 $U_C^2$，因此计算时 $U_C$ 直接代以短路点的计算电压，就相当于阻抗已经换算到短路点一侧了。

最后必须指出：短路计算得是否合理，首先看短路计算点选择是否合理。这涉及短路计算的目的。用来选择校验电气设备的短路计算，其短路计算点应选择为使电气设备可能通过最大短路电流的地点。一般来讲，用来选择校验高压侧设备的短路计算，应选高压母线为短路计算点；用来选择校验低压侧设备的短路计算，应选低压母线为短路计算点。但是如果线路装有限流电抗器（用来限制短路电流），则选择校验线路设备的短路计算点，应选在限流电抗器之后。

**2. 欧姆法短路计算的步骤和示例**

（1）短路计算的步骤

按欧姆法进行短路电流计算的步骤如下：

①绘出短路的计算电路图，并根据短路计算目的确定短路计算点，如图 2-1-17 所示。

②针对短路计算点绘出短路电路的等效电路图，此图只需表示出计算阻抗的元件，并标明其序号和阻抗值，一般是分子标序号，分母标阻抗值（既有电阻又有电抗时，用复数形式 $R+jX$ 来表示），如图 2-1-18（a）、（b）所示。

③按照短路计算点的短路计算电压计算各元件的阻抗，并将计算结果标注在等效电路图上。

④按照网络化简的方法求等效电路的总阻抗。

⑤计算短路点的三相短路电流周期分量有效值 $I_k^{(3)}$。

⑥计算短路点的其他短路电流 $I_\infty^{(3)}$、$i_{sh}^{(3)}$、$I_{sh}^{(3)}$。

⑦计算短路点的三相短路容量 $S_k^{(3)}$。

（2）欧姆法短路计算示例

**【例题 2-1-1】** 某供电系统如图 2-1-17 所示。已知电力系统出口断路器的断流容量为 500MV·A，试求用户配电所 10kV 母线 $K-1$ 点短路和车间变电所低压 380V 母线 $K-2$ 点短路的三相短路电流和短路容量。

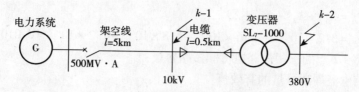

**图 2-1-17 例 3-1 的短路计算电路图**

**解：** 1. 求 $K-1$ 点的三相短路电流和短路容量（$U_{C1}=10.5\text{kV}$）

（1）计算短路电路中各元件的电抗及总电抗：

① 电力系统的电抗

$$X_1 = \frac{U_{C1}^2}{S_{OC}} = \frac{10.5^2}{500}\Omega \approx 0.22\Omega$$

② 架空线路的电抗，查手册得 $X_0 = 0.38\Omega/\text{km}$，因此

$$X_2 = X_0 \cdot L = 0.38 \times 5 = 1.9\Omega$$

③ 绘 $K-1$ 点的等效电路，如图 2-1-18（a）所示，并计算其总阻抗得

$$X_{\Sigma(K-1)} = X_1 + X_2 = 0.22 + 1.9 = 2.12\Omega$$

（2）计算 $K-1$ 点的三相短路电流和短路容量：

① 三相短路电流周期分量的有效值

$$I_{K-1}^{(3)} = \frac{U_{C1}}{\sqrt{3}X_{\Sigma(K-1)}} = \frac{10.5}{\sqrt{3}\times 2.12}\text{kA} \approx 2.86\text{kA}$$

② 三相短路电流冲击电流及其有效值

$$i_{sh}^{(3)} = 2.55 \times 2.86\text{kA} \approx 7.29\text{kA}$$

$$I_{sh}^{(3)} = 1.51 \times 2.86\text{kA} \approx 4.32\text{kA}$$

③ 三相短路容量

$$S_{K-1}^{(3)} = \sqrt{3}U_{C1}I_{K-1}^{(3)} = \sqrt{3}\times 10.5 \times 2.86 \approx 52.01\text{MV}\cdot\text{A}$$

2. 求 $K-2$ 点的三相短路电流和短路容量（$U_{C1}=0.4\text{kV}$）

（1）计算短路电路中个元件的电抗及总电抗：

① 电力系统的电抗

$$X_1' = \frac{U_{C2}^2}{S_{OC}} = \frac{0.4^2}{500}\Omega \approx 3.2\times 10^{-4}\Omega$$

② 架空线路的电抗，查手册得 $X_0 = 0.38\Omega/\text{km}$，因此

$$X_2' = X_0 \cdot L\left(\frac{U_{C2}}{U_{C1}}\right)^2 = 0.38 \times 5 \times \left(\frac{0.4}{10.5}\right)^2 = 2.76\times 10^{-3}\Omega$$

③ 电缆线路的电抗，查手册得 $X_0 = 0.08\Omega/\text{km}$，因此

$$X_3' = X_0 \cdot L\left(\frac{U_{C2}}{U_{C1}}\right)^2 = 0.08 \times 0.5 \times \left(\frac{0.4}{10.5}\right)^2 = 5.8\times 10^{-5}\Omega$$

④ 电力变压器的电抗，由手册得 $U_k\% = 4.5$，因此

$$X_4 = \frac{U_k\% U_{C2}^2}{100S_N} = \frac{4.5\times 0.4^2}{100\times 1000} = 7.2\times 10^{-6}\text{k}\Omega = 7.2\times 10^{-3}\Omega$$

⑤ 绘 $K-2$ 点的等效电路，如图 2-1-18（b）所示，并计算其总阻抗得

$$X_{\Sigma(K-2)} = X_1' + X_2' + X_3' + X_4$$
$$= 3.2 \times 10^{-4} + 2.76 \times 10^{-3} + 5.8 \times 10^{-5} + 7.2 \times 10^{-3} = 0.01034\Omega$$

（2）计算 $K-2$ 点的三相短路电流和短路容量：

①三相短路电流周期分量的有效值

$$I_{K-2}^{(3)} = \frac{U_{C2}}{\sqrt{3}X_{\Sigma(K-2)}} = \frac{0.4}{\sqrt{3} \times 0.01034}\text{kA} \approx 22.3\text{kA}$$

②三相短路电流冲击电流及其有效值

$$i_{sh}^{(3)} = 1.84 \times 22.3\text{kA} \approx 41.0\text{kA}$$
$$I_{sh}^{(3)} = 1.09 \times 22.3\text{kA} \approx 24.3\text{kA}$$

③三相短路容量

$$S_{K-2}^{(3)} = \sqrt{3}U_{C2}I_{K-2}^{(3)} = \sqrt{3} \times 0.4 \times 22.3 \approx 15.5\text{MV}\cdot\text{A}$$

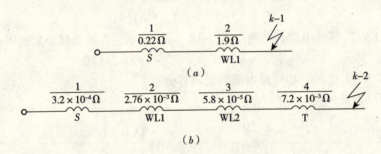

图 2-1-18 例 3-1 的短路等效电路图（欧姆法）

在工程设计说明书中，往往只列短路计算表，如表 2-1-3 所示。

例 2-1-1 的短路计算结果　　　　　　　表 2-1-3

| 短路计算点 | 三相短路电流（kA） | | | | 三相短路容量（MV·A） |
|---|---|---|---|---|---|
| | $I_K^{(3)}$ | $I_\infty^{(3)}$ | $i_{sh}^{(3)}$ | $I_{sh}^{(3)}$ | $S_K^{(3)}$ |
| $K-1$ 点 | 2.86 | 2.86 | 7.29 | 4.32 | 52.0 |
| $K-2$ 点 | 22.3 | 22.3 | 41.0 | 24.3 | 15.5 |

### （二）标幺值法

**1. 标幺值的概念**

在电路计算中，一般比较熟悉的是有名单位制法。在电力系统计算短路电流时，如计算低压系统的短路电流，常采用有名单位制法；但计算高压系统的短路电流时，由于有多个电压等级，存在着阻抗换算问题，为使计算简化，常采用标幺制。

标幺制中各元件的物理量不要有名单位值，而用相对值来表示。相对值（$A_d^*$）就是实际有名值（$A$）与选定的基准值（$A_d$）间的比值，即

$$A_d^* = \frac{A}{A_d}$$

可以看出，标幺值是没有单位的。另外，采用标幺值法计算时必须先选定基准值。

按标幺值法进行短路计算时,一般先选定基准容量 $S_d$ 和基准电压 $U_d$。确定了基准容量和基准电压以后,根据三相交流电路的基本关系,基准电流($I_d$)和基准电抗($X_d$)可用下面的公式进行计算:

$$I_d = \frac{S_d}{\sqrt{3}U_d} \qquad X_d = \frac{U_d}{\sqrt{3}I_d} = \frac{U_d^2}{S_d}$$

据此,可以直接写出以下标幺值表示式:

容量标幺值 $\qquad\qquad\qquad S^* = \dfrac{S}{S_d}$

电压标幺值 $\qquad\qquad\qquad U^* = \dfrac{U}{U_d}$

电流标幺值 $\qquad\qquad\qquad I^* = \dfrac{I}{I_d} = \dfrac{\sqrt{3}IU_d}{S_d}$

电抗标幺值 $\qquad\qquad\qquad X^* = \dfrac{X}{X_d} = \dfrac{XS_d}{U_d^2}$

工程设计中,为计算方便起见通常取基准容量 $S_d = 100\mathrm{MV \cdot A}$,基准电压 $U_d$ 通常就取元件所在处的短路计算电压,即 $U_d = U_c$。

2. 标幺值法计算的优点

(1)在三相电路中,标幺值相量等于线量。
(2)三相功率和单相功率的标幺值相同。
(3)当电网的电源电压为额定值时($U^* = 1$),功率标幺值与电流标幺值相等,且等于电抗标幺值的倒数,即 $\qquad S^* = I^* = \dfrac{1}{X^*}$

(4)两个标幺值相加或相乘,仍得同一基准下的标幺值。

由于以上优点,用标幺值计算短路电流可使计算简便,且结果明显,便于迅速及时地判断计算结果的正确性。

3. 标幺值法短路计算的有关公式

无限大容量电源系统三相短路电流周期分量有效值的标幺值计算:

$$I_K^{(3)*} = \frac{I_K^{(3)}}{I_d} = \frac{\dfrac{U_C}{\sqrt{3}X_\Sigma}}{\dfrac{S_d}{\sqrt{3}U_C}} = \frac{U_C^2}{S_d X_\Sigma} = \frac{1}{X_\Sigma^*}$$

由此可求得三相短路电流周期分量有效值:

$$I_K^{(3)} = I_K^{(3)*} \cdot I_d = \frac{I_d}{X_\Sigma^*}$$

求得 $I_K^{(3)}$ 后,就可利用前面的公式求出 $I_\infty^{(3)}$、$i_{sh}^{(3)}$、$I_{sh}^{(3)}$ 等。

三相短路容量的计算公式为

$$S_K^{(3)} = \sqrt{3}U_C I_K^{(3)} = \frac{\sqrt{3}U_C I_d}{X_\Sigma^*} = \frac{S_d}{X_\Sigma^*}$$

下面分别讲述供电系统各主要元件电抗标幺值的计算,取 $S_d = 100\mathrm{MV \cdot A}$,$U_d = U_c$。

(1) 电力系统的电抗标幺值

$$X_S^* = \frac{X_S}{X_d} = \frac{\dfrac{U_C^2}{S_{OC}}}{\dfrac{U_d^2}{S_d}} = \frac{S_d}{S_{OC}}$$

(2) 电力变压器的电抗标幺值

$$X_T^* = \frac{X_T}{X_d} = \frac{\dfrac{U_K\%}{100}\dfrac{U_C^2}{S_N}}{\dfrac{U_d^2}{S_d}} = \frac{U_K\% S_d}{100 S_N}$$

(3) 电力线路的电抗标幺值

$$X_{WL}^* = \frac{X_{WL}}{X_d} = \frac{X_0 L}{\dfrac{U_C^2}{S_d}} = \frac{X_0 L S_d}{U_C^2}$$

短路电路中所有元件的电抗标幺值求出后,就利用其等效电路进行电路化简,计算其总的电抗标幺值 $X_\Sigma^*$。由于各元件电抗都采用相对值,与短路计算点的电压无关,因此无需进行换算,这也是标幺值法较欧姆法优越之处。

4. 标幺值法短路计算的步骤和示例

(1) 短路计算步骤

按标幺值法进行短路电流计算的步骤如下:

①绘出短路的计算电路图,并根据短路计算目的确定短路计算点;

②确定基准值,取 $S_d = 100\text{MV} \cdot \text{A}$,$U_d = U_c$(有几个电压级就取几个 $U_d$),并求出所有短路计算点电压下的 $I_d$;

③计算短路电路中所有主要元件的电抗标幺值;

④绘出短路电路的等效电路图,也用分子标元件序号,分母标元件的电抗标幺值,并在等效电路图上标出所有短路计算点;

⑤针对各短路计算点分别化简电路,并求其总电抗标幺值,然后按有关公式计算其所有短路电流和短路容量。

(2) 标幺值法短路计算示例

【例题 2-1-2】试用标幺值法计算例题的 2-1-1 图 2-1-17 所示供电系统中 $K-1$ 点和 $K-2$ 点的三相短路电流和短路容量。

**解:** 1. 确定基准值

取 $S_d = 100\text{MV} \cdot \text{A}$,$U_{c1} = 10.5\text{kV}$,$U_{c2} = 0.4\text{kV}$

而

$$I_{d1} = \frac{S_{d1}}{\sqrt{3} U_{c1}} = \frac{100}{\sqrt{3} \times 10.5} = 5.50\text{kA}$$

$$I_{d2} = \frac{S_{d2}}{\sqrt{3} U_{c2}} = \frac{100}{\sqrt{3} \times 0.4} = 144\text{kA}$$

2. 计算短路电路中各主要元件的电抗标幺值

(1) 电力系统（已知 $S_{OC}=500\mathrm{MV\cdot A}$）

$$X_1^* = \frac{100}{500} = 0.2$$

(2) 架空线路（查手册得 $X_0 = 0.38\Omega/\mathrm{km}$）

$$X_2^* = \frac{0.38 \times 5 \times 100}{10.5^2} = 1.72$$

(3) 电缆线路（查手册得 $X_0 = 0.08\Omega/\mathrm{km}$）

$$X_3^* = \frac{0.08 \times 0.5 \times 100}{10.5^2} = 0.036$$

(4) 电力变压器（由手册得 $U_K\% = 4.5$）

$$X_4^* = \frac{U_K\% S_d}{100 S_N} = \frac{4.5 \times 100 \times 10^3}{100 \times 1000} = 4.5$$

然后绘制短路电路的等效电路图，如图 2-1-19 所示，在图上标出各元件的序号和电抗标幺值。

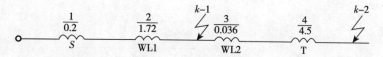

图 2-1-19 例 2-1-2 的等效电路图（标幺值法）

3. 求 $K-1$ 点的短路电路总电抗标幺值及三相短路电流和短路容量

(1) 总电抗标幺值

$$X_{\Sigma(K-1)}^* = X_1^* + X_2^* = 0.2 + 1.72 = 1.92$$

(2) 三相短路电流周期分量有效值

$$I_{K-1}^{(3)} = \frac{I_{d1}}{X_{\Sigma(K-1)}^*} = \frac{5.50}{1.92} = 2.86\mathrm{kA}$$

(3) 其他三相短路电流

$$i_{sh}^{(3)} = 2.55 \times 2.86 = 7.29\mathrm{kA}$$
$$I_{sh}^{(3)} = 1.51 \times 2.86 = 4.32\mathrm{kA}$$

(4) 三相短路容量

$$S_{K-1}^{(3)} = \frac{S_d}{X_{\Sigma(K-1)}^*} = \frac{100}{1.92} = 52.0\mathrm{MV\cdot A}$$

4. 求 $K-2$ 点的短路电路总电抗标幺值及三相短路电流和短路容量

(1) 总电抗标幺值

$$X_{\Sigma(K-2)}^* = X_1^* + X_2^* + X_3^* + X_4^* = 0.2 + 1.72 + 0.036 + 4.5 = 6.456$$

(2) 三相短路电流周期分量有效值

$$I_{K-2}^{(3)} = \frac{I_{d2}}{X_{\Sigma(K-1)}^*} = \frac{144}{6.456} = 22.3\mathrm{kA}$$

(3) 其他三相短路电流

$$i_{sh}^{(3)} = 1.84 \times 22.3 = 41.0\mathrm{kA}$$

$$I_{sh}^{(3)} = 1.09 \times 22.3 = 24.3 \text{kA}$$

(4) 三相短路容量

$$S_{K-2}^{(3)} = \frac{S_d}{X_{\Sigma(K-2)}^*} = \frac{100}{6.456} = 15.5 \text{MV} \cdot \text{A}$$

由此可知，采用标幺值法计算与采用欧姆法计算的结果完全相同。

**(三) 两相短路电流的计算**

在进行继电保护装置灵敏度校验时，需知道供电系统发生两相短路时的短路电流值。两相短路电流与三相短路电流的关系是：

$$\frac{I_K^{(2)}}{I_K^{(3)}} = \frac{\sqrt{3}}{2} = 0.866$$

因此　　　　　　　　　　　　$I_K^{(2)} = 0.866 I_K^{(3)}$

其他两相短路电流 $I_\infty^{(2)}$、$i_{sh}^{(2)}$、$I_{sh}^{(2)}$ 的值，都可按前面对应的三相短路电流的公式计算。

**(四) 单相短路电流的计算**

在工程设计中，可利用下式计算单相短路电流：

$$I_K^{(1)} = \frac{U_\phi}{|Z_{\phi-0}|}$$

$$|Z_{\phi-0}| = \sqrt{(R_T + R_{\phi-0})^2 + (X_T + X_{\phi-0})^2}$$

式中　　$U_\phi$——电源相电压（V）；

　　　　$|Z_{\phi-0}|$——单相回路的阻抗，可查有关手册，或按上式进行计算（mΩ）；

　　　　$R_T$、$X_T$——分别为变压器单相的等效电阻和电抗（mΩ）；

　　　　$R_{\phi-0}$、$X_{\phi-0}$——分别为相线与中性线或与保护线、保护中性线的回路的电阻和电抗（mΩ），可查有关手册。

在无限大容量电力系统中或远离发电机处短路时，单相短路电流较三相短路电流小。单相短路电流主要用于单相短路保护的整定。

**(五) 低压电网短路电流的计算**

1. 低压电网短路电流计算的特点

(1) 由于低压电网中降压变压器容量远远小于高压电力系统的容量，所以降压变压器阻抗和低压短路回路阻抗远远大于电力系统的阻抗，在低压电网的短路电流计算时，一般不计电力系统到降压变压器高压侧的阻抗，即将配电变压器的高压侧作为无限大容量电源考虑，高压母线电压认为保持不变。

(2) 计算高压电网短路电流时，通常仅计算短路回路各元件的电抗而忽略其电阻，但在低压电网短路电流计算时，应计入短路回路所有元件的阻抗，即除了应计入前述主要元件的阻抗外，通常还应计入母线的阻抗、电流互感器一次线圈阻抗、低压断路器过电流线圈阻抗和低压线路中各开关触头接触电阻等。仅当短路回路总电阻不大于 1/3 总电抗时，才可以不计电阻。

(3) 由于低压电网的电压一般只有一级，而且在短路回路中，除降压变压器外，其他各元件的阻抗都是用毫欧表示的，所以在低压电网的短路电流计算中，采用欧姆法计算比较方便，阻抗单位一般采用毫欧（mΩ）。

2. 短路回路中各元件阻抗的计算

(1) 高压侧系统阻抗

由于一般不考虑电力系统至降压变压器高压侧一段的阻抗,可以认为系统为无限大容量,则系统的电阻、电抗可以看为零。

(2) 变压器阻抗

公式与前面讲的相同,但单位取毫欧($m\Omega$)。

(3) 母线阻抗

母线电阻($m\Omega$)  $$R'_{WB} = \frac{L}{\gamma \cdot A} \times 10^3$$

母线电抗($m\Omega$)  $$X_{WB} = 0.145 \lg \frac{4a_{av}}{b}$$

式中 $L$——母线长度(m);

$\gamma$——电导率(铜取53,铝取32);

$A$——母线截面积($mm^2$);

$a_{av}$——母线之间的几何均距,$a_{av} = \sqrt[3]{a_{12} a_{13} a_{23}}$,其中 $a_{12}$、$a_{13}$、$a_{23}$ 为各相母线间的中心距离(mm);

$b$——矩形母线的宽度(mm)。

当三相母线水平布置,且相间距离相等时,则 $a_{av} = 1.26a$,其中 $a$ 为相邻母线间的中心距离。

母线及导线电缆的阻抗也可通过查表取得 $R_0$、$X_0$,然后用下面公式进行计算:

$$R_{WB} = R_0 L$$
$$X_{WB} = X_0 L$$

式中 $R_0$、$X_0$——母线及导线电缆单位长度的电阻、电抗值($m\Omega$)。

(4) 刀开关及低压断路器触头的接触电阻(如表2-1-4所示)

开关触头的接触电阻($m\Omega$)   表2-1-4

| 开关类型 | 额定电流(A) | | | | | | | |
|---|---|---|---|---|---|---|---|---|
| | 50 | 100 | 200 | 400 | 600 | 1000 | 2000 | 3000 |
| 断路器 | 1.3 | 0.75 | 0.6 | 0.4 | 0.25 | — | — | — |
| 刀开关 | — | 0.5 | 0.4 | 0.2 | 0.15 | 0.08 | — | — |
| 隔离开关 | — | — | — | 0.2 | 0.15 | 0.08 | 0.03 | 0.02 |

(5) 电流互感器一次线圈阻抗(表2-1-5)

电流互感器一次线圈阻抗($m\Omega$)   表2-1-5

| 规格 | | 20/5 | 30/5 | 40/5 | 50/5 | 75/5 | 100/5 | 150/5 | 200/5 | 300/5 | 400/5 | 500/5 | 600/5 | 750/5 |
|---|---|---|---|---|---|---|---|---|---|---|---|---|---|---|
| LQG-0.5 | 电阻 | 37.5 | 16.6 | 9.4 | 6 | 2.66 | 1.5 | 0.67 | 0.58 | 0.17 | 0.13 | | 0.04 | 0.04 |
| 0.5级 | 电抗 | 300 | 133 | 75 | 48 | 21.3 | 12 | 5.32 | 3 | 1.33 | 1.03 | | 0.3 | 0.3 |
| LQG-1 | 电阻 | 42 | 20 | 11 | 7 | 3 | 1.7 | 0.75 | 0.42 | 0.2 | 0.11 | 0.05 | | |

续表

| 规 格 | | 20/5 | 30/5 | 40/5 | 50/5 | 75/5 | 100/5 | 150/5 | 200/5 | 300/5 | 400/5 | 500/5 | 600/5 | 750/5 |
|---|---|---|---|---|---|---|---|---|---|---|---|---|---|---|
| 1级 | 电抗 | 67 | 30 | 17 | 11 | 4.8 | 2.7 | 1.2 | 0.67 | 0.3 | 0.17 | 0.07 | | |
| LQG-3 | 电阻 | 19 | 8.2 | 4.8 | 3 | 1.3 | 0.75 | 0.33 | 0.19 | 0.09 | 0.05 | 0.02 | | |
| 1级 | 电抗 | 17 | 8 | 4.2 | 2.8 | 1.2 | 0.7 | 0.3 | 0.17 | 0.08 | 0.04 | 0.02 | | |

（6）低压断路器过电流线圈的阻抗（表2-1-6）

低压断路器过电流线圈的阻抗（mΩ）　　　　　表2-1-6

| 线圈额定电流（A） | 50 | 100 | 200 | 400 | 600 |
|---|---|---|---|---|---|
| 电阻 | 5.5 | 1.3 | 0.36 | 0.15 | 0.12 |
| 电抗 | 2.7 | 0.86 | 0.28 | 0.10 | 0.09 |

3. 低压电网短路电流计算

低压电网中三相短路电流周期分量有效值按公式

$$I_k^{(3)} = \frac{U_c}{\sqrt{3}|Z_\Sigma|} = \frac{U_c}{\sqrt{3}\sqrt{R_\Sigma^2 + X_\Sigma^2}}$$

计算。三相短路冲击电流及其有效值则按

$$i_{sh} = 1.84 I_p$$
$$I_{sh} = 1.09 I_p$$

近似计算。

【例题2-1-3】某车间变电所接线如图2-1-20所示。已知变压器型号为S9-800/10；低压母线为矩形铝线（LYM），水平放置，WB1为80mm×8mm，$L=6$m，$a=250$mm；WB2为50mm×5mm，$L=1$m，$a=250$mm；WB3为40mm×4mm，$L=2$m，$a=120$mm；其余标注见图2-1-20。试求K点三相短路电流和短路容量。

**解**：1. 计算短路电路中各元件的电阻和电抗（取$U_C=400$V）

（1）电力变压器的电阻和电抗，查表得$\Delta P_K = 7500$W，$U_K\% = 4.5$，故

$$R_T = \Delta P_K \left(\frac{U_C}{S_N}\right)^2 = 7.5 \times \frac{400^2}{800^2} = 1.875 \text{m}\Omega$$

$$X_T = \frac{U_K\%}{100} \cdot \frac{U_C^2}{S_N} = \frac{4.5 \times 400^2}{100 \times 800} = 9 \text{m}\Omega$$

（2）母线WB1的电阻和电抗，查表得

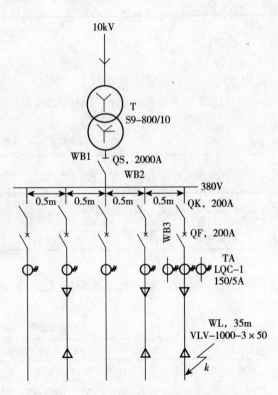

图2-1-20　例题2-1-3的计算电路

$R_0 = 0.055\text{m}\Omega/\text{m}$, $X_0 = 0.17\text{m}\Omega/\text{m}$（取 $a_{av} = 300\text{m}$），故

$$R_{WB1} = R_0 L = 0.055 \times 6 = 0.33\text{m}\Omega$$
$$X_{WB1} = X_0 L = 0.17 \times 6 = 1.02\text{m}\Omega$$

（3）母线 WB2 的电阻和电抗，查表得 $R_0 = 0.142\text{m}\Omega/\text{m}$，$X_0 = 0.214\text{m}\Omega/\text{m}$（取 $a_{av} = 300\text{m}$），故

$$R_{WB2} = R_0 L = 0.142 \times 1 = 0.142\text{m}\Omega$$
$$X_{WB2} = X_0 L = 0.214 \times 1 = 0.214\text{m}\Omega$$

（4）母线 WB3 的电阻和电抗

查表得 $R_0 = 0.222\text{m}\Omega/\text{m}$，$X_0 = 0.17\text{m}\Omega/\text{m}$（取 $a_{av} = 150\text{m}$），故

$$R_{WB3} = R_0 L = 0.222 \times 2 = 0.444\text{m}\Omega$$
$$X_{WB3} = X_0 L = 0.17 \times 2 = 0.34\text{m}\Omega$$

（5）电流互感器 TA 一次线圈的电阻和电抗，查表得

$$R_{TA} = 0.75\text{m}\Omega$$
$$X_{TA} = 1.2\text{m}\Omega$$

（6）低压断路器 QF 过电流线圈的电阻和电抗，查表得

$$R_{QF} = 0.36\text{m}\Omega$$
$$X_{QF} = 0.28\text{m}\Omega$$

（7）电路中各开关触头的接触电阻

查表得隔离开关 QS 的接触电阻为 $0.03\text{m}\Omega$，刀开关 QK 的接触电阻为 $0.4\text{m}\Omega$，低压断路器 QF 的接触电阻为 $0.6\text{m}\Omega$，因此，总的接触电阻为

$$R_{XC} = (0.03 + 0.4 + 0.6)\text{m}\Omega = 1.03\text{m}\Omega$$

（8）低压电缆 VLV – 1000 – $3 \times 50\text{mm}^2$ 的电阻和电抗

查表得 $R_{0(80℃)} = 0.77\Omega/\text{km}$，$X_{0(80℃)} = 0.071\Omega/\text{km}$。电缆长度为 $L = 35\text{m}$，因此

$$R_{WL} = 0.77 \times 35 = 26.95\text{m}\Omega$$
$$X_{WL} = 0.071 \times 35 = 2.485\text{m}\Omega$$

2. 计算短路电路的电阻、电抗和总阻抗

$$R_{\Sigma} = R_T + R_{WB1} + R_{WB2} + R_{WB3} + R_{TA} + R_{QF} + R_{XC} + R_{WL}$$
$$= 1.875 + 0.33 + 0.142 + 0.444 + 0.75 + 0.36 + 1.03 + 26.95$$
$$= 31.88\text{m}\Omega$$

$$X_{\Sigma} = X_T + X_{WB1} + X_{WB2} + X_{WB3} + X_{TA} + X_{QF} + X_{WL}$$
$$= (9 + 1.02 + 0.214 + 0.34 + 1.2 + 0.28 + 2.485)\text{m}\Omega$$
$$= 14.54\text{m}\Omega$$

$$|Z_{\Sigma}| = \sqrt{R_{\Sigma}^2 + X_{\Sigma}^2} = \sqrt{31.88^2 + 14.54^2} = 35.04\text{m}\Omega$$

3. 计算三相短路电流和短路容量

$$I_K^{(3)} = \frac{U_C}{\sqrt{3}|Z_{\Sigma}|} = \frac{400}{\sqrt{3} \times 35.04}\text{kA} = 6.59\text{kA}$$

$$i_{sh}^{(3)} = 1.84 I_K^{(3)} = 1.84 \times 6.59 = 12.13\text{kA}$$

$$I_{sh}^{(3)} = 1.09 I_K^{(3)} = 1.09 \times 6.59 = 7.18\text{kA}$$

$$S_K^{(3)} = \sqrt{3}U_c I_K^{(3)} = \sqrt{3} \times 0.4 \times 6.59 \text{MV} \cdot \text{A} = 4.57 \text{MV} \cdot \text{A}$$

值得指出：如果上例的短路计算只计变压器和电缆线路的阻抗，则计算结果和上例的计算结果相差不大。由此可见，低压电网的短路电流计算中，当计入低压线路阻抗的情况下，低压母线等元件的阻抗可以略去不计。

## 本章小结

本章介绍了 10kV 及以下变配电系统的设计中相关的知识。

1. 由发电厂、变压器、输配电线路和用户组成的整体称为电力系统。变压器和输电线路组成了电力网。

2. 根据用户对供电电源的要求，把用户分成三类：一级负荷、二级负荷、三级负荷。

3. 负荷级别不同，对供电的可靠性要求也不同。对于一级负荷，应有两个或两个以上独立电源供电，当其中一个电源发生故障时，另一个电源能自动投入运行，不至同时受到损坏。对于二级负荷，要求供电系统应做到当发生电力变压器故障或线路常见故障时，不至中断供电（或中断后能迅速恢复）。在负荷比较小或地区供电的条件困难时，二级负荷可以由一回 6kV 以上专用架空线供电，尽可能有两个独立电源供电。对于三级负荷，对供电没有特别要求。

4. 供配电系统中额定电压等级的确定应视用电量大小、供电距离的长短等条件来确定。

5. 供电电源的质量主要通过电源的可靠性、电压偏差、电压波动、频率偏差、波形畸变等方面衡量。

6. 供配电系统的设计步骤是：确定供电方案 → 确定高、低压电气主接线 → 选高、低压电气设备

7. 10kV 变配电所的低压电气主接线一般采用单母线接线和分段单母线接线两种方式。对于分段单母线接线，两段母线互为备用，母联开关手动或自动切换。

8. 变压器的选择包括变压器类型的选择、台数的选择和容量的选择。

9. 短路的种类有四种：三相短路、两相短路、单相短路和两相接地短路。短路电流由周期分量和非周期分量组成，在热、动稳定校验时，短路稳态电流、短路冲击电流是校验电气设备的重要依据。

常用的短路计算方法有两种：欧姆法和标幺值法。

10. 选择电器设备时应符合正常运行、检修、短路和过电压等情况的要求。通常情况下，按正常工作条件进行选择，按短路条件进行校验。

## 实训项目

1. 某 10/0.4kV 变电所，总计算负荷为 1200kV·A，其中，一、二级负荷 680kV·A。试初步选择该变电所主变压器的台数和容量。

2. 新建变电所，电压等级为 10/0.38kV，变压器在屋外场地。其用户的总计算负荷为 3600kV·A，其中一二级负荷为 1800kV·A，$\cos\varphi = 0.8$，试选择配电变压器形式、台数及

容量。

3. 某居民区，共 1000 户，每户平均用电 6kW，用电同时系数为 0.9，平均功率因数为 0.8，试选择配电变压器形式、台数及容量。

4. 已知某配电所有一台配电变压器。容量为 1250kV·A，电压为 10/0.4kV，拟采用负荷开关+熔断器的组合电器用于 10kV（一次侧）的开断（短路电流为 25kA）。试对此组合电器进行选型。

5. 有一地区变电站通过一条长 4m 的 6kV 电缆线路供电给某厂一个装有两台并列运行的 SL7-800 型变压器的变电所。地区变电站出口断路器的断流容量为 300MV·A。试用欧姆法求该厂变电所 6kV 高压侧和 380V 低压侧的短路电流 $I_K^{(3)}$、$I_\infty^{(3)}$、$i_{sh}^{(3)}$、$I_{sh}^{(3)}$ 及短路容量 $S_K^{(3)}$。

6. 试用标幺值法重做第 5 题。

7. 某配电所的配电系统如图 2-1-21 所示，已知变压器高压侧短路容量 $S_d$ 为 100MV·A，求 K1 点处的三相短路电流及短路容量，K2 点处的三相和单相短路电流。

（注：100A——断路器的额定电流，200A——刀开关的额定电流）

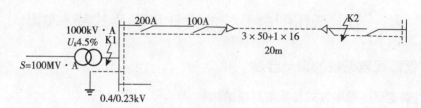

图 2-1-21

8. 某商业、办公综合楼，供电方案为变电室装有两台 1600kV·A 的变压器，型号为 SCL-1600kV·A-10kV/0.4kV/0.23kV。电源自距变电室 1.1km 远处的区域变电所，采用双回路电缆进线，如图 2-1-22 所示。已知变压器的 $U_K\%=6$，$\Delta P_K=13300$，电缆的 $r_0=0.5\Omega/km$，$x_0=0.08\Omega/km$。若区域变电所的系统电抗为 $0.5\Omega$。求变压器高、低压侧的短路电流。

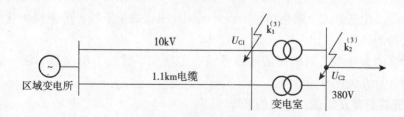

图 2-1-22

# 第二章　建筑低压配电系统的设计与计算

低压配电系统，是指从终端降压变电所的低压侧到低压用电设备的电力线路，其电压一般为380/220V，由配电装置（配电柜或盘）和配电线路（干线及分支线）组成。低压配电系统可分为动力配电系统和照明配电系统。低压配电网络由馈电线、干线和分支线组成，馈电线是将电能从变电所低压配电屏送至配电盘（箱）的线路；干线是将电能从总配电盘送至各个分配电箱的线路；分支线是由干线分出，将电能送至每一个照明分配电箱的线路，及从分配电箱分出接至各个用电设备的线路。

本章主要介绍建筑低压配电系统设计的步骤及与其相关的基本知识、负荷计算的方法、导线及设备选择的方法等内容。

## 第一节　低压配电系统的设计步骤及其基本知识

### 一、低压配电系统的设计步骤

**（一）确定低压配电方式与配电网络的结构**

民用建筑低压配电线路的接线方式主要有放射式、树干式和环形三种，应根据用电负荷的特点、实际分布及供电要求，在线路设计中，按照安全、可靠、经济、合理的原则进行优化组合，从而选择合理的配电方式与配电网络的结构。

**（二）进行负荷计算**

在低压配电系统的设计中，负荷的计算是一个十分重要的环节，因为它是选择配电导线及设备的基础和依据。负荷计算过高，会增加不必要的工程投资而造成浪费；负荷计算过低，又会使供配电线路及设备因承担不了实际负荷电流而过热，加速其绝缘老化，缩短使用寿命，从而影响供配电系统的安全运行。由此可见，合理地进行负荷计算，具有极其重要的意义。

在完成低压配电方式及网络结构的设计后，应根据每条干线、分支线所接负荷的具体情况进行负荷的计算。

负荷计算的方法，常用的有需要系数法、二项式系数法、单位指标法、负荷密度法等，详细的计算方法见第四章第二节。

**（三）开关设备及导线、电缆的选择**

为了便于对电气线路的控制，需要依据实际情况装设各种开关控制设备，同时，电气线路在运行的过程中，难免出现短路等故障和各种不正常运行状态，因此还需在建筑低压配电线路中装设相应的保护设备，这些低压电气设备的选择合理与否，直接影响低压供配电线路的运行质量。低压供配电系统中开关设备的选择包括型号的选择、参数的计算及保护动作值的整定等。其具体方法详见本章第三节。

配电线路是配电系统中不可缺少的重要部分，配电线路的正确选择是民用建筑电气设计和施工过程中的一个重要内容。在民用建筑供配电线路中,使用的导线主要有电线和电缆,正确地选用这些电线和电缆,对于保证民用建筑供配电系统安全可靠、经济合理的运行有着十分重要的意义,对于节约有色金属也是很重要的。导线型式的选择主要考虑环境条件、运行电压、敷设方法和经济可靠性等方面的要求。

导线和电缆的选择详见第四章第四节

**(四) 低压无功补偿的选择与计算**

在民用建筑中,存在着大量的感性负荷,如电动机、带电感镇流器的荧光灯等,由于这些感性负载的存在,使民用建筑的整个功率因数较低,工作时需要较大的无功功率,并且在线路中产生较大的无功电流,不利于供配电系统的高效率运行,因此,在进行低压供配电系统的设计时,要根据实际情况进行合理地无功补偿。

无功补偿的方法有多种,民用建筑中常用并联电容器的方法。在《民用建筑电气设计规范》中规定:当采用提高自然功率因数措施后,仍达不到高压供电用户的功率因数 0.9 以上,低压供电用户功率因数 0.85 以上的要求时,应采用并联电容器作为无功补偿装置。

1. 无功功率补偿计算

在选用电容器无功补偿装置时,必须首先进行建筑供配电系统自然功率因数的计算。

(1) 建筑供配电系统自然功率因数

建筑供配电系统补偿前的自然平均功率因数的计算公式如下:

对于未交付使用的建筑

$$\cos\varphi_1 = \sqrt{\frac{1}{1+\left(\dfrac{\beta \cdot Q_C}{\alpha \cdot P_C}\right)^2}}$$

式中 $\alpha$、$\beta$——有功及无功年平均负荷因数,$\alpha$、$\beta$ 值一般在 0.7~0.8 和 0.8~0.9 之间选取;

$P_C$、$Q_C$——建筑供配电系统的总有功、无功计算负荷(kW、kvar)。

对于已交付使用的建筑

$$\cos\varphi_1 = \sqrt{\frac{1}{1+\left(\dfrac{W_q}{W_p}\right)^2}}$$

式中 $W_p$——最大负荷月的有功电能消耗量,即有功电度表的读数(kW·h);

$W_q$——最大负荷月的无功电能消耗量,即无功电度表的读数(kvar·h)。

(2) 无功补偿电容量的计算

若要把供电系统的功率因数由 $\cos\varphi_1$ 补偿到 $\cos\varphi_2$,所需电容器的无功容量计算如下:

$$\Delta Q_C = \alpha \cdot P_C (\tan\varphi_1 - \tan\varphi_2)$$

或

$$\Delta Q_C = \alpha \cdot P_C \cdot q_C$$

式中 $\Delta Q_C$——无功补偿电容器的容量(kvar);

$P_C$——有功计算负荷(kW);

$\alpha$——年平均负荷因数,取 0.7~0.8;

$q_C$——补偿率(kvar/kW),见表 2-2-1;

$\tan\varphi_1$——补偿前自然功率因数对应的正切值;

$\tan\varphi_2$——补偿后自然功率因数对应的正切值。

由上面的公式可以看出，只要知道系统的有功计算负荷，知道补偿前后的功率因数，就可以计算出所需要的补偿量，进而确定所需并联的电容器的个数。但在工程上更常用的计算公式为

$$\Delta Q_C = \Delta q_C \cdot P_C$$

在这个计算公式中 $\Delta q_C = \tan\varphi_1 - \tan\varphi_2$ 称无功补偿率，单位为 kvar/kW。这个无功补偿率表示要使 1kW 有功功率由 $\cos\varphi_1$ 提高到 $\cos\varphi_2$ 所需要的无功补偿容量的千乏值。表 2-2-2 给出了并联电容器无功补偿率，可以利用补偿前后的功率因数直接查表得出。

在确定了总的补偿容量后，要选择所用并联电容的单个容量 $Q_C'$，并根据 $Q_C'$ 来确定电容器的个数 $n$：

$$n = \Delta Q_c / Q_C'$$

对于单相电容器来说，$n$ 应取 3 的整数倍，以便三相均衡分配。

表 2-2-3 给出了部分低压并联电容器的主要技术数据。

补偿率 $q_C$ 的值（kvar/kW）　　　　　　表 2-2-1

| 补偿前 $\cos\varphi_1$ | 补偿后 $\cos\varphi_2$ | | | | | | | | | | |
|---|---|---|---|---|---|---|---|---|---|---|---|
| | 0.75 | 0.80 | 0.82 | 0.84 | 0.86 | 0.88 | 0.90 | 0.92 | 0.94 | 0.96 | 0.98 | 1.00 |
| 0.50 | 0.85 | 0.98 | 1.04 | 1.09 | 1.14 | 1.20 | 1.25 | 1.31 | 1.37 | 1.44 | 1.53 | 1.73 |
| 0.52 | 0.76 | 0.89 | 0.95 | 1.00 | 1.05 | 1.11 | 1.16 | 1.22 | 1.28 | 1.35 | 1.44 | 1.64 |
| 0.54 | 0.68 | 0.81 | 0.86 | 0.92 | 0.97 | 1.02 | 1.08 | 1.14 | 1.20 | 1.27 | 1.36 | 1.56 |
| 0.56 | 0.60 | 0.76 | 0.78 | 0.84 | 0.89 | 0.94 | 1.00 | 1.05 | 1.12 | 1.19 | 1.28 | 1.48 |
| 0.58 | 0.52 | 0.66 | 0.71 | 0.76 | 0.81 | 0.87 | 0.92 | 0.98 | 1.04 | 1.11 | 1.20 | 1.41 |
| 0.60 | 0.45 | 0.58 | 0.64 | 0.69 | 0.74 | 0.80 | 0.85 | 0.91 | 0.97 | 1.04 | 1.13 | 1.33 |
| 0.62 | 0.39 | 0.52 | 0.57 | 0.62 | 0.67 | 0.73 | 0.78 | 0.84 | 0.90 | 0.97 | 1.06 | 1.27 |
| 0.64 | 0.32 | 0.45 | 0.51 | 0.56 | 0.61 | 0.67 | 0.72 | 0.76 | 0.84 | 0.91 | 1.00 | 1.20 |
| 0.66 | 0.26 | 0.39 | 0.45 | 0.49 | 0.55 | 0.60 | 0.66 | 0.71 | 0.78 | 0.85 | 0.94 | 1.14 |
| 0.68 | 0.20 | 0.33 | 0.38 | 0.43 | 0.49 | 0.54 | 0.60 | 0.65 | 0.72 | 0.79 | 0.88 | 1.08 |
| 0.70 | 0.14 | 0.27 | 0.33 | 0.38 | 0.43 | 0.49 | 0.54 | 0.60 | 0.66 | 0.73 | 0.82 | 1.02 |
| 0.72 | 0.08 | 0.22 | 0.27 | 0.32 | 0.37 | 0.43 | 0.48 | 0.54 | 0.60 | 0.67 | 0.76 | 0.97 |
| 0.74 | 0.03 | 0.16 | 0.21 | 0.26 | 0.32 | 0.37 | 0.43 | 0.48 | 0.55 | 0.62 | 0.71 | 0.91 |
| 0.76 | | 0.11 | 0.16 | 0.21 | 0.26 | 0.32 | 0.37 | 0.43 | 0.50 | 0.56 | 0.65 | 0.86 |
| 0.78 | | 0.05 | 0.11 | 0.16 | 0.21 | 0.27 | 0.32 | 0.38 | 0.44 | 0.51 | 0.60 | 0.80 |
| 0.80 | | | 0.05 | 0.10 | 0.16 | 0.21 | 0.27 | 0.33 | 0.39 | 0.46 | 0.55 | 0.75 |
| 0.82 | | | | 0.05 | 0.10 | 0.16 | 0.22 | 0.27 | 0.33 | 0.40 | 0.49 | 0.70 |
| 0.84 | | | | | 0.05 | 0.11 | 0.16 | 0.22 | 0.28 | 0.35 | 0.44 | 0.65 |
| 0.86 | | | | | | 0.06 | 0.11 | 0.17 | 0.23 | 0.30 | 0.39 | 0.59 |
| 0.88 | | | | | | | 0.06 | 0.11 | 0.17 | 0.25 | 0.33 | 0.54 |
| 0.90 | | | | | | | | 0.06 | 0.12 | 0.19 | 0.28 | 0.48 |
| 0.92 | | | | | | | | | 0.06 | 0.13 | 0.22 | 0.43 |

并联电容器的无功补偿率　　　　　　　　表 2-2-2

| 补偿前的功率因数 | 补偿后的功率因数 | | | | 补偿前的功率因数 | 补偿后的功率因数 | | | |
| --- | --- | --- | --- | --- | --- | --- | --- | --- | --- |
| | 0.85 | 0.9 | 0.95 | 1.00 | | 0.85 | 0.9 | 0.95 | 1.00 |
| 0.6 | 0.713 | 0.849 | 1.004 | 1.333 | 0.6 | 0.235 | 0.371 | 0.526 | 0.85 |
| 0.62 | 0.646 | 0.782 | 0.937 | 1.266 | 0.62 | 0.182 | 0.318 | 0.473 | 0.80 |
| 0.64 | 0.581 | 0.717 | 0.872 | 1.206 | 0.64 | 0.130 | 0.216 | 0.421 | 0.75 |
| 0.66 | 0.518 | 0.654 | 0.809 | 1.138 | 0.66 | 0.078 | 0.214 | 0.369 | 0.69 |
| 0.68 | 0.458 | 0.594 | 0.749 | 1.078 | 0.68 | 0.026 | 0.162 | 0.317 | 0.64 |
| 0.70 | 0.400 | 0.536 | 0.691 | 1.020 | 0.70 | — | 0.109 | 0.264 | 0.59 |
| 0.72 | 0.344 | 0.480 | 0.635 | 0.964 | 0.72 | — | 0.056 | 0.211 | 0.54 |
| 0.74 | 0.289 | 0.425 | 0.580 | 0.909 | 0.74 | — | 0.000 | 0.155 | 0.48 |

部分低压并联电容器参数　　　　　　　　表 2-2-3

| 型　号 | 额定电压（kV） | 标称容量（kvar） | 标称电容（μF） | 相　数 |
| --- | --- | --- | --- | --- |
| BW0.4-12-1 | 0.4 | 12 | 239 | 1 |
| BW0.4-12-3 | 0.4 | 12 | 239 | 3 |
| BW0.4-13-1 | 0.4 | 13 | 259 | 1 |
| BW0.4-13-3 | 0.4 | 13 | 259 | 3 |
| BW0.4-14-1 | 0.4 | 14 | 280 | 1 |
| BW0.4-14-3 | 0.4 | 14 | 280 | 3 |
| BW0.4-14-3W | 0.4 | 14 | 280 | 3 |
| BW0.4-10-1TH | 0.4 | 10 | 199 | 1 |
| BW0.4-10-3TH | 0.4 | 10 | 199 | 3 |
| BW0.4-12-1TH | 0.4 | 12 | 239 | 1 |
| BW0.4-12-3TH | 0.4 | 12 | 239 | 3 |
| BW1.05-12-1 | 1.05 | 12 | 34.7 | 1 |
| BW1.05-12-1TH | 1.05 | 12 | 31.8 | 1 |
| BWF1.05-30-1 | 1.05 | 30 | 86.6 | 1 |
| BWF1.05-50-1 | 1.05 | 50 | 144.4 | 1 |
| BWF1.05-22-1W | 1.05 | 22 | 64 | 1 |
| BWF1.05-30-1W | 1.05 | 30 | 87 | 1 |
| BWF1.05-50-1W | 1.05 | 50 | 144 | 1 |
| BWM1.05-50-1W | 1.05 | 50 | 144 | 1 |
| BWM1.05-100-1W | 1.05 | 100 | 289 | 1 |
| GFF1.05-50-1W | 1.05 | 50 | 144 | 1 |
| GFF1.05-100-1W | 1.05 | 100 | 289 | 1 |

2. 补偿后计算负荷的确定

设补偿前供配电系统的计算负荷为 $P_{C1}$、$Q_{C1}$、$S_{C1}$、$I_{C1}$，功率因数为 $\cos\varphi_1$；补偿后的功率因数为 $\cos\varphi_2$，则补偿后的计算负荷为：

$$P_{C2} = P_{C1} \text{ (kW)}$$

$$Q_{C2} = Q_{C1} - \Delta Q_C \text{ (kvar)}$$

$$S_{C2} = \sqrt{P_{C2}^2 + Q_{C2}^2} \text{ (kV·A)}$$

$$I_{C2} = \frac{S_{C2} \times 1000}{\sqrt{3} \times U_N} \text{ (A)}$$

其中 $U_N$ 为供电线路的额定线电压，低压时为 380V。

**【例题 2-2-1】** 某教学楼用三相四线制低压电源供电，已知供电系统的总计算负荷 $P_C = 48\text{kW}$，$Q_C = 35\text{kvar}$。现设计将该供电系统的功率因数提高至 0.95，试计算所需的无功补偿容量及补偿后的计算负荷。

**解：** 补偿前　　$P_{C1} = 48\text{kW}$

　　　　　　　　$Q_{C1} = 35\text{kvar}$

取 $\alpha = 0.8$，$\beta = 0.85$，则补偿前的功率因数为：

$$\cos\varphi_1 = \sqrt{\frac{1}{1+\left(\frac{\beta \cdot Q_C}{\alpha \cdot P_C}\right)^2}} = \sqrt{\frac{1}{1+\left(\frac{0.85 \times 35}{0.8 \times 48}\right)^2}} = 0.79$$

欲使补偿后功率因数提高到 0.95，所需电容器的无功补偿容量为：

$$\begin{aligned}\Delta Q_C &= \alpha \cdot P_C(\tan\varphi_1 - \tan\varphi_2) \\ &= 0.8 \times 48 \times (0.7761 - 0.3287) \\ &= 17.18 \text{ (kvar)}\end{aligned}$$

补偿后供电系统的计算负荷为：

$$P_{C2} = P_{C1} = 48 \text{ (kW)}$$

$$Q_{C2} = Q_{C1} - \Delta Q_C = 35 - 17.18 = 17.82 \text{ (kvar)}$$

$$S_{C2} = \sqrt{P_{C2}^2 + Q_{C2}^2} = \sqrt{48^2 + 17.82^2} = 51.2 \text{ (kV·A)}$$

$$I_{C2} = \frac{S_{C2} \times 1000}{\sqrt{3} \times U_N} = \frac{51.2 \times 1000}{\sqrt{3} \times 380} = 77.79 \text{ (A)}$$

3. 无功功率补偿位置

并联电容器在变配电系统中的安装位置大致有三种：高压集中补偿、低压成组补偿和低压分散补偿。在民用建筑中，通常采用低压补偿的办法。

（1）低压分散补偿

这种补偿方式也称为个别补偿，是将并联电容器分散装在各用电设备附近。这种补偿方式可补偿安装位置前线路及变压器上的无功功率（如图 2-2-1 中的低压分散补偿区），可以看出这种补偿方式的补偿范围最大，效果也较好，但这种补偿方式的投资较大。

图 2-2-2 为一个直接接在电动机旁的单独分散补偿的低压电容器组电路图。从这个电路图我们可以看出，这种补偿方式的电容器组在用电设备停止工作时一并切除，所以利用率不高。另外，这种补偿方式的电容器通常是利用电器设备本身的绕组电阻来放电，因

此不必单独设置电容器的放电电阻。

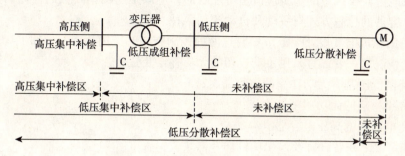

图2-2-1 并联电容器的补偿范围

(2) 低压集中补偿

这种补偿方式是将并联电容器组装设在变电所的低压母线上，它的补偿区域为低压母线前含变压器的所有区域（如图2-2-1中的低压集中补偿区）。由于这种补偿方式能有效地补偿变压器的无功功率，在一定的条件下可以使变压器容量选择小一些，使系统较为经济；另外，并联电容器安装在变电所低压配电室内，运行维护也很方便。

图2-2-3为低压集中补偿的电容器组的电路图。此时的并联电容器组一般是利用220V、15~25W的白炽灯的灯丝电阻来放电（也可用专用放电电阻），这种白炽灯同时也用作电容器组的运行指示灯。

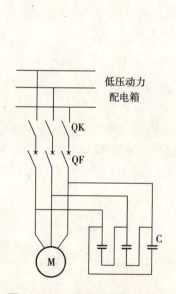

图2-2-2 低压分散补偿方式

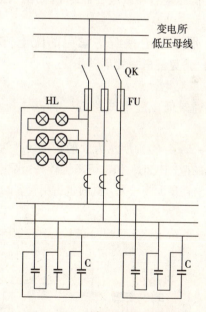

图2-2-3 低压集中补偿方式

除了上述两种低压无功补偿方式外，还有高压集中补偿，这里就不介绍了。

4. 无功功率补偿的控制

对于民用建筑并联电容器进行无功功率补偿基本上采用低压集中补偿的方式。由于电力负荷随时都在变化，因此功率因数也在变化，那么无功功率的补偿量也应随之改变，也就是说并联电容器投入量的多少应该是可控制的，应该是随功率因数的变化而变化的。常用的并联电容器的控制方式有手动和自动控制两种。

在《民用建筑电气设计规范》中对这两种控制方式的应用范围，作如下规定：

对下列情况之一者，宜采用手动投切的无功补偿装置：

（1）补偿低压基本无功功率的电容器组；

（2）常年稳定的无功功率；

（3）变电所内的高压电容器组。

对下列情况之一者，宜装设无功自动补偿装置：

（1）避免过补偿，装设无功自动补偿装置在经济上合理时；

（2）避免在轻载时电压过高，造成某些用电设备损坏（例如灯泡烧毁或缩短寿命）等损失，而装设无功自动补偿装置在经济上合理时；

（3）必须满足在所有负荷情况下都能改善电压变动率，只有装设无功自动补偿装置才能达到要求时。

5. 并联电容器的接线方式

并联电容器有三角形接法和星形接法两种接线方式。在《并联电容器装置设计规范》（GB50227—1995）中对电容器接线方式的选择做出了如下规定：

（1）高压电容器组宜采用星形接线，在中性点非直接接地的电网中，电容器组的中性点不应接地。

（2）低压电容器或电容器组可采用三角形接线或中性点不接地的星形接线方式。

## 二、低压配电系统中常见的配电方式

### （一）常见配电方式的种类

1. 基本配电方式

民用建筑低压配电线路的三种基本配电方式（也叫基本接线方式）如图2-2-4所示。

图2-2-4（a）所示为放射式接线，它的优点是配电线路相对独立，发生故障时因停电而影响的范围较小，供电可靠性较高；配电设备比较集中，便于维修。但采用的导线较多，有色金属消耗量大多较大，同时也占用较多的低压配电盘回路，从而使配电盘投资增加。

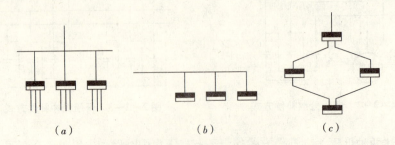

图2-2-4 低压配电线路的基本接线方式
(a) 放射式；(b) 树干式；(c) 环形式

对于下列情况，低压配电系统宜采用放射式接线：

（1）容量大、负荷集中或重要的用电设备；

（2）每台设备的负荷虽不大，但位于变电所的不同方向；

（3）需要集中联锁启动或停止的设备；

（4）对于有腐蚀介质或有爆炸危险的场所，其配电及保护启动设备不宜放在现场，必须由与之相隔离的房间馈出线路。

图2-2-4（b）所示为树干式接线，它不需要在变电所低压侧设置配电盘，而是从变电所低压侧的引出线经过空气断路器或隔离开关直接引至室内。这种配电方式使变电所低压侧结构简单，减少了电气设备的用量，有色金属损耗小，系统灵活性较好。

图2-2-4（c）所示为环形接线，这种接线又分为闭环和开环两种运行状态，此图是闭环状态。从图中可以看出，当任一段线路发生故障或停电检修时，都可以由另一侧线路继续供电，可见闭环运行供电可靠性较高，电能和电压损失也较小。但是闭环运行状态的保护整定相当复杂，若配合不当，容易发生保护误动作，使事故停电范围扩大。因此，在正常情况下，一般不用闭环运行。但开环情况下，发生故障时会中断供电，所以环形配电线路一般只用于对二、三级负荷供电。

2. 其他配电方式

除了上述三种基本接线方式外，配电方式还有链式和混合式。链式接线适用于距离配电盘较远而彼此相距又较近的不重要的小容量用电设备。链式接线所连接的设备一般不宜超过4台，电流不宜超过20A。由于链式线路只设置一组总的保护，所以可靠性较差，目前很少采用，但在住宅建筑照明线路中仍经常被采用。

在实际应用中，放射式和树干式应用较为广泛，但纯树干式也极少采用，往往是树干式与放射式的混合使用，即混合式，如图2-2-5所示。这种供电方式可根据配电盘分散的位置、容量、线路走向综合考虑，这种方式往往使用较多。

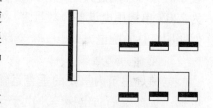

图2-2-5 低压配电线路的混合式接线

放射式、树干式和环形三种方式，其本身形式也不是单一的，如将它们再混合交替使用，形式更是多种多样的，这里不一一列举。在实际线路设计中，应按照安全可靠、经济合理的原则将不同方式进行优化组合。

（二）动力负荷配电

民用建筑中的动力负荷按使用的性质可分为建筑设备机械（如水泵、通风机等）、建筑机械（如电梯、卷帘门等）、各种专用机械（如炊事、制冷、医疗设备等）；按电价可分为非工业电力电价和照明电价两种。因此，先按使用性质和电价归类，再按容量及方位分路。对负荷集中的场所（水泵房、锅炉房、厨房等的动力负荷）采用放射式配电；对负荷分散的场所（医疗设备、空调机等）采用树干式配电，依次连接各动力分配电盘；而电梯设备的配电则由变电所专用电梯配电回路采用放射式直接引至屋顶电梯机房。

1. 消防用电设备的配电

消防动力包括消火栓泵、喷淋泵、正送风机、防排机、消防电梯、防火卷帘门等。由于建筑消防系统在应用上的特殊性，因此要求它的供电系统要绝对安全可靠，并便于操作与维护。根据我国消防法规规定，消防系统供电电源应分为主工作电源及备用电源，并按不同的建筑等级和电力系统有关规定确定供电负荷等级。一类高层建筑的消防用电应按一级负荷处理，即由不同的高压电网供电，形成一用一备的电源供电方式；二类高层建筑的消防用电应按二级负荷处理，即由同一电网的双回路供电，形成一用一备的供电方式。有时为加大备用电源容量，确保消防系统不受停电事故影响，还配备柴油发电机组。因此，消防系统的供配电系统应由变电所的独立回路和备用电源（柴油发电机组）的独立回路，在负载末端经双电源自动切换装置供电，以确保消防动力电源的可靠性、连续性和安全性。消防设备的配电线路可以采用普通电线电缆，但应穿金属管、阻燃塑料管或金属线槽敷设配电线路，无论是明敷设还是暗敷设，都要采取必要的防火、耐热措施。

2. 空调动力设备的配电

在高层建筑的动力设备中，空调设备是最大的一类动力设备，这类设备容量大、种类多，包括空调制冷机组（或冷水机组、热泵）、冷却水泵、冷却塔风机、空调机、新风机、风机盘管等。

空调制冷机组的功率很大，大多在200kW以上，有的超过500kW。因此，其配电可以采用从变电所低压母线直接引到机组控制柜的方式。

冷却水泵、冷冻水泵的台数较多，且留有备用，单台设备容量在几十千瓦，多数采用减压启动，一般采用两级放射式配电方式，从变电所低压母线引来一路电源到泵房动力配电箱，再由动力配电箱引出线至各个泵的启动控制柜。

空调机、新风机的功率大小不一，分布范围较广，可以采用多级放射式配电；在容量较小时亦可采用链式配电方式或混合式配电方式，应根据具体情况灵活考虑。而风机盘管为220V单相用电设备，数量多、单机功率小，只有几十瓦到一百多瓦，一般可以采用类似照明灯具的配电方式，一个支路可以接若干个风机盘管或由插座供电。

3. 电梯的配电

电梯是建筑内重要的垂直运输设备，必须安全可靠，可分为客梯、自动扶梯、景观电梯、货梯及消防电梯等。由于运输的轿厢和电源设备在不同的地点，虽然单台电梯的功率不大，但为了确保电梯的安全及电梯间互不影响，所以，每台电梯宜由专用回路以放射方式配电并应装设单独的隔离电器和短路保护电器。电梯轿厢的照明电源、轿顶电源插座和报警装置的电源，可以从电梯的动力电源隔离器前取得，但应另外装设隔离电器和短路保护电器。电梯机房及滑轮间、电梯井道及底坑的照明和插座线路，应与电梯分别配电。

对于电梯的负荷等级，应符合现行《民用建筑电气设计规范》（JGJ/T16—2008）、《供配电系统设计规范》（GB50052—95）及其他有关规范的规定，并按负荷分级确定电源及配电方式。电梯的电源一般引至机房电源箱，自动扶梯的电源一般引至高端地坑的扶梯控制箱，消防电梯应符合消防设备的配电要求。

4. 给水排水装置的配电

建筑内除了消防水泵外，还有生活水泵、排水泵及加压泵等。生活水泵大多集中于泵房设置，一般从变电所低压出线引单独电源送至泵房动力配电箱，再以放射式配电至各泵控制设备；而排水泵位置比较分散，可以采用放射式接线至各泵的控制设备。

### (三）照明负荷配电

在民用建筑中，照明用电设备主要有供给工作照明、事故照明和生产照明的各种灯具，此外还有家用电器中的电视机、窗式空调机、电风扇、家用电冰箱、家用洗衣机以及日用电热器，如电熨斗、电饭煲、电热水器等。它们的容量都是较小的，一般为 0.5kW 以下的感性负荷或 2kW 以下的阻性负荷。它们虽然不是照明器具，但都是由照明线路供电的，所以统归为照明负荷。它们的用电价格也与照明的用电价格相同。在照明线路的设计中，还应考虑家用电器和日用电热电器的需要和发展。

照明负荷常用的配电方式有放射式、树干式和混合式。

1. 放射式

如图 2-2-6 所示，从图中可以看出配电干线从一楼的总配电箱引出 4 路干线分别送至 2~5 层的分配电箱内。当某一分配电箱发生故障时，其他配电箱可以继续供电。此种接线方式主要用于供电要求可靠性较高的建筑物。

2. 树干式

如图 2-2-7 所示，从图中可以看出配电干线从一楼的总配电箱引出一路干线，连接了 2~5 层的分配电箱。同放射式接线相比，当某一分配电箱发生故障时，会造成其他分配电箱停电，其可靠性比放射式差，但节约了设备和线路，降低了造价。这种接线方式主要用于多层建筑物中。

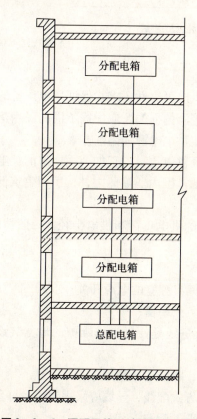

图 2-2-6 照明干线系统放射式接线

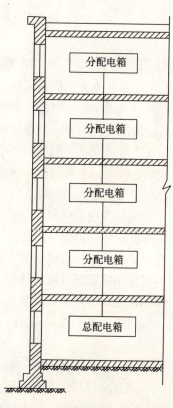

图 2-2-7 照明干线系统树干式接线

3. 混合式

如图2-2-8所示，该图为15层住宅建筑照明配电系统，从低压配电室引出5条干线，组成放射式接线系统。其中3条干线沿楼的高度向上延伸形成"树干"，又再各分接出5条支路送至各层，每层的配电箱按链式接线方式向各住宅配电电表箱供电，另外2条干线是向水泵房和电梯供电的。

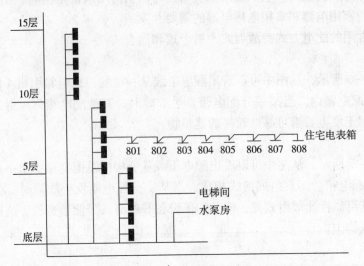

图2-2-8 照明干线系统混合式接线

### 三、建筑低压配电系统的配电要求

低压配电线路首先应当满足民用建筑所必须的供电可靠性要求，保证用电设备的正常运行，杜绝或减少因事故停电造成的在政治上、经济上的损失。应根据不同的民用建筑对供电的可靠性要求和民用建筑的用电负荷等级，确定供电电源和供电方式。

其次，低压配电系统在配电过程中，应充分保证供电质量。正如前面所讲的，电压偏移、电压波动、频率偏差等供电指标应限定在规定的范围内。除此之外，民用建筑低压配电还应注意以下几个方面的问题：

（1）不同电压等级的供电线路适用于不同容量的供电负荷和供电半径。一般情况下，低压供电半径不宜超过250m；

（2）配电系统的电压等级一般不宜超过两级；

（3）多层民用建筑宜分层设置配电箱，每层房间有独立的电源开关；

（4）单相用电设备应适当配置，力求达到三相负荷平衡；

（5）由建筑物引来的输电线路，应在屋内靠近进线处便于操作维护的地方装设开关设备；

（6）应节省有色金属的损耗，减少电能的消耗，降低运行费用等；

（7）电气线路应以符合安全和防火要求的敷设方式配线，导线应采用铜线，每套住宅进户线截面不应小于$10mm^2$，分支回路截面不应小于$2.5mm^2$；

（8）每套住宅的空调电源插座、电源插座与照明应分路设计，厨房电源插座和卫生间插座宜设置独立回路；

(9) 除空调电源插座外，其他电源插座电路应设置漏电保护装置；

(10) 每套住宅应设置电源总断路器，并应采用可同时断开相线和中线的开关电器；

(11) 卫生间宜做局部等电位连接；

(12) 每幢住宅的总电源进线断路器具有漏电保护功能。

低压配电系统在不同的建筑和使用场合的要求各不相同，系统的设计应满足不同使用功能的需要。下面以住宅建筑为例进行简单说明。

1. 居住小区和住宅低压配电

居住小区配电系统通常采用放射式和树干式，或两者相结合的方式。为提高小区配电系统的供电可靠性，亦可采用环形网络配电。居住小区配电系统的设计，应考虑由于发展需要增加出线回路和某些回路增容的可能性。

居住小区内的多层建筑群宜采用树干式或环式配电，其照明与动力负荷可采用同一回路供电，但当动力负荷引起的电压波动超过照明等用电设备允许的波动范围时，其动力负荷应由专用回路供电。居住小区内的高层建筑则宜采用放射式配电，照明和动力负荷以不同回路分别供电。

多层住宅的低压配电系统及计量方式应符合当地供电部门的要求，应以一户一表计量，可将分户计量表全部集中于首层（或中间某层）电表间内，配电支线以放射式配电至用户。公用走道、楼梯间照明及其他公用设备用电计量可采取：①设公用电度表，分户均摊；②设置功率均分器，分配至各户计量表等。

居民小区内路灯照明应与城市规划相协调，宜以专用变压器或专用回路供电。

2. 多层建筑低压配电

多层建筑低压配电设计应满足计量、维护管理、供电安全和可靠性要求，应将照明与动力负荷分成不同配电系统。

一般多层民用建筑，对于较大的集中负荷或较重要的负荷应从配电室以放射式配电；对于向各层配电间或配电箱的配电，宜采用树干式和分区树干式。每个树干式回路的配电范围，应根据用电负荷的密度、性质、维护管理及防火分区等条件综合考虑确定。由层配电间或层配电箱至各分配电箱的配电，宜采用放射式或树干式相结合的方式。照明和动力负荷应分别设表计量。

3. 高层建筑低压配电

高层建筑低压配电系统的确定，应满足计量、维护管理、供电安全及可靠性的要求，应将照明与动力负荷分成不同的配电系统，消防及其他防灾用电设施的配电宜自成体系。

对于容量较大的集中负荷或重要负荷宜从配电室以放射式配电。各层配电间的配电宜采用下列方式之一：

(1) 工作电源采用分区树干式，备用电源也采用分区树干式或由首层到顶层垂直干线的方式。

(2) 工作电源和备用电源都采用由首层到顶层垂直干线的方式。

(3) 工作电源采用分区树干式，备用电源取自应急照明等电源干线。

高层建筑内的应急照明、消防及其他防灾用电设施，以及其他重要用电负荷的工作电源与备用电源应在末端自动切换。

高层建筑的配电箱设置和配电回路划分，应根据负荷的性质和密度、防火分区、维护管理等条件综合确定。

各楼层配电箱至用电负荷的分支回路，对于旅馆、饭店、公寓等建筑物内的客房，宜采用每套房间设一只分配电箱的树干式配电，每套房间内根据负荷性质再设若干支路；或者采用对几套房间按不同用电类别，以几路分别配电的方式；但对贵宾房间宜采用专用分支回路供电。

## 第二节　负荷计算

负荷计算主要包括求计算负荷，尖峰电流，确定一、二级负荷和季节性负荷容量等内容。

计算负荷是指一组用电负载实际运行时，消耗电能最多的半小时的平均功率，用 $P_C$、$Q_C$、$S_C$、$I_C$ 表示。求计算负荷的目的是它将作为按发热条件选择配电变压器、导体及电器的依据，并用来计算电压损失和功率损耗。在工程上为方便计算，亦可作为电能消耗及无功功率补偿的计算依据。

尖峰电流是指持续 1~2s 的短时最大负荷电流，用 $I_{pk}$ 表示。求尖峰电流的目的是为了计算电压波动、选择熔断器和断路器、整定继电保护装置以及检验电动机自启动条件等。

一、二级负荷是指用电负载中，一、二级负荷容量的大小。求一、二级负荷的目的是用以确定备用电源或应急电源的容量。

求季节性负荷的目的是从经济运行条件出发，用以考虑变压器的台数和容量。

负荷计算中最重要的就是求计算负荷，求计算负荷常用的方法有需要系数法、二项式法、单位指标法、负荷密度法等。

《民用建筑电气设计规范》对负荷计算方法的选取原则做了如下规定：

（1）在方案阶段可采用单位指标法；在初步设计及施工图阶段，宜采用需要系数法。对于住宅，在设计的各个阶段均可采用单位指标法。

（2）用电设备台数较多，各台设备电容量相差不悬殊，宜采用需要系数法，一般用于干线、配电所的负荷计算。

（3）用电设备台数较少，各台设备用电容量相差悬殊时，宜采用二项式系数法，一般用于支干线配电屏（箱）的负荷计算。

下面将民用建筑电气工程设计中常用的负荷计算方法加以介绍。

### 一、需要系数法

需要系数法适用于工程初步设计和施工图设计阶段，对变电所母线、干线进行负荷计算的情况。

一个单位或一个系统的计算负荷不能简单地把各个用电设备的额定功率直接相加，应考虑以下几个因素：

（1）不可能所有用电设备同时运行——引入"同时运行系数 $K_\Sigma$"，$K_\Sigma \leq 1$；

（2）每台设备不可能都满载运行——引入"负荷系数 $K_L$"，$K_L \leq 1$；

（3）各设备运行时产生功率损耗——引入"设备组的平均效率 $\eta_S$"，$\eta_S < 1$；

(4) 配电线路也要产生功率损耗——引入"配电线路的效率 $\eta_L$", $\eta_L<1$。

这样将所有影响负荷计算的因素归并成一个系数 $K_d$, 称为需要系数, 通常也称为需用系数。

$$K_d = \frac{K_\Sigma \cdot K_L}{\eta_S \cdot \eta_L}$$

求出需要系数之后, 即可以在计算范围内所有设备的总容量的基础上乘上此需要系数来求出该设备组的计算负荷。需要系数法求计算负荷的通用公式如下：

$$P_C = K_d \cdot P_e \quad (kW)$$

$$Q_C = P_C \cdot \tan\varphi \quad (kvar)$$

$$S_C = \sqrt{P_C^2 + Q_C^2} \quad (kV \cdot A)$$

三相时：$I_C = \dfrac{S_C}{\sqrt{3} U_N}$ (A)

单相时：$I_C = \dfrac{S_C}{U_N}$ (A)

式中, $P_C$、$Q_C$、$S_C$、$I_C$ 分别称有功计算负荷、无功计算负荷、视在计算负荷和计算电流；$P_e$ 称设备功率, 它是指实际设备的额定功率换算到统一工作制下（统一标准下的）的值, 即 $P_e$ 由设备的额定功率 $P_N$ 求得；$U_N$ 是线路的额定电压, 三相时指线电压, 单相时指相电压。

由于需要系数的确定对于计算负荷的计算结果影响非常大, 准确地确定需要系数是准确确定计算负荷的先决条件。所以国家标准规范中根据不同的负荷性质、不同的工作环境、不同的建筑类型等条件来确定需要系数。

民用建筑中部分用电设备的需要系数见表 2-2-4~表 2-2-8。

从上面的分析过程中可以看出, 用需要系数法求计算负荷, 首先要求设备功率。

宾馆饭店主要用电设备的需要系数和功率因数　　　表 2-2-4

| 序号 | 项目 | 需要系数 $K_d$ | $\cos\varphi$ | 序号 | 项目 | 需要系数 $K_d$ | $\cos\varphi$ |
|---|---|---|---|---|---|---|---|
| 1 | 全馆总负荷 | 0.4~0.5 | 0.8 | 9 | 厨房 | 0.35~0.45 | 0.7 |
| 2 | 全馆总电力 | 0.5~0.6 | 0.8 | 10 | 洗衣机房 | 0.3~0.4 | 0.7 |
| 3 | 全馆总照明 | 0.35~0.45 | 0.85 | 11 | 窗式空调器 | 0.35~0.45 | 0.8 |
| 4 | 冷冻机房 | 0.65~0.75 | 0.8 | 12 | 客房 | 0.4 | |
| 5 | 锅炉房 | 0.65~0.75 | 0.75 | 13 | 餐厅 | 0.7 | |
| 6 | 水泵房 | 0.6~0.7 | 0.8 | 14 | 会议室 | 0.7 | |
| 7 | 通风机 | 0.6~0.7 | 0.8 | 15 | 办公室 | 0.8 | |
| 8 | 电梯 | 0.18~0.2 | DC0.4/AC0.8 | 16 | 车库 | 1 | |

民用建筑照明负荷需要系数　　　表 2-2-5

| 建筑类别 | 需要系数 $K_d$ | 建筑类别 | 需要系数 $K_d$ | 建筑类别 | 需要系数 $K_d$ |
|---|---|---|---|---|---|
| 住宅楼 | 0.4~0.7 | 图书馆、阅览室 | 0.8 | 病房楼 | 0.5~0.6 |
| 科研楼 | 0.8~0.9 | 实验室、变电室 | 0.7~0.8 | 剧院 | 0.6~0.7 |

续表

| 建筑类别 | 需要系数 $K_d$ | 建筑类别 | 需要系数 $K_d$ | 建筑类别 | 需要系数 $K_d$ |
|---|---|---|---|---|---|
| 商 店 | 0.85~0.95 | 单身宿舍 | 0.6~0.7 | 展览馆 | 0.7~0.8 |
| 门诊楼 | 0.6~0.7 | 办公楼 | 0.7~0.8 | 事故照明 | 1 |
| 影 院 | 0.7~0.8 | 教学楼 | 0.8~0.9 | 托儿所 | 0.55~0.65 |
| 体育馆 | 0.65~0.75 | 社会旅馆 | 0.7~0.8 | | |

**10层及以上民用建筑照明负荷需要系数**　　表2-2-6

| 户数 | 20户以下 | 20~50户 | 50~100户 | 100户以上 |
|---|---|---|---|---|
| 需要系数 $K_d$ | 0.6 | 0.5~0.6 | 0.4~0.5 | 0.4 |

**建筑工地常用用电设备组的需要系数及功率因数**　　表2-2-7

| 用电设备组名称 | 需要系数 $K_d$ | 功率因数 $\cos\varphi$ | $\tan\varphi$ |
|---|---|---|---|
| 通风机和水泵 | 0.75~0.85 | 0.80 | 0.75 |
| 运输机、传送机 | 0.52~0.60 | 0.75 | 0.88 |
| 混凝土及砂浆搅拌机 | 0.65~0.70 | 0.65 | 1.17 |
| 破碎机、筛、泥浆、砾石洗涤机 | 0.70 | 0.70 | 1.02 |
| 起重机、掘土机、升降机 | 0.25 | 0.70 | 1.02 |
| 电焊机 | 0.45 | 0.45 | 1.98 |
| 建筑室内照明 | 0.80 | 1.0 | 0 |
| 工地住宅、办公室照明 | 0.40~0.70 | 1.0 | 0 |
| 变电所照明 | 0.50~0.70 | 1.0 | 0 |
| 室外照明 | 1.0 | 1.0 | 0 |

**民用建筑常用用电设备组的需要系数及功率因数**　　表2-2-8

| 用电设备组名称 | 需要系数 $K_d$ | 功率因数 $\cos\varphi$ | $\tan\varphi$ |
|---|---|---|---|
| 照 明 | 0.7~0.8 | 0.9~0.95 | 0.48 |
| 冷冻机房 | 0.65~0.75 | 0.8 | 0.75 |
| 锅炉房、热力站 | 0.65~0.75 | 0.75 | 0.88 |
| 水泵房 | 0.6~0.7 | 0.8 | 0.75 |
| 通风机 | 0.6~0.7 | 0.8 | 0.75 |
| 电 梯 | 0.18~0.22 | 0.8 | 0.75 |
| 厨 房 | 0.35~0.45 | 0.85 | 0.62 |
| 洗衣房 | 0.3~0.35 | 0.85 | 0.62 |
| 窗式空调 | 0.35~0.45 | 0.8 | 0.75 |
| 舞台照明 100~200kW | 0.6 | 1 | 0 |
| 200kW以上 | 0.5 | 1 | 0 |

## （一）设备功率的确定

在供电系统中用电设备的铭牌都标有额定功率，但当设备在实际工作中，所消耗的功率并不一定就是其额定功率。设备功率不一定等于额定功率，两者的关系取决于设备的工作制、设备的工作条件、设备是否有附加元器件（即附加损耗）等因素。

设备功率的确定方法如下：

（1）对于连续运行工作制的用电设备，其设备功率等于额定功率，即 $P_e = P_N$。

（2）对于短时运行工作制用电设备，求计算负荷时一般不予以考虑其设备功率。

（3）对于反复短时工作制的用电设备的设备容量，是将用某一暂载率下的铭牌额定功率统一换算到一个标准暂载率下的功率。

$$负载的暂载率\ \varepsilon = \frac{工作周期内的工作时间}{工作周期} \times 100\%$$

求设备功率的公式： $P_e = \sqrt{\dfrac{\varepsilon_N}{\varepsilon_0}} P_N$

式中 $\varepsilon_N$、$\varepsilon_0$——负载运行时实际额定暂载率和标准暂载率。

①对电焊设备：取 $\varepsilon_0 = 100\%$

即 $P_e = \sqrt{\dfrac{\varepsilon_N}{\varepsilon_0}} P_N = \sqrt{\dfrac{\varepsilon_N}{100\%}} P_N = \sqrt{\varepsilon_N} P_N = \sqrt{\varepsilon_N} S_N \cos\varphi_N$

②对电动机起重设备：取 $\varepsilon_0 = 25\%$

即 $P_e = \sqrt{\dfrac{\varepsilon_N}{\varepsilon_0}} P_N = \sqrt{\dfrac{\varepsilon_N}{25\%}} P_N = 2\sqrt{\varepsilon_N} P_N$

（4）对于照明用电设备的设备功率按下面方法计算：

①白炽灯、高压卤钨灯：$P_e = P_N$

②气体放电灯、金属卤化物灯：除灯泡的功率外，还应考虑镇流器的功率损耗。

即 $P_e = (1 + \alpha) P_N$

式中 $\alpha$——电光源的功率损耗系数，见表 2-2-9。

**气体放电光源的功率损耗系数**　　表 2-2-9

| 光源的种类或名称 | 功率损耗系数 $\alpha$ | 光源的种类或名称 | 功率损耗系数 $\alpha$ |
|---|---|---|---|
| 普通荧光灯 | 0.2 | 金属卤化物灯 | 0.14~0.23 |
| 高压汞灯 | 0.08~0.3 | 高压钠灯 | 0.12~0.2 |
| 自镇流的高压汞灯 | 0.08~0.15 | 低压钠灯 | |

（5）整流器的设备功率是指额定交流输入功率。

（6）成组用电设备的设备功率，不应包括备用设备。

## （二）计算负荷的确定

实际的用电负荷情况是很复杂的，在工业与民用建筑中，负荷可进行如下划分：

（1）照明负荷：220V 单相的。如：灯具、家用电器及其他 220V 电器插座等；

（2）动力照明负荷：380V 三相的。如：电梯、风机、泵机等；

（3）线间负荷：380V 单相的（接在线压上）。如：单相电焊机等。

负荷的种类不同,其计算负荷的求法也不同,有的建筑中既存在三相负荷又存在单相负荷,既存在单相相间(220V)负荷,又存在单相线间(380V)负荷。下面就各种情况分别加以介绍。

1. 仅存在三相用电设备时计算负荷的确定

不同性质的用电设备,其功率因数、需要系数可能是不同的。因此当使用需要系数法确定计算负荷时,应将计算范围内的所有用电设备按类型统一分组,每组的设备应该具有相同的功率因数和需要系数。然后按需要系数求计算负荷的公式求出各组配电干线上的计算负荷,进而再求出总的计算负荷,步骤如下:

第一步:按用电设备的性质,将设备进行分组;

第二步:求出各组中各用电设备的设备功率及各设备组的设备功率;

第三步:按公式 $P_C = K_d \cdot P_e$ 求出各设备组的有功计算负荷,

按公式 $Q_C = P_C \cdot \tan\varphi$ 求出各设备组的无功计算负荷;

第四步:按公式 $P_C = K_{\Sigma p} \cdot \sum P_{Ci}$ 求出计算范围内总的有功计算负荷,

按公式 $Q_C = K_{\Sigma q} \cdot \sum Q_{Ci}$ 求出计算范围内总的无功计算负荷;

式中 $K_{\Sigma p}$、$K_{\Sigma q}$——分别为多组用电设备的配电干线或低压母线上的同时运行系数。对于低压干线,$K_{\Sigma p}$、$K_{\Sigma q}$ 取 0.9~1;对低压母线,$K_{\Sigma p}$、$K_{\Sigma q}$ 取 0.8~0.9。

$P_{Ci}$、$Q_{Ci}$——分别为第 $i$ 个设备组的总有功、无功计算负荷的值。

第五步:按公式 $S_C = \sqrt{P_C^2 + Q_C^2}$ 求出计算范围内总的视在计算负荷;

第六步:按公式 $I_C = \dfrac{S_C}{\sqrt{3} U_N}$ 求出计算范围内总的计算电流。

上述步骤对只有单一设备组和具有多个设备组的情况均适用。但若仅存在一个设备组时,求总计算电流可直接用公式 $I_C = \dfrac{P_C}{\sqrt{3} U_N \cos\varphi}$ 求得,如不是题目需要,可免去求各组的无功计算负荷、总的无功计算负荷和总的视在计算负荷。

还应该注意的是,若低压母线上装有无功补偿用的静电电容器组时,则低压母线上的总无功计算负荷应为按上述方法求出的总 $Q_C$ 值减去补偿电容组的容量所剩余的无功功率的大小。

【例题 2-2-2】已知一大批生产的冷加工机床组,拥有电压 380V 的三相交流电动机 7kW 的 3 台,4.5kW 的 8 台,2.8kW 的 17 台,1.7kW 的 10 台。试求其计算负荷。

**解:**所有设备性质相同,因此只分一组,且冷加工机床属连续工作制,所以总设备容量为:$P_e = \sum P_N = 7 \times 3 + 4.5 \times 8 + 2.8 \times 17 + 1.7 \times 10 = 121.6 \text{kW}$

查表 2-2-10 可得 $K_d = 0.18 \sim 0.2$,$\cos\varphi = 0.5$,$\tan\varphi = 1.73$,取 $K_d = 0.2$

则有功计算负荷 $\quad P_C = K_d \cdot P_e = 0.2 \times 121.6 = 24.32 \text{kW}$

无功计算负荷 $\quad Q_C = P_C \cdot \tan\varphi = 24.32 \times 1.73 = 42.07 \text{kvar}$

视在计算负荷 $\quad S_C = \sqrt{P_C^2 + Q_C^2} = \sqrt{24.32^2 + 42.07^2} = 48.59 \text{kV} \cdot \text{A}$

计算电流 $\quad I_C = \dfrac{S_C}{\sqrt{3} U_N} = \dfrac{48.59 \times 10^3}{\sqrt{3} \times 380} = 73.83 \text{A}$

或 $\quad I_C = \dfrac{P_C}{\sqrt{3} U_N \cos\varphi} = \dfrac{24.32 \times 10^3}{\sqrt{3} \times 380 \times 0.5} = 73.9 \text{A}$

**【例题 2-2-3】** 某机修车间 380V 线路上，接有冷加工机床电动机 20 台，共 50kW（其中较大容量电动机 2kW-1 台，4.5kW-2 台，2.8kW-7 台）；通风机 2 台，共 5.6kW，电炉 1 台 2kW。母线装电容器 $Q_c=10$kvar，试确定该线路的计算负荷。

**解：** 将所有用电设备划分为三个组，先求各组的计算负荷。

(1) 冷加工机床组

查表 2-2-10 可得 $K_{d1}=0.18\sim0.2$，$\cos\varphi_1=0.5$，$\tan\varphi_1=1.73$，取 $K_{d1}=0.2$

由题 $P_{e1}=50$kW

$P_{C1}=K_{d1}\cdot P_{e1}=0.2\times50=10$kW

$Q_{C1}=P_{C1}\cdot\tan\varphi_1=10\times1.73=17.3$kvar

(2) 通风机组

查表 2-2-10 可得 $K_{d2}=0.7\sim0.75$，$\cos\varphi_2=0.8$，$\tan\varphi_2=0.75$，取 $K_{d2}=0.75$

由题 $P_{e2}=5.6$kW

$P_{C2}=K_{d2}\cdot P_{e2}=0.75\times5.6=4.2$kW

$Q_{C2}=P_{C2}\cdot\tan\varphi_2=4.2\times0.75=3.15$kvar

(3) 电炉组

查表 2-2-10 可得 $K_{d3}=0.65$，$\cos\varphi_3=0.8$，$\tan\varphi_3=0.75$

由题 $P_{e3}=2$kW

$P_{C3}=K_{d3}\cdot P_{e3}=0.65\times2=1.3$kW

$Q_{C3}=P_{C3}\cdot\tan\varphi_3=1.3\times0.75=0.975$kvar

取 $K_{\Sigma p}=K_{\Sigma q}=0.9$，则该线路上总的计算负荷为：

$P_C=K_{\Sigma p}\cdot\sum P_{Ci}=0.9\times(10+4.2+1.3)=13.95$kW

$Q_C=K_{\Sigma q}\cdot\sum Q_{Ci}=0.9\times(17.3+3.15+0.975)-10=9.28$kvar

$S_C=\sqrt{P_C^2+Q_C^2}=\sqrt{13.95^2+9.28^2}=16.75$kV·A

$I_C=\dfrac{S_C}{\sqrt{3}U_N}=\dfrac{16.75\times10^3}{\sqrt{3}\times380}=25.45$A

**机械工业需要系数表**　　　　　　　　　　表 2-2-10

| 用电设备组名称 | $K_d$ | $\cos\varphi$ | $\tan\varphi$ |
| --- | --- | --- | --- |
| 一般工作制的小批生产金属冷加工机床 | 0.14~0.16 | 0.5 | 1.73 |
| 大批生产金属冷加工机床 | 0.18~0.2 | 0.5 | 1.73 |
| 小批生产金属热加工机床 | 0.2~0.25 | 0.55~0.6 | 1.51~1.33 |
| 大批生产金属热加工机床 | 0.27 | 0.65 | 1.17 |
| 生产用通风机 | 0.7~0.75 | 0.8~0.85 | 0.75~0.62 |
| 卫生用通风机 | 0.65~0.7 | 0.8 | 0.75 |
| 泵、空气压缩机 | 0.65~0.7 | 0.8 | 0.75 |
| 不联锁运行的提升机、皮带运输等连续运输机械 | 0.5~0.6 | 0.75 | 0.88 |

续表

| 用电设备组名称 | $K_d$ | $\cos\varphi$ | $\tan\varphi$ |
|---|---|---|---|
| 带联锁的运输机械 | 0.65 | 0.75 | 0.88 |
| $\varepsilon=25\%$ 的吊车及电动葫芦 | 0.14~0.2 | 0.5 | 1.73 |
| 铸铁及铸钢车间起重机 | 0.15~0.3 | 0.5 | 1.73 |
| 轧钢及脱锭车间起重机 | 0.25~0.35 | 0.5 | 1.73 |
| 锅炉房、修理、金工、装配车间起重机 | 0.05~0.15 | 0.5 | 1.73 |
| 加热器、干燥箱 | 0.8 | 0.95~1 | 0~0.33 |
| 高频感应电炉 | 0.7~0.8 | 0.65 | 1.17 |
| 低频感应电炉 | 0.8 | 0.35 | 2.67 |
| 电阻炉 | 0.65 | 0.8 | 0.75 |
| 电炉变压器 | 0.35 | 0.35 | 2.67 |
| 自动弧焊变压器 | 0.5 | 0.5 | 1.73 |
| 点焊机、缝焊机 | 0.35~0.6 | 0.6 | 1.33 |
| 对焊机、铆钉加热器 | 0.35 | 0.7 | 1.02 |
| 单头焊接变压器 | 0.35 | 0.35 | 2.67 |
| 多头焊接变压器 | 0.4 | 0.5 | 1.73 |
| 点焊机 | 0.1~0.15 | 0.5 | 1.73 |
| 高频电阻炉 | 0.5~0.7 | 0.7 | 1.02 |
| 自动装料电阻炉 | 0.7~0.8 | 0.98 | 0.2 |
| 非自动装料电阻炉 | 0.6~0.7 | 0.98 | 0.2 |

2. 仅存在单相负荷时计算负荷的确定

在工程上，为使三相线路导线截面和供电设备的选择经济合理，单相负荷应尽可能均衡地分配在三相线路上，此时三相等效的设备功率为最大相的设备功率的3倍，即：

$$P_{e(eq)} = 3P_{e(max)}$$

式中，$P_{e(eq)}$、$P_{e(max)}$ 分别是三相等效的设备功率和三相中功率的最大值。

这种情况下，求等效的三相负荷的步骤如下：

第一步：求出 $L_1$、$L_2$、$L_3$ 各相的总设备功率，$P_{eA}$、$P_{eB}$、$P_{eC}$；

第二步：找出 $P_{eA}$、$P_{eB}$、$P_{eC}$ 中的最大值 $P_{e(max)}$；

第三步：则三相等效总设备功率为：$P_{e(eq)} = 3P_{e(max)}$

第四步：三相总计算负荷可用下式计算：

$$P_C = K_d \cdot P_{e(eq)}$$

$$Q_C = P_C \cdot \tan\varphi$$

$$S_C = \sqrt{P_C^2 + Q_C^2}$$

$$I_C = \frac{S_C}{\sqrt{3}U_N}$$

注意：如果是不同性质的设备，仍需先分组，方法如前所述。

【例题 2-2-4】现有 9 台 220V 单相电阻炉，其中 4 台 1kW，3 台 1.5kW，2 台 2kW。试合理分配上述各电阻炉于 220/380V 的 TN-C 线路上，并求计算负荷 $P_C$、$Q_C$、$S_C$ 和 $I_C$ 的值。

**解**：负荷在各相分配如下：
A 相：4 台 1kW，共 4kW；
B 相：3 台 1.5kW，共 4.5kW；
C 相：2 台 2kW，共 4kW。

（1）求各相的设备功率

$$P_{eA} = 4\text{kW}$$
$$P_{eB} = 4.5\text{kW}$$
$$P_{eC} = 4\text{kW}$$

（2）求等效的三相设备功率

$$P_{e(eq)} = 3P_{e(\max)} = 3 \times 4.5 = 13.5\text{kW}$$

（3）求计算负荷

查表得：电阻炉设备组的 $K_d = 0.65$，$\cos\varphi = 0.8$，$\tan\varphi = 0.75$

则 
$$P_C = K_d \cdot P_{e(eq)} = 0.65 \times 13.5 = 8.37\text{kW}$$
$$Q_C = P_C \cdot \tan\varphi = 8.37 \times 0.75 = 6.28\text{kvar}$$
$$S_C = \sqrt{P_C^2 + Q_C^2} = \sqrt{8.37^2 + 6.28^2} = 10.46\text{kV} \cdot \text{A}$$
$$I_C = \frac{S_C}{\sqrt{3}U_N} = \frac{10.46 \times 10^3}{\sqrt{3} \times 380} = 15.89\text{A}$$

3. 仅存在单相线间负荷时计算负荷的确定

分以下两种情况进行讨论：

（1）若仅存在单台设备时，等效三相负荷的设备功率取线间负荷的 $\sqrt{3}$ 倍，即：

$$P_{e(eq)} = \sqrt{3}P_e$$

（2）若存在多台设备，要首先尽可能均匀地将这些设备分配到 AB、BC 和 CA 线间，求出各线间负荷的总设备功率，记为：$P_{e(AB)}$、$P_{e(BC)}$、$P_{e(CA)}$，则等效三相负荷的设备功率为最大线间负荷的 $\sqrt{3}$ 倍加上次线间最大负荷的 $3-\sqrt{3}$ 倍，即若 $P_{e(AB)} > P_{e(BC)} > P_{e(CA)}$，则 $P_{e(eq)} = \sqrt{3}P_{e(AB)} + (3-\sqrt{3})P_{e(BC)}$。

按上述方法求完由线间负荷等效的三相负荷的设备功率后，再用需要系数法的有关公式来求总的 $P_C$、$Q_C$、$S_C$ 和 $I_C$ 等计算负荷值。

【例题 2-2-5】某 220/380V 的配电线路上接有三台 380V 单相对焊机，其中接于 A 相和 B 相之间的额定功率为 20kW，接于 B 相和 C 相间的额定功率为 18kW，接于 C 相和 A 相之间的额定功率为 30kW，三台设备的 $\varepsilon_N$ 均为 100%，确定配电线路的计算负荷。

**解**：因对焊机的 $\varepsilon_N$ 为 100%，因此求设备功率时 $P_e = P_N$。

（1）求各线间负荷的设备功率

$$P_{e(AB)} = 20\text{kW}$$
$$P_{e(BC)} = 18\text{kW}$$
$$P_{e(CA)} = 30\text{kW}$$

(2) 求等效三相负荷的设备功率

$$P_{e(eq)} = \sqrt{3} \times 30 + (3 - \sqrt{3}) \times 20 = 77.32 \text{kW}$$

(3) 求等效三相计算负荷（配电线路上的计算负荷）

查表可得 $K_d = 0.35$，$\cos\varphi = 0.7$，$\tan\varphi = 1.02$

$$P_C = K_d \cdot P_{e(eq)} = 0.35 \times 77.32 = 27.06 \text{kW}$$

$$Q_C = P_C \cdot \tan\varphi = 27.06 \times 1.02 = 27.60 \text{kvar}$$

$$S_C = \sqrt{P_C^2 + Q_C^2} = \sqrt{27.06^2 + 27.60^2} = 38.65 \text{kV} \cdot \text{A}$$

$$I_C = \frac{S_C}{\sqrt{3} U_N} = \frac{38.65 \times 10^3}{\sqrt{3} \times 380} = 58.72 \text{A}$$

4. 既存在单相相负荷，又存在单相线间负荷的情况下，等效三相计算负荷的确定

(1) 首先应将接于线电压的单相设备换算为接于相电压的设备容量。换算成公式如下：

$$p_a = p_{ab} \cdot p_{ab-a} + p_{ca} \cdot p_{ca-a}$$

$$Q_a = p_{ab} \cdot q_{ab-a} + p_{ca} \cdot q_{ca-a}$$

$$p_b = p_{ab} \cdot p_{ab-b} + p_{bc} \cdot p_{bc-b}$$

$$Q_b = p_{ab} \cdot q_{ab-b} + p_{bc} \cdot q_{bc-b}$$

$$p_c = p_{bc} \cdot p_{bc-c} + p_{ca} + p_{ca-c}$$

$$Q_c = p_{bc} \cdot q_{bc-c} + p_{ca} \cdot q_{ca-c}$$

式中 $p_{ab}$、$p_{bc}$、$p_{ca}$ ——接于 $ab$、$bc$、$ca$ 线间电压的单相用电设备的设备功率（kW）；

$p_a$、$p_b$、$p_c$、$Q_a$、$Q_b$、$Q_c$ ——换算为 $a$、$b$、$c$ 相的有功负荷（kW）和无功负荷（kvar）；

$p_{ab-a}$ …… $q_{ca-c}$ ——功率换算系数，其值可查表 2-2-11。

(2) 利用需要系数法分别求出 220V 单相负荷在 A、B、C 三相中的有功、无功计算负荷，以及 380V 单相负荷折算成 220V 单相负荷后在 A、B、C 三相中的等效有功、无功计算负荷，并把求出的各相中的计算负荷对应相加，从而得到各相总的有功、无功计算负荷。

(3) 总的等效三相有功、无功计算负荷分别为最大有功、无功负荷相的有功、无功计算负荷的 3 倍。

这里必须指出，最大有功负荷相和最大无功负荷相不一定在同一相内。

换算系数表　　　　　　　　　　　表 2-2-11

| 换算系数 | 负荷功率因数 | | | | | | | | |
|---|---|---|---|---|---|---|---|---|---|
| | 0.35 | 0.4 | 0.5 | 0.6 | 0.65 | 0.7 | 0.8 | 0.9 | 1.0 |
| $p_{ab-a}$、$p_{bc-b}$、$p_{ca-c}$ | 1.27 | 1.17 | 1.0 | 0.89 | 0.84 | 0.8 | 0.72 | 0.64 | 0.5 |
| $p_{ab-b}$、$p_{bc-c}$、$p_{ca-a}$ | -0.27 | -0.17 | 1.0 | 0.11 | 0.16 | 0.2 | 0.28 | 0.36 | 0.5 |
| $q_{ab-a}$、$q_{bc-b}$、$q_{ca-c}$ | 1.05 | 0.86 | 0.58 | 0.38 | 0.3 | 0.22 | 0.09 | -0.05 | -0.29 |
| $q_{ab-b}$、$q_{bc-c}$、$q_{ca-a}$ | 1.63 | 1.44 | 1.16 | 0.96 | 0.88 | 0.8 | 0.67 | 0.53 | 0.29 |

【例题 2-2-6】如图所示 220/380V 三相四线制线路上，接有 220V 单相电热干燥箱 4 台，其中 2 台 10kW 接于 A 相，1 台 30kW 接于 B 相，1 台 20kW 接于 C 相。另有 380V 单

相对焊机4台，其中2台14kW（$\varepsilon=100\%$）接于AB相间，1台20kW（$\varepsilon=100\%$）接于BC相间，1台30kW（$\varepsilon=60\%$）接于CA相间。试求此线路的计算负荷。

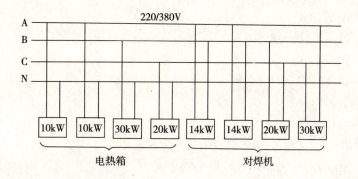

**解**：(1) 求电热箱各相计算负荷
查表知 $K_{d1}=0.7$，$\cos\varphi_1=0$　$\tan\varphi_1=0$
A相：$P_{CA1}=K_{d1}\cdot P_{eA1}=0.7\times 2\times 10=14\text{kW}$
B相：$P_{CB1}=K_{d1}\cdot P_{eB1}=0.7\times 1\times 30=21\text{kW}$
C相：$P_{CC1}=K_{d1}\cdot P_{eC1}=0.7\times 1\times 20=14\text{kW}$

(2) 将单相线负荷的设备功率等效换算成单相相负荷的设备功率
查表知对焊机设备的 $K_{d2}=0.35$，$\cos\varphi_2=0.7$　$\tan\varphi_2=1.02$
又由 $\cos\varphi_2=0.7$　查表4-11得个换算系数如下：

$$p_{ab-a}=p_{bc-b}=p_{ca-c}=0.8$$
$$p_{ab-b}=p_{bc-c}=p_{ca-a}=0.2$$
$$q_{ab-a}=q_{bc-b}=q_{ca-c}=0.22$$
$$q_{ab-b}=q_{bc-c}=q_{ca-a}=0.8$$

将接于CA相间的30kW（$\varepsilon=60\%$）的对焊机换算成 $\varepsilon=100\%$ 的容量，即：

$$P_{CA}=\sqrt{0.6}\times 30=23\text{kW}$$

因此对焊机换算到各相的有功和无功设备容量分别为：
A相：$P_A=14\times 2\times 0.8+23\times 0.2=27\text{kW}$
　　　$Q_A=14\times 2\times 0.22+23\times 0.8=24.6\text{kvar}$
B相：$P_B=20\times 0.8+14\times 2\times 0.2=21.6\text{kW}$
　　　$Q_B=20\times 0.22+14\times 2\times 0.8=26.8\text{kvar}$
C相：$P_C=23\times 0.8+20\times 0.2=22.4\text{kW}$
　　　$Q_C=23\times 0.22+20\times 0.8=21.1\text{kvar}$

(3) 求将对焊机等效为220相负荷后所对应各相的有功、无功计算负荷
A相：$P_{CA2}=K_{d2}\cdot P_{eA2}=0.35\times 27=9.45\text{kW}$
　　　$Q_{CA2}=K_{d2}\cdot Q_{eA2}=0.35\times 24.6=8.61\text{kvar}$
B相：$P_{CB2}=K_{d2}\cdot P_{eB2}=0.35\times 21.6=7.56\text{kW}$
　　　$Q_{CB2}=K_{d2}\cdot Q_{eB2}=0.35\times 26.8=9.38\text{kvar}$
C相：$P_{CC2}=K_{d2}\cdot P_{eC2}=0.35\times 22.4=7.85\text{kW}$

$$Q_{CC2} = K_{d2} \cdot Q_{eC2} = 0.35 \times 21.1 = 7.39 \text{kvar}$$

（4）考虑二类负荷后的各相总的有功、无功计算负荷

A 相：$P_{CA} = 14 + 9.45 = 23.45 \text{kW}$

$Q_{CA} = 8.61 \text{kvar}$

B 相：$P_{CB} = 21 + 7.56 = 28.56 \text{kW}$

$Q_{CB} = 9.38 \text{kvar}$

C 相：$P_{CC} = 14 + 7.84 = 21.84 \text{kW}$

$Q_{CC} = 7.39 \text{kvar}$

（5）求总的三相计算负荷

由上可以看出：$P_C = 3P_{CB} = 3 \times 28.56 = 85.68 \text{kW}$

$$Q_C = 3Q_{CB} = 3 \times 9.38 = 28.14 \text{kvar}$$

$$S_C = \sqrt{P_C^2 + Q_C^2} = \sqrt{85.68^2 + 28.14^2} = 90.18 \text{kV} \cdot \text{A}$$

$$I_C = \frac{S_C}{\sqrt{3}U_N} = \frac{90.14 \times 10^3}{\sqrt{3} \times 380} = 137.02 \text{A}$$

5. 既存在单相负荷又存在三相负荷时计算负荷的求法

具体做法是：先将单相线间负荷等效成单相相负荷，继而求出各个相中所有单相负荷的总有功计算负荷和总无功计算负荷的值，取三相中最大的有功计算负荷和无功计算负荷的 3 倍分别作为所有单相负荷等效的三相计算有功负荷和等效三相无功负荷，最后再与系统中所接的三相负荷对应相加，从而求出计算范围内的总计算负荷。

## 二、二项式法

上述讲述的需要系数法未考虑用电设备组少数容量特别大的设备对计算负荷"举足轻重"的影响，因此在确定用电设备台数较少而容量差别相当大的低压分支线和干线的计算负荷时，按需要系数法计算所得的结果往往偏小，于是人们提出了二项式法。

1. 二项式法的基本公式

$$P_C = bP_e + cP_x$$

式中　$bP_e$（二项式第一项）——用电设备组的平均功率，其中 $P_e$ 是用电设备组的总容量，其计算方法如前需要系数法所述；

$cP_x$（二项式第二项）——用电设备组中 $X$ 台容量最大的设备投入运行时增加的附加负荷，其中 $P_x$ 是 $X$ 台最大容量的设备容量；

$b$、$c$——二项式系数。

用电设备组的需要系数、二项式系数及功率因数　　　表 2 – 2 – 12

| 用电设备组名称 | 需要系数 $K_d$ | 二项式系数 | | 最大容量设备台数 $X$ | $\cos\varphi$ | $\tan\varphi$ |
|---|---|---|---|---|---|---|
| | | $b$ | $c$ | | | |
| 小批生产金属冷加工机床 | 0.16~0.2 | 0.14 | 0.4 | 5 | 0.5 | 1.73 |
| 大批生产金属冷加工机床 | 0.18~0.25 | 0.14 | 0.5 | 5 | 0.5 | 1.73 |
| 小批生产金属热加工机床 | 0.25~0.3 | 0.24 | 0.4 | 5 | 0.6 | 1.33 |

续表

| 用电设备组名称 | 需要系数 $K_d$ | 二项式系数 | | 最大容量设备台数 $X$ | $\cos\varphi$ | $\tan\varphi$ |
|---|---|---|---|---|---|---|
| | | $b$ | $c$ | | | |
| 大批生产金属热加工机床 | 0.3~0.35 | 0.26 | 0.5 | 5 | 0.65 | 0.17 |
| 通风机、水泵、空压机、电动发动机组 | 0.7~0.8 | 0.65 | 0.25 | 5 | 0.7 | 0.75 |
| 锅炉房和机加工、机修、装配等车间的吊车（$\varepsilon=25\%$） | 0.1~0.15 | 0.06 | 0.2 | 3 | 0.5 | 1.73 |
| 铸造车间的吊车（$\varepsilon=25\%$） | 0.15~0.25 | 0.09 | 0.3 | 3 | 0.5 | 1.73 |
| 自动连续装料的电阻炉设备 | 0.75~0.8 | 0.7 | 0.3 | 2 | 0.95 | 0.33 |
| 点焊机、缝焊机 | 0.35 | — | — | — | 0.6 | 1.33 |
| 变电所、仓库照明 | 0.5~0.7 | — | — | — | 1.0 | 0 |
| 宿舍（生活区）照明 | 0.6~0.8 | — | — | — | 1.0 | 0 |

① 如果用电设备组的设备总台数 $n<2x$，则取 $x=n/2$，且按"四舍五入"的规则取其整数。
② 这里的 $\cos\varphi$ 和 $\tan\varphi$ 的值均为白炽灯照明的数值；如为荧光灯照明，则取 $\cos\varphi=0.9$，$\tan\varphi=0.48$；如为高压汞灯和钠灯照明，则取 $\cos\varphi=0.5$，$\tan\varphi=1.73$。

表 2-2-12 中列出部分用电设备组的二项式系数 $b$、$c$ 和最大容量的设备台数 $x$ 值，供参考。

但必须注意：按二项式法确定计算负荷时，如果设备总台数少于表 2-2-12 中规定的最大容量设备台数 $x$ 的 2 倍，即 $n<2x$ 时，其最大容量设备台数 $x$ 宜适当取小，建议取 $x=n/2$，且按"四舍五入"修约规则取整数。例如某机床电动机组只有 7 台时，则其 $x=7/2$，取 $x\approx 4$。

如果用电设备组只有 1 台~2 台设备时，则可以认为 $P_C=P_e$。对于单台电动机，则 $P_C=P_N/\eta$，其中 $P_N$ 为电动机的额定容量，$\eta$ 为其额定效率。在设备台数较少时，$\cos\varphi$ 也宜适当取大。

由于二项式法不仅考虑了用电设备组最大负荷时的平均负荷，而且考虑了少数容量最大的设备投入运行对总计算负荷的额外影响，所以二项式法比较适于确定设备台数较少而容量差别较大的低压干线和分支线的负荷计算。但是二项式计算系数 $b$、$c$ 和 $x$ 的值，缺乏充分的理论根据，且只有机械工业方面的部分数据，从而使其应用受到一定局限。

【例题 2-2-7】已知某机修车间的金属切削机床组，拥有 380V 的三相电动机 7.5kW 3 台、4kW 8 台、3kW 7 台、1.5kW 10 台，试用二项式法确定机床组的计算负荷。

**解**：由表 2-2-12 得 $b=0.14$  $c=0.4$  $x=5$  $\cos\varphi=0.5$  $\tan\varphi=1.73$
因而设备总容量为  $P_e=7.5\times 3+4\times 8+3\times 17+1.5\times 10=120.5\text{kW}$
而 $X$ 台最大容量的设备容量为  $P_x=7.5\times 3+4\times 2=30.5\text{kW}$
因此，可求得其各计算负荷为：

$$P_C=0.14\times 120.5+0.4\times 30.5=29.1\text{kW}$$

$$Q_C=P_C\cdot\tan\varphi=29.1\times 1.73=50.3\text{kvar}$$

$$S_C=\sqrt{P_C^2+Q_C^2}=\sqrt{29.1^2+50.3^2}=58.2\text{kV}\cdot\text{A}$$

$$I_C=\frac{S_C}{\sqrt{3}U_N}=\frac{58.2\times 10^3}{\sqrt{3}\times 380}=88.4\text{A}$$

该例题在前面讲的需要系数法内容时出现过，比较两种方法的计算结果，可以看到，按二项式计算的结果稍大一些，特别是在设备台数较少的情况下。

供电设计的经验证明，选择低压分支干线或支线时，按需要系数法计算的结果往往偏小，以采用二项式计算为宜。

2. 多组用电设备计算负荷的确定

采用二项式法确定多组用电设备的计算负荷时，亦考虑各组用电设备的最大负荷不同时出现的因素。但不是计入一个同时系数，而是在各组用电设备中取一组最大的附加负荷$(cP_x)_{max}$，再加上各组的平均负荷$bP_e$，由此求得其总的有功计算负荷为：

$$P_C = \sum(bP_e)_i + (cP_x)_{max}$$

总的无功计算负荷为：

$$Q_C = \sum(bP_e\tan\varphi)_i + (cP_x)_{max}\tan\varphi_{max}$$

式中　$\tan\varphi_{max}$——最大附加负荷$(cP_x)_{max}$的设备组的平均功率因数角的正切值。

关于总的视在计算负荷$S_C$和总的计算电流$I_C$，仍按以前所述公式进行计算。

为了简化和统一，按二项式法计算多组设备的计算负荷时，也不论各组设备台数多少，各组的计算系数$b$、$c$、$x$和$\cos\varphi$等。均按表2-2-12所列的数值。

**【例题2-2-8】** 某机修车间380V线路上，接有金属切削机床电动机20台，共50kW（其中较大容量电动机有7.5kW 1台，4kW 3台，2.2kW 7台），通风机2台共3kW，电阻炉1台2kW。试用二项式法确定此线路上的计算负荷。

**解：**（1）金属切削机床组：

查表2-2-12得$b=0.14$、$c=0.4$、$x=5$、$\cos\varphi=0.5$、$\tan\varphi=1.73$，故

$bP_{e(1)} = 0.14 \times 50 = 7\text{kW}$

$cP_{x(1)} = 0.4 \times (7.5 \times 1 + 4 \times 3 + 2.2 \times 1) = 8.68\text{kW}$

（2）通风机组：

查表2-2-12得$b=0.65$、$c=0.25$、$x=5$、$\cos\varphi=0.8$、$\tan\varphi=0.75$，故

$bP_{e(2)} = 0.65 \times 3 = 1.95\text{kW}$

$cP_{x(2)} = 0.25 \times 3 = 0.75\text{kW}$

（3）电阻炉：

查表2-2-12得$b=0.7$、$c=0$、$x=0$、$\cos\varphi=1$、$\tan\varphi=0$，故

$bP_{e(3)} = 0.7 \times 2 = 1.4\text{kW}$

$cP_{x(3)} = 0\text{kW}$

以上各组设备中，附加负荷以$cP_{x(1)}$为最大，因此总计算负荷为

$P_C = (7 + 1.95 + 1.4) + 8.68 = 19\text{kW}$

$Q_C = (7 \times 1.73 + 1.95 \times 0.75 + 0) + 8.68 \times 1.73 = 28.6\text{kvar}$

$S_C = \sqrt{P_C^2 + Q_C^2} = \sqrt{19^2 + 28.6^2} = 34.3\text{kV}\cdot\text{A}$

$I_C = \dfrac{S_C}{\sqrt{3}U_N} = \dfrac{34.3 \times 10^3}{\sqrt{3} \times 380} = 52.1\text{A}$

按一般工程设计说明书要求，以上计算可列成表2-2-13所示电力负荷计算表。

**电力负荷计算表（按二项式法）** 表 2-2-13

| 序号 | 用电设备组名称 | 设备台数 | | 容量 | | 二项式系数 | | $\cos\varphi$ | $\tan\varphi$ | 计算负荷 | | | |
|---|---|---|---|---|---|---|---|---|---|---|---|---|---|
| | | 总台数（台） | 最大容量台数（台） | $P_e$（kW） | $P_x$（kW） | $b$ | $c$ | | | $P_c$（kW） | $Q_c$（kvar） | $S_c$（kV·A） | $I_c$（A） |
| 1 | 切削机床 | 20 | 5 | 50 | 21.7 | 0.14 | 0.4 | 0.5 | 1.73 | 7+8.68 | 12.1+15.0 | — | — |
| 2 | 通风机 | 2 | 5 | 3 | 3 | 0.65 | 0.25 | 0.8 | 0.75 | 1.95+0.75 | 1.46+0.56 | — | — |
| 3 | 电阻炉 | 1 | 0 | 2 | 0 | 0.7 | 0 | 1 | 0 | 1.4 | 0 | | |
| 总计 | | 23 | — | 55 | — | | | | | 19 | 28.6 | 34.3 | 52.1 |

从以上两种方法来求解一题的计算结果可以看出，按二项式法计算的结果较之按需要系数法计算的结果大得比较多，这也更为合理。

## 三、负荷密度估算法

负荷密度估算法是根据不同类型的负荷在单位面积上的需求量，乘以建筑面积或使用面积得到的负荷量。其估算有功功率 $P_c$ 的公式如下：

$$P_c = \frac{P_o \cdot A}{1000} \text{ (kW)}$$

式中 $P_o$——单位面积功率，即负荷密度（W/m²）；

$A$——建筑面积（m²）。

从上面的公式可以看出，使用负荷密度估算法的计算负荷是否准确，完全取决于单位面积功率 $P_o$ 的准确程度。因此，在选择确定单位面积功率时，应综合考虑多方面的因素。

国内在进行电气方案设计阶段，普遍使用负荷密度估算法，其优点主要是便于确定供电方案和选择变压器的容量和台数。表 2-2-14 是变压器负荷密度估算指标。

**变压器负荷密度估算指标** 表 2-2-14

| 建筑类别 | 负荷密度估算指标（VA/m²） | 建筑类别 | 负荷密度估算指标（VA/m²） |
|---|---|---|---|
| 住宅建筑 | 30~40 | 剧场建筑 | 80~120 |
| 公寓建筑 | 50~70 | 医疗建筑 | 60~100 |
| 旅馆建筑 | 60~100 | 教学建筑 | 大专院校：40~60<br>中小学校：20~30 |
| 办公建筑 | 80~120 | | |
| 商业建筑 | 一般：60~120<br>大中型：100~200 | 展览建筑 | 100~120 |
| | | 演播室 | 600~800（W/m²） |
| 体育建筑 | 60~100 | 汽车停车场 | 10（W/m²） |

表2-2-15给出了部分建筑单位面积照明计算负荷指标。

单位建筑面积照明用电计算负荷　　　　表2-2-15

| 建筑物名称 | 单位建筑面积计算负荷（W/m²） | | 建筑物名称 | 单位建筑面积计算负荷（W/m²） | |
|---|---|---|---|---|---|
| | 白炽灯 | 荧光灯 | | 白炽灯 | 荧光灯 |
| 一般住宅 | 6~12 | | 餐厅 | 8~16 | |
| 高级住宅 | 10~20 | | 高级餐厅 | 15~30 | |
| 一般办公楼 | | 8~10 | 旅馆、招待所 | 11~18 | |
| 高级办公楼 | 15~23 | | 高级宾馆 | 26~35 | |
| 科学研究楼 | | 12~18 | 文化馆 | 15~18 | |
| 教学楼 | | 11~15 | 电影院 | 12~20 | |
| 图书馆 | | 8~15 | 剧场 | 12~27 | |
| 大中型商场 | | 10~17 | 体育练习馆 | 12~24 | |
| 展览厅 | 16~40 | | 门诊楼 | 12~25 | |
| 锅炉房 | 5~8 | | 病房楼 | 8~10 | |
| 车房 | 4~9 | | 车库 | 5~7 | |

## 四、单位指标法

单位指标法与负荷密度估算法基本相同，是根据已有的单位用电指标来估算计算负荷的方法。其具体方法是在已知不同类型的负荷在核算单位上的需求量，乘以核算单位的数量得到的负荷量。其有功计算负荷的计算公式为

$$P_c = \frac{P_e' \cdot N}{1000} \text{ (kW)}$$

式中　$P_e'$——有功负荷的单位指标（W/床、W/户、W/人）；
　　　$N$——核算单位的数量（床、户、人等）。

应该注意的是，单位用电指标的确定与国家经济形势的发展、电力政策以及人民消费水平的高低有很直接的关系，因此不是一成不变的数值。而且由于不同城市的经济发展水平不同，单位用电指标也会有很大的差别。表2-2-16给出了中国民用建筑电气负荷研究专题组1984年12月提供的旅馆负荷密度及单位指标。

旅馆负荷密度及单位指标表　　　　表2-2-16

| 序号 | 用电设备组名称 | $P_o$（W/m²） | | $P_e$（W/床） | |
|---|---|---|---|---|---|
| | | 平均 | 推荐范围 | 平均 | 推荐范围 |
| 1 | 全馆总负荷 | 72 | 65~79 | 2242 | 2000~2400 |
| 2 | 全馆总照明 | 15 | 13~17 | 928 | 850~1000 |
| 3 | 全馆总动力 | 56 | 50~62 | 2366 | 2100~2600 |
| 4 | 冷冻机房 | 17 | 15~19 | 969 | 870~1100 |

续表

| 序　号 | 用电设备组名称 | $P_o$（W/m²） | | $P_e$（W/床） | |
|---|---|---|---|---|---|
| | | 平均 | 推荐范围 | 平均 | 推荐范围 |
| 5 | 锅炉房 | 5 | 4.5~5.9 | 156 | 140~170 |
| 6 | 水泵房 | 1.2 | 1.2 | 43 | 40~50 |
| 7 | 风　机 | 0.3 | 0.3 | 8 | 7~9 |
| 8 | 电　梯 | 1.4 | 1.4 | 28 | 25~30 |
| 9 | 厨　房 | 0.9 | 0.9 | 55 | 30~60 |
| 10 | 洗衣机房 | 1.3 | 1.3 | 48 | |
| 11 | 窗式空调 | 10 | 10 | 357 | 320~400 |

## 第三节　低压配电系统中设备的选择与校验

工作在交流电压1000V或直流1500V以下的电路中的电气设备称为低压电器。低压电器的种类很多，配电网络中常用的低压电器称为低压配电设备，它们包括：断路器、熔断器、隔离开关（刀开关）、转换开关、接触器、启动器、主令电器、电阻器、变阻器、电磁铁。这些电气设备基本上划分为用电设备、开关及隔离设备、控制设备、保护设备、连接设备等。开关及隔离设备、控制设备、保护设备主要指隔离器、隔离开关、接触器、启动器、断路器、熔断器、过电压保护装置等。连接设备主要包括电缆、电线、母线或连接导体，其中电缆是比较常见的需要选择的电气设备。在实际应用中通常用到成套开关设备，成套开关设备由一个或多个低压开关设备和相应的控制、测量、信号、保护、调节等电器元件或设备，以及所有内部的电气机械的相互连接和结构部件组装成的一种组合体，称为低压成套开关设备。

在进行低压配电系统的设计时，应进行各个环节的用电设备类型和整体方案的选择和设计，如图2-2-9所示。

### 一、低压配电设备选择的条件

#### （一）低压配电设计所用的低压配电设备

所选用的低压配电设备应符合国家现行的有关标准，并应符合下列要求：
（1）电器的额定电压应与所在回路标称电压相适应；
（2）电器的额定电流不应小于所在回路的计算电流；
（3）电器的额定频率应与所在回路的频率相适应；
（4）电器应适应所在场所的环境条件；
（5）电器应满足短路条件下的动稳定与热稳定的要求，用于断开短路电流的电器，应满足短路条件下的通断能力；
（6）验算电器在短路条件下的通断能力，应采用预期短路电流周期分量有效值。

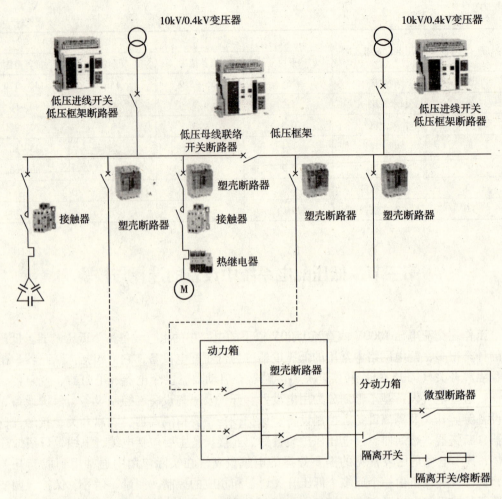

图 2-2-9 低压配电系统整体方案的设计

## （二）低压电力配电系统中，应设置的保护

### 1. 短路保护

短路保护要求：在短路电流产生巨大的热效应和电动力对导体和连接件产生危害之前切断故障回路，即要求开关设备短延时或瞬间跳闸。

### 2. 过载保护

过载保护是指发生过载故障时，应在过载电流引起导体温升对导体绝缘、接头、端子及周围物质造成损害前能切断过载电流，但对突然切断电路会造成更大损失时，应只发出报警而不切断电路。过载有个热量积累的过程，保护动作不需要过于迅速，对于短时过电流，保护不应动作。

### 3. 接地故障保护

为防止人身间接电击及线路损坏，甚至引起电气火灾等事故，最重要的措施是设置接地故障保护。漏电保护器有热磁式和电子式两种，相比而言电子式漏电器具有体积小、精度高、灵敏度高的优点，但其抗干扰能力较差，目前市场中电子式漏电保护器占据主流，当漏电电流达到整定值时，执行电路接收零序电流互感器二次侧的感应电压信号，驱动转换触点输出漏电保护信号,使脱扣器动作切断电源。一般终端开关的整定值为30mA,用于保护设备的安全。因为漏电电流值远小于正常工作电流值,短路保护或过载保护功能无法检测到故障电流,故无法切断故障回路,而漏电保护器可以可靠地断开接地故障,防止人身触电和相地短路故障的发生。

由于存在多个配电的层级,所以存在着不同供电层级之间保护的配合,在符合条件的情况下还应该考虑级联技术的应用。低压配电系统的保护及其配合是低压配电系统中非常重要的一个环节,是保证电力系统稳定可靠运行非常重要的一个因素。

## 二、低压配电线路中几种保护形式的动作要求

现行《低压配电设计规范》(GB50054—95)中规定了低压配电线路保护方面的要求,它涉及保障人身安全、用电可靠、防止电路故障、造成重大损害等内容。

配电线路保护是要防止两个方面的事故:一是防止因间接接触而导致电击,危及人身安全;二是因电路故障导致过热造成损坏,甚至引起火灾,危及财产安全。为全面保障人身和财产安全,配电线路应装设短路保护、过载保护和接地故障保护,并满足不同保护形式的动作要求。

1. 低压配电系统的短路保护形式的动作要求

要求在短路电流对导体和连接件的热作用造成危害之前切断短路故障电路,当短路持续时间不大于5s时,绝缘导体的热稳定应按下式校验:

$$S \geqslant \frac{I}{k}\sqrt{t} \qquad (2-2-1)$$

式中 $S$——绝缘导体的线芯截面(mm²);

$I$——预期短路电流有效值(A);

$t$——在已达到允许工作温度的导体内短路电流持续作用的时间(s);

$k$——计算系数,按导体不同线芯、材料和绝缘材料决定,其值见表2-2-17。

计算系数 表2-2-17

| 绝缘<br>线芯 | 聚氯乙烯 | 丁基橡胶 | 乙丙橡胶 | 油浸纸 |
|---|---|---|---|---|
| 铜 | 115 | 131 | 143 | 107 |
| 铝 | 76 | 87 | 94 | 71 |

上面的计算公式只适用于短路持续时间不大于5s的情况,因为该式未考虑其散热;当大于5s时应计入散热的影响。另外,(2-2-1)式也不适用于短路持续时间小于0.1s的情况,当小于0.1s时,应计入短路电流初始非周期分量的影响。短路电流不应小于低压断路器瞬时或短延时过电流脱扣器整定电流的1.3倍。

2. 低压配电系统的过载保护

过负载保护的保护电器的整定电流和动作特性应符合下式要求:

$$I_C \leqslant I_N \leqslant I_Z \qquad (2-2-2)$$
$$I_2 \leqslant 1.45 I_Z$$

式中 $I_C$——线路计算电流(A);

$I_N$——熔断器熔体额定电流或断路器额定电流或长延时脱扣器整定电流（A）；

$I_z$——导体允许持续载流量（A）；

$I_2$——保证保护电器可靠动作的电流（A），对断路器，$I_2$为约定时间的约定动作电流；对熔断器，$I_2$为约定时间的约定熔断电流。

使用断路器时，按标准《低压开关设备和控制设备，低压断路器》（GB14048.2—2001）规定，约定动作电流为$1.3I_N$，只要满足$I_N \leq I_z$即可。

$I_N$就是断路器长延时整定电流$I_{zd1}$，也就是要求

$$I_{zd1} \leq I_z \text{ 或 } I_{zd1}/I_z \leq 1 \qquad (2-2-3)$$

3. 低压配电系统的接地故障保护

为防止人身间接触电以及线路损坏，甚至引起电气火灾事故，在没有采取加强绝缘或其他安全防护措施时，设置接地故障保护就成为重要保护措施。

以下阐述的接地故障保护只适用于Ⅰ类电气设备，所在场所为正常环境，人身电击安全电压限值（$U_L$）不超过50V。

采用接地故障保护的同时，建筑物内各种导电体应作等电位连接。接地故障保护对配电系统的不同接地形式作了规定。

对于TN系统的接地故障保护，动作特性应符合下列要求：

$$Z_S \cdot I_a \leq U_o \qquad (2-2-4)$$

式中 $Z_S$——接地故障回路的阻抗（Ω）；

$I_a$——保证保护电器在规定时间内切断故障回路的电流（A）；

$U_o$——相线对地标称电压（V）。

$U_o = 220V$的配电线路，其切断故障回路的时间规定如下：（1）配电干线和供固定用电设备的末端回路，不大于5s；（2）供手握式或移动式用电设备的末端回路，以及插座回路，不大于0.4s。

当采用熔断器兼作接地故障保护时，为了执行方便，规定了接地故障电流（$I_d$）与熔体额定电流（$I_r$）之比不小于表2-2-18或表2-2-19所列值，即认为符合式（2-2-4）的规定。

切断时间不大于5s $I_d/I_r$的最小比值　　　　　　　　　　　表2-2-18

| 熔体额定电流（A） | 4~10 | 12~63 | 80~200 | 250~500 |
|---|---|---|---|---|
| $I_d/I_r$ | 4.5 | 5 | 6 | 7 |

切断时间不大于0.4s $I_d/I_r$的最小比值　　　　　　　　　　表2-2-19

| 熔体额定电流（A） | 4~10 | 12~23 | 40~63 | 80~200 |
|---|---|---|---|---|
| $I_d/I_r$ | 8 | 9 | 10 | 11 |

当采用断路器作接地故障保护时，接地故障电流（$I_d$）不应小于断路器的瞬时或短延时过流脱扣器整定电流的1.3倍。

以上我们从概念上介绍了不同保护形式的特点，在具体使用中对各种保护方式的选择还要遵循以下几条基本要求：

（1）配电线路在正常使用中和用电设备正常启动时，保护电器不会动作。

(2) 保护电器必须按规范规定的时间内切断故障电路,这是实现规范的最基本目标,也是保护电器的根本任务。

(3) 配电系统各级保护电器的动作特性应能彼此协调配合,要求有选择性动作,即发生故障时,应使靠近故障点的保护电器切断,而其上一级和上几级(靠电源侧方向为上)保护电器不动作,使断电范围限制到最小。如图 2-2-10 所示,如 Y 点短路,应使 $FU_4$ 断开,如 X 点短路,应使 $FU_3$ 断开。如果选择性难以得到完全保证,应该使低压主干线的保护电器($QF_1$)不会越级断开,宁可牺牲下级配电线路保护的选择性(如 Y 点短路, $FU_3$ 越级断开),其影响范围相对较小。

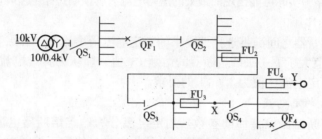

图 2-2-10 低压配电系统的保护配合

### 三、低压熔断器的选型

#### (一) 低压熔断器的作用和分类

低压熔断器属于保护电器,在其额定电流内能正常导通电流,当电路发生故障或异常时,电流升高到一定的数值,经过一定时间后熔断器自身熔断切断故障线路,从而起到保护线路和设备安全运行的作用。

按照熔断器的分断范围(或称工作类型),国家标准把熔断器分 g 类和 a 类两大类。g 类为全范围分断,在规定条件下,连续承载电流不低于其额定电流,并能够分断最小熔化电流至额定分断能力之间的各种电流。a 类为部分范围分断,在规定条件下,连续承载电流不低于其额定电流,并能够分断 4 倍额定电流至额定分断能力之间的各种电流;按照使用类别,熔断器又可以分为 G 类 M 类。G 类为一般用途,适合包括电缆在内的各种负载;M 类为电动机电路的熔断器。上述两类可以有不同的组合,如 Gg、aM 等。

#### (二) 低压熔断器的主要技术参数

1. 额定电压

熔断器能够长期正常工作的最高的电压值。

2. 额定电流

主要是指熔体的额定电流。标准规定熔体的电流从 2A 到 1250A,共 26 个级次。

3. 额定频率

一般额定频率按 45~62Hz 设计。

4. 熔断特性

熔断器的熔断特性由熔体本身的特性和其散热条件来决定,它描述的是在一定的电流下熔断器熔断所需的时间。时间和电流的平方成反比,即 $Q = I^2 t$。对于给定的熔断器,$Q$ 为一常数。熔断器的熔断特性通常用对数坐标的时间——电流特性表示,也称之为熔断器的安秒特性。

**5. 额定分断能力**

指熔断器在很短的时间内分断相当大的故障电流的能力。一般而言，熔断器的分断能力在 50kA 以上，高至 100kA 左右。在此情况下，通常的分断时间为几个毫秒。

**6. 限流作用和截断电流**

在没有考虑熔断器的情况下，预期计算的短路电流是很大的。由于熔断器的动作非常迅速，在短路电流达到其峰值之前动作，切断电路，从而使电路上的电流小于预期计算电流。熔断器所起的效果称为限流作用；在限流过程中实际所达到电流的最高值被称之为截断电流。由于限流作用，线路中实际可能出现的最大的短路电流只有预期短路电流峰值的 20% 左右。

**7. 过电流选择比**

是指上下级熔断器之间满足选择性要求的额定电流最小比值。如果满足上一级熔断器的弧前时间的 $I^2t$ 值大于下一级的熔断器的熔断 $I^2t$ 值，即认为其过电流选择比满足要求，或者满足上下级额定电流比值为 1.6 : 1 的要求。

**8. 约定时间和约定电流**

是用来描述熔断器保护特性的参数。约定电流分为约定熔断器电流和约定不熔断电流。约定熔断器电流为在约定时间内可熔断的最大电流，约定不熔断电流为在约定时间内不会熔断的最大允许电流。

表 2-2-20～表 2-2-25 分别给出了国内常见的几种低压熔断器的技术参数。

NT（RT16）型和 RT17 型熔断器参数表　　表 2-2-20

| 型号 | NT（RT16）RT17 | 约定时间 | 4h |
|---|---|---|---|
| 额定电流 | 4～1000A | 约定不熔断电流 | $1.25I_N$ |
| 额定电压 | 500/600V | 约定熔断电流 | $1.6I_N$ |
| 额定分断能力 | 120kA/500V，50kA/660V | | |

RT12 系列熔断器技术参数表　　表 2-2-21

| 额定电流（A） | 额定电压（V） | 额定分断能力 | 约定时间（h） | 约定不熔断电流（A） | 约定熔断电流（A） |
|---|---|---|---|---|---|
| 2 | | | 1 | $1.2I_N$ | $1.6I_N$ |
| 4 | | | 1 | $1.2I_N$ | $1.6I_N$ |
| 6 | | | 1 | $1.2I_N$ | $1.6I_N$ |
| 10 | | | 1 | $1.2I_N$ | $1.6I_N$ |
| 16 | | | 1 | $1.2I_N$ | $1.6I_N$ |
| 20 | | | 1 | $1.2I_N$ | $1.6I_N$ |
| 25 | 415 | 80kA $\cos\varphi = 0.1\sim 0.2$ | 1 | $1.2I_N$ | $1.6I_N$ |
| 32 | | | 1 | $1.2I_N$ | $1.6I_N$ |
| 40 | | | 1 | $1.2I_N$ | $1.6I_N$ |
| 50 | | | 1 | $1.2I_N$ | $1.6I_N$ |
| 63 | | | 1 | $1.2I_N$ | $1.6I_N$ |
| 80 | | | 2 | $1.2I_N$ | $1.6I_N$ |
| 100 | | | 2 | $1.2I_N$ | $1.6I_N$ |

RT12 系列熔断器 $I^2t$ 特性　　　　　　　　　　　　　　　表 2-2-22

| 0.01s 时弧前和熔断 $I^2t$ 特性（kA²s） | 额定电流（A） | | | | | | | | |
|---|---|---|---|---|---|---|---|---|---|
| | 16 | 20 | 25 | 32 | 40 | 50 | 63 | 80 | 100 |
| 最小值（弧前） | 0.2 | 0.34 | 0.58 | 1.0 | 1.7 | 2.6 | 4.7 | 10 | 26 |
| 最大值（熔断） | 1.0 | 1.7 | 2.6 | 4.7 | 10 | 26 | 40 | 62 | 100 |

RT15 系列熔断器技术参数表　　　　　　　　　　　　　　表 2-2-23

| 额定电流（A） | 额定电压（V） | 额定分断能力 | 约定时间（h） | 约定不熔断电流（A） | 约定熔断电流（A） |
|---|---|---|---|---|---|
| 40 | 415 | 100kA $\cos\varphi=0.1\sim0.2$ | 1 | $1.2I_N$ | $1.6I_N$ |
| 50 | | | 1 | $1.2I_N$ | $1.6I_N$ |
| 63 | | | 1 | $1.2I_N$ | $1.6I_N$ |
| 80 | | | 2 | $1.2I_N$ | $1.6I_N$ |
| 100 | | | 2 | $1.2I_N$ | $1.6I_N$ |
| 125 | | | 2 | $1.2I_N$ | $1.6I_N$ |
| 160 | | | 2 | $1.2I_N$ | $1.6I_N$ |
| 200 | | | 3 | $1.2I_N$ | $1.6I_N$ |
| 250 | | | 3 | $1.2I_N$ | $1.6I_N$ |
| 315 | | | 3 | $1.2I_N$ | $1.6I_N$ |
| 350 | | | 3 | $1.2I_N$ | $1.6I_N$ |
| 400 | | | 3 | $1.2I_N$ | $1.6I_N$ |

RT15 系列熔断器 $I^2t$ 特性　　　　　　　　　　　　　　表 2-2-24

| 0.01s 时弧前和熔断 $I^2t$ 特性（kA²s） | 额定电流（A） | | | | | | | | | | |
|---|---|---|---|---|---|---|---|---|---|---|---|
| | 40 | 50 | 63 | 80 | 100 | 125 | 160 | 200 | 250 | 315 | 350 | 400 |
| 最小值（弧前） | 3 | 5 | 9 | 16 | 27 | 46 | 86 | 140 | 250 | 400 | 550 | 750 |
| 最大值（熔断） | 9 | 16 | 27 | 46 | 86 | 140 | 250 | 400 | 760 | 1300 | 1700 | 2250 |

RLS2 系列熔断器技术参数表　　　　　　　　　　　　　　表 2-2-25

| 额定电流（A） | 额定电压（V） | 额定分断能力 | 额定电流（A） | 额定电压（V） | 额定分断能力 |
|---|---|---|---|---|---|
| 16 | 500 | 50kA $\cos\varphi=0.1\sim0.2$ | 50 | 500 | 50kA $\cos\varphi=0.1\sim0.2$ |
| 20 | | | 63 | | |
| 25 | | | 75 | | |
| 30 | | | 80 | | |
| 35 | | | 90 | | |
| 45 | | | 100 | | |

RT16、RT17 可在电压 660V 及以下、电流最高至 1000A 的电力系统或配电电路中使用，均属填料熔断器。RT12 和 RT15 系列均为填料式封闭管熔断器，可在 500V 及以下交流系统中做过载保护使用。两种熔断器均有熔断指标，均适合同开关连接组成开关熔断器组。RLS2 系列为快速熔断器，用于保护半导体器件，是螺旋式，有熔断指示，用于 500V 及以下。

### （三）低压熔断器的选用原则

（1）首先要根据保护对象的特点选择适当的熔断器，如对于线路和母线保护应选全范围的 G 类熔断器；对于电动机应选择 M 类的熔断器；做硅元件保护，则应选择保护半导体件熔断器；供家庭使用，宜选用螺旋式或半封闭插入式熔断器。

（2）熔断器的额定电压应高于持续工作电压。

（3）熔断器的额定电流在一般情况下应高于可能的持续工作电流的最大值，其支持部件的额定电流应满足使用要求，并适于安装；在用于电动机回路时，不经常启动或启动时间不长，按照不低于 2.5~3 倍实际电流来选取熔断器的额定电流，在启动时间比较长或经常启动，可以按照 1.6~2 倍的实际电流来选取熔断器的额定电流；保护半导体器件应按照半导体装置容量的 1.57 倍来选择熔断器。

（4）额定频率应满足需要。

（5）额定分断能力应高于经计算得到的最大的可能的故障电流。

（6）在上下级均有熔断器保护的环境下，应满足上下组熔断器的熔体的额定电流之比不低于过电流选择比。

（7）考虑与熔断器相连的接触器或负载隔离开关动作与熔断器动作在时间上的配合，必须保证在发生短路时熔断器要先于接触器或负载隔离开关动作。一般而言要求可靠系数不小于 2，即接触器的动作时间是熔断器动作时间的两倍以上。

### （四）熔断器的选型使用实例

**【例题 2-2-9】**

已知一低压 380V、50Hz 线路，最大负荷电流为 55A，最大计算短路电流为 17.6kA。安装在配电箱内，由一隔离开关引出，则熔断器的选择如下：

选择 RT12 系列熔断器，额定电压 $U_N$ = 415V > 380V，满足使用要求；额定频率为 50Hz，满足使用要求；额定分断能力为 80kA > 17.6kA 满足使用要求。选择最小的电流大于 55A 的熔断器。查表 2-2-21 已知：应选择 63A 的 RT12 型熔断器。

**【例题 2-2-10】**

在前述的熔断器保护的负荷末端有一低压照明负荷，最大正常运行电流为 15A，则应考虑其过流选择性，选择相应的熔断器。

同上例，可以选择 RT12-16A 熔断器，但需要验证其同上一级熔断器的过流选择比。由表 2-2-22 和表 2-2-24 可知：RT12-16A 熔断器 0.01s 的最大熔断的 $I^2t$ 值为 1kA$^2$s，RT15-63A 的最小弧前 $I^2t$ 值为 9kA$^2$s，满足选择性要求。

## 四、低压断路器的选型

### （一）低压断路器的作用和分类

低压断路器是一种不仅能通断正常负荷电流，而且还能切断故障电流，是保护人身安全和电力设备安全的重要电器元件。它用于不频繁地接通和切断设备的电源，并且具有交、直流线路过载、短路、或欠电压和接地故障保护。通断正常负荷电流、切断故障电流，完成过载保护和断路保护是断路器的基本功能。

低压断路器有多种分类方式，按使用类别分，有选择型的 B 类断路器（有短时耐受电流 $I_{cw}$ 要求）和非选择型 A 类断路器（无短时耐受电流 $I_{cw}$ 要求）；按结构型式分，有框架式（又称万能式）、塑壳式和微型断路器；按灭弧介质分，有空气式和真空式（目前多为空气式）；按操作方式分，有手动操作、电动操作和弹簧储能机械操作；按极数分，可分为单极、二极、三极和四极式；按安装方式分，有固定式、插入式、抽屉式等。按市场和厂家的习惯，主要按断路器的结构型式分类，分为空气断路器即框架断路器、塑壳断路器、微型断路器。

通常在使用中，由于框架断路器的参数高（额定电压和额定电流，以及相应的分断力等性能均高于其他两种低压断路器），因此通常安装在负荷电流和故障电流比较大，需要比较高的安全性和可靠性的地方；框架断路器多用于进线、联络及大电流负荷的馈线。它的下一级就可以使用塑壳式断路器，在线路的终端则使用微型断路器。低压断路器的配制顺序，如图 2-2-11 所示。

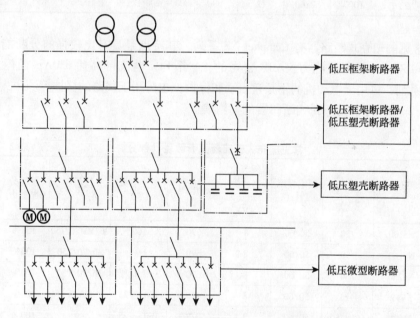

图 2-2-11　低压断路器的配置顺序图

从低压电源开始，一般应按照以下顺序确定线路中的低压开关：低压电源→框架断路器（空气断路器）→塑壳断路器→微型断路器。

国内常见的框架式断路器为 DW 系列，通常用于交流 50Hz，额定工作电压 1140V，额定电流为 4000A 以下的配电网络中，也可用来保护电动机或在正常条件下不频繁启动的控制。西门子公司的 3WN 系列，可以在温度较高的环境下运行（可达到 +55℃）。

表 2-2-26 为国内常见框架式断路器的参数表。

$E_{max}$ 系列断路器参数（部分）  表 2-2-26

| 型号 | 规格 | 额定绝缘电压（V） | 额定频率（Hz） | 额定冲击耐受电压（V） | 额定工作电压（V） | 额定电流（A） | 极限分断能力（kA） | 使用分断能力 | 短时耐受电流（kA/s） | 关合容量（kA峰值） | 分断类型 |
|---|---|---|---|---|---|---|---|---|---|---|---|
| DW15 | DW15-630 | 690 | 50/60 | 12 | 380 | 200 | 20 | 100% | 20 | 50 | Y |
|  |  |  |  |  |  | 400 | 30 | 100% | 30 | 75 | Y |
|  |  |  |  |  |  | 630 | 30 | 100% | 30 | 75 | Y |
|  | DW15-1600 | 690 | 50/60 | 12 | 380 | 1000 | 40 | 75% | 40 | 100 | Y |
|  | DW15-2500 | 690 | 50/60 | 12 | 380 | 2500 | 60 | 67% | 60 | 150 | Y |
| DW17 | DW17-1600 | 1140 | 50/60 | 12 | 690 | 630 | 30 | 100% | 30 | 75 | H |
|  |  |  |  |  |  | 800 | 30 | 100% | 30 | 75 | H |
|  | DW17-2500 | 1140 | 50/60 | 12 | 690 | 2500 | 80 | 100% | 80 | 200 | H |
|  | DW17-3200 | 1140 | 50/60 | 12 | 690 | 3200 | 80 | 100% | 80 | 200 | H |
| $E_{max}$ | E1 | 1000 | 50/60 | 12 | 690 | 800~1600 | 42 | 100% | 42 | 88.2 | B |
|  | E2 | 1000 | 50/60 | 12 | 690 | 800~2000 | 85 | 100% | 65 | 187 | S |
|  | E3 | 1000 | 50/60 | 12 | 690 | 800~3200 | 130 | 100% | 85 | 286 | V |

国内常见的塑壳式断路器有 Compact NS 系列，其特点是具有比较强的分断能力（$I_{cs}=100\% I_{cu}=150kA$）和限流能力；ABB 公司的 $T_{max}$ 系列，电流可高达 630A；西门子公司的 3VU/3VF 系列，可用于电动机的不频繁启动和保护，也可用于线路的保护等。

表 2-2-27 为常见塑壳式断路器的参数表。

常见塑壳式断路器的参数表（部分）  表 2-2-27

| 型号 | 规格 | 额定绝缘电压（V） | 额定频率（Hz） | 额定冲击耐受电压（V） | 额定工作电压（V） | 额定电流（A） | 极限分断能力（kA） | 使用分断能力 | 类别 |
|---|---|---|---|---|---|---|---|---|---|
| Compact NS | NS100 | 750 | 50/60 | 8 | 690 | 100 | 36/50/70/150 | 100% | N/SX/H/L |
|  | NS160 | 750 | 50/60 | 8 | 690 | 160 | 36/70/150 | 100% | N/H/L |
|  | NS250 | 750 | 50/60 | 8 | 690 | 250 | 36/70/150 | 100% | N/H/L |
| 3VF | 3VF2 | 415 | 50/60 | 8 | 415 | 160~125 | 18/9 | 100% |  |
|  | 3VF3 | 690/750 | 50/60 | 8 | 660/750 | 160~225 | 40 | 100% |  |
| $T_{max}$ | T1 | 800 | 50/60 | 8 | 690 | 160 | 10 | 100% | B |
|  | T2 | 800 | 50/60 | 8 | 690 | 160 | 30 | 100% | N |
| DZ20 | DZ20-100 | 660 | 50/60 | 8 | 400 | 100 | 18/35/100 |  | Y/J/G |

国内常见的微型断路器有 C65 系列、Easy 系列、CDB 系列、DE47 系列产品，其中 C65 系列具有体积小、性能稳定、可配装多种附件的特点，而且可以为终端配电用户提供完善的保护。如短路、过载、防雷和接地故障的保护；CDB 系列产品具有过载和短路双重保护的产品；DE47 系列适用于交流 50/60Hz，额定工作电压为 240V/415V 及以下，额定

电流至 60A 的电路中。断路器主要用于现代建筑物的电气线路及设备的过载、短路的保护，亦使用于线路的不频繁操作及隔离。

表 2-2-28 为常见的微型断路器的参数表。

常见的微型断路器的参数表　　　　　表 2-2-28

| 系列 | 型号 | 最大工作电压(V) | 额定频率(Hz) | 机械寿命(万次) | 冲击耐受电压(kV) | 额定电流范围(A) | 分断能力(kA) | 极数 | 脱扣曲线类型 |
|---|---|---|---|---|---|---|---|---|---|
| C65 | C65a | 440 | 50/60 | 2 | 6 | 6, 10, 16, 20, 25, 32, 40, 50, 63 | 4.5 | 1-4P | C |
| | C65N | 440 | 50/60 | 2 | 6 | 1, 2, 4, 6, 10, 16, 20, 25, 32, 40, 50, 63 | 6 | 1-4P | C, D |
| | C65H | 440 | 50/60 | 2 | 6 | 1, 2, 4, 6, 10, 16, 20, 25, 32, 40, 50, 63 | 10 | 1-4P | C, D |
| | C65L | 440 | 50/60 | 2 | 6 | 1, 2, 4, 6, 10, 16, 20, 25, 32, 40, 50, 63 | 15 | 1-4P | C, D |
| DZ47 | | 415 | 50/60 | 2 | 6 | 1, 3, 5, 10, 15, 20, 25, 32 | 6 | 1-4P | B, C, D |
| | | 415 | 50/60 | 2 | 6 | 40, 50, 60 | 4.5 | 1-4P | B, C, D |
| CDB | CDB1 | 230/400 | 50 | 2 | 6 | 1, 3, 6, 10, 16, 20, 25, 32, 40, 50, 63 | 6 | 1-4P | B, C, D |
| | CDB2 | 230/400 | 50 | 2 | 10 | 63, 80, 100, 125 | 10 | 1-4P | C, D |
| | CDB3 | 230 | 50 | 2 | 3 | 6, 10, 16, 20, 25, 32 | 3 | 1P+N | C, D |
| | CDB7 | 230/400 | 50 | 2 | 6 | 1, 3, 6, 10, 16, 20, 25, 32, 40, 50, 63 | 6 | 1-4P | B, C, D |

## （二）低压断路器的主要技术参数

1. 额定电压 $U_N$

断路器能够长期正常工作的最高的电压值。

2. 额定电流 $I_N$

对于塑壳断路器和空气断路器，分为断路器壳架额定电流和断路器脱扣器额定电流。断路器壳架额定电流，是指能长期通过断路器本体的最大电流；断路器脱扣器的额定电流是指能够长期通过脱扣器的最大的电流值。

3. 额定极限短路分断能力 $I_{cu}$

指断路器在规定的试验电压和操作条件下经过"分闸—3min—合分闸"（"0—3min—CO"）操作顺序之后，还能通过介电性能试验和脱扣器的试验，能够分断的最大电流值。

4. 额定运行短路分断能力 $I_{cs}$

断路器在规定的试验电压和操作条件下，经过"分闸—3min—合分闸—3min—合分闸"（"0—3min—CO—3min—CO"）操作顺序后，还能通过介电性能试验、脱扣器的试验和温度试验，能够承受的最大电流值。

5. 额定短时耐受能力 $I_{cw}$

断路器在规定的试验条件下短时间能够承受的最大的电流值。对于有选择型的 B 类断路器，需要有 $I_{cw}$ 值，对于非选择型的 A 类断路器不需要有 $I_{cw}$ 值。

### （三）低压断路器的选用原则

(1) 断路器的额定电压 $U_N$≥电源和负载的额定电压。

(2) 断路器的额定电流 $I_N$≥负载工作电流。

(3) 断路器脱扣器额定电流 $I_N$≥负载工作电流。

(4) 断路器极限通断能力 $I_{cu}$≥电路最大的短路电流。

(5) 脱扣器保护功能的选择：目前常见的断路器脱扣器形式有热磁式和电子式两种。这两种脱扣器的结构不一样，但都能够实现过载和短路保护。对于热磁式的脱扣器最多只能提供两段保护，即过载长延时保护和短路瞬动保护（或称为热保护和磁保护的）；也有根据需要脱扣器只具有磁保护功能的，例如有些用于电动机保护的断路器，与热继电器配合使用，断路器只提供短路保护就可以了。而对于电子式的脱扣器产品类型更多一些，有的具有两段保护；有的具有三段保护功能，即过载长延时保护、短路短延时保护和短路瞬动保护；还有把接地故障保护和过载、短路保护功能做在一起的脱扣器。

此外，由于微型断路器的动作曲线主要有 A、B、C、D 四种，需要根据不同的负荷选择不同曲线的断路器。A 特性一般用于需要快速、无延时脱扣的使用场合，亦即用于较低的峰值电流值（通常是额定电流 $I_N$ 的 2~3 倍），以限制允许通过短路电流值和总的分断时间；B 特性一般用于需要较快速度脱扣且峰值电流不是很大的使用场合，与 A 特性相比，B 特性允许通过的峰值电流 <$3I_N$，一般用于白炽灯、电加热器等电阻性负载及住宅线路的保护；C 特性一般适用于大部分电气回路，它允许负载通过较高的短时峰值，C 特性一般适用允许通过的峰值电流 <$5I_N$，一般用于荧光灯、高压气体放电灯、动力配电系统的线路保护；D 特性一般适用于很高的峰值电流（<$10I_N$）的开关设备，一般用于交流额定电压与频率下的控制变压器和局部照明变压器的一次线路和电磁阀的保护。

### （四）低压断路器选型使用实例

**【例题 2-2-11】** 框架式断路器选用实例

已知一变电站内安装有 2 台互为备用的 10kV/0.4kV、短路阻抗为 6%、容量为 1600kV·A 的变压器，上级电网的短路容量为 500MV·A，安装方式为户内安装。高压侧经电缆与 10kV 系统相联，低压侧经母排与低压开关柜内的低压进线断路器连接。低压系统为单母线分段，以母联断路器连接两段母线。正常情况下母线上最大的工作电流均为 1200A。在一台变压器退出运行时，由另一台负担全部负荷。计算过程中母排的电压降和阻抗可忽略。低压进线断路器的选择如下：

计算变压器低压侧出口短路电流为 38kA（过程略）；

计算变压器满负荷运行电流为 2253A（过程略）；

断路器额定电压 $U_N$≥400V；

断路器额定电流 $I_N$≥2431A；

断路器脱扣器额定电流 $I_N$≥2400A；

断路器极限通断能力 $I_{cu}$≥38kA。

脱扣器选择：选择电子式脱扣器，具有接地故障保护和过载、短路保护的功能。

可选择 DW15—2500，其各个参数均满足上述要求。

**【例题 2-2-12】** 塑壳式断路器选用实例

在前述变电站内部低压系统中有一三相电路，负荷为正常工作状况下需连续运行的三相四线接线的绕线式电动机，系统运行电压为 380V，功率为 18.5kW，$\eta = 0.7$，功率因数为 0.75。安装处的短路预期电流为 22kA，试选择低压断路器。

计算工作电流如下：$I = \dfrac{P}{\sqrt{3}U\cos\varphi\eta} = \dfrac{18.5}{\sqrt{3} \times 0.38 \times 0.75 \times 0.7} = 53.6$（A）

选择额定电流为 63A 的塑壳断路器，选择 DZ20—100。
脱扣器选择：选择电子式脱扣器，具有过载、短路保护功能。

**【例题 2-2-13】** 微型断路器选用实例

在前述低压配电系统内有一用于照明的配电箱内一回路，为 30 只 220V、40W 单相荧光灯供电，总容量为 1200W。荧光灯在启动时可能会通过比较高的短时峰值电流（一般不大于 $5I_N$），因此必须保证微型断路器允许负载通过较高的短时峰值电流而断路器不动作，因此选择 C 特性曲线的微型断路器。计算工作电流，得 $\dfrac{30 \times 40}{220} = 5.5$（A）。可选择施耐德电气公司的产品 Mult9 产品：型号为 C65N-C6A/2P，也可选择 CDB7-6。

### 五、低压隔离开关和刀熔开关的选择

低压隔离开关和刀熔开关主要有：
（1）HD11、HS11 系列，正面手柄操作，仅作隔离开关用。
（2）HD12、HS12 系列，用于正面两侧操作，前面维修的开关柜中。
（3）HD13、HS13 系列，用于正面操作，后面维修的开关柜中。
（4）HD14 系列，用于动力配电箱中。
HD 系列为单投开关，HS 系列为双投开关。
HD、HS 系列参数表见表 2-2-29 和表 2-2-30。

**【例题 2-2-14】** 隔离刀开关选型使用

一个 380V 的配电箱内安装一台开关作为进线开关，其下口装有 6 台三相低压断路器作为负荷开关。现场最大的预期短路电流为 8.7kA，总电流为 78A，隔离开关只在检修时作隔离元件使用，不会作带负荷切除电路的操作。

通常配电箱内安装开关要求在关门的情况下侧门操作。因此选择三极的 HD14 型刀开关，其额定电流为 200A，满足使用要求。其短时耐受电流为 10kA＞8.7kA，满足使用要求。

**【例题 2-2-15】** 熔断器刀开关（刀熔开关）选型使用

一台 380V 低压开关柜内装有一台刀熔开关作为一条低压架空线的出线开关，安装地点最大预期短路电流为 15kA，最大负荷电流为 230A。

由于安装在开关柜内并且作为出线开关，因此选择单投、安装灭弧室的弹簧操作机构的 400A 的 HD13 型刀熔开关，其额定电压为 400V，短时耐受电流为 20kA，均满足使用要求。

HD、HS 型 D 开关参数                                    表 2-2-29

| 额定电压（V） | 额定电流（A） | 短时耐受电流（kA/s） | |
|---|---|---|---|
| | | 杠杆操作 | 手动操作 |
| 400 | 200 | 12 | 10 |
| | 400 | 20 | 15 |
| | 600 | 25 | 20 |
| | 1000 | 30 | 25 |
| | 1500 | 35 | 30 |

HD、HS 型 D 开关结构类型                               表 2-2-30

| 型号 | 结构类型 | 转换方向 | 极数 | 额定电流（A） |
|---|---|---|---|---|
| HD11 | 正面手柄操作，无灭弧室 | 单投 | 1～3 | 100，200，400，600，1000 |
| HS11 | 正面手柄操作，无灭弧室 | 双投 | 1～3 | 100，200，400，600，1000 |
| HD12 | 正面两侧杠杆操作，可安装灭弧室 | 单投 | 2、3 | 100，200，400，600，1000，1500 |
| HS12 | 正面两侧杠杆操作，可安装灭弧室 | 双投 | 2、3 | 100，200，400，600，1000 |
| HD13 | 正面杠杆操作，可安装灭弧室 | 单投 | 2、3 | 100，200，400，600，1000，1500 |
| HS13 | 正面杠杆操作，可安装灭弧室 | 双投 | 2、3 | 100，200，400，600，1000 |
| HD14 | 侧面手柄操作，可安装灭弧室 | 单投 | 2、3 | 100，200，400，600，1000 |
| HS14 | 侧面手柄操作，可安装灭弧室 | 双投 | 2、3 | 100，200，400，600，1000 |

## 第四节　低压配电系统中导线的选择与计算

在民用建筑低压配电系统中，使用的导线主要有电线和电缆，正确地选用这些电线和电缆，对于保证低压配电系统安全可靠、经济、合理地运行，有着十分重要的意义，对于节约有色金属也是很重要的。导线的选择主要考虑环境条件、运行电压、敷设方法和经济、可靠性方面的要求。

### 一、电线和电缆选择的原则

(1) 电线、电缆的额定电压要大于或等于安装地点供电系统的额定电压；
(2) 电线、电缆持续容许电流应大于或等于供电负荷的最大持续电流；
(3) 线芯截面要满足供电系统短路时的稳定性要求；
(4) 根据电线、电缆长度验算电压降是否符合要求；
(5) 线路末端的最小短路电流应能使保护装置可靠地动作；
(6) 安装环境的要求。

## 二、常用电线型号与敷设条件

1. 常用的电线型号、应用及敷设

BV、BLV——塑料绝缘铜芯或铝芯导线，用于交流500V、直流1000V及以下的线路中，供穿钢管或PVC管明敷或暗敷用，不宜在室外敷设。

BLVV、BVV——塑料绝缘塑料护套铝芯或铜芯电缆，用于交流500V、直流1000V及以下的线路中，供沿墙、沿平顶卡钉明敷设用。

BLXF、BXF、BLXY、BXY——橡皮绝缘、氯丁橡胶护套或聚乙烯护套铝芯、铜芯电线，具有良好的耐老化和不延燃性并具有一定的耐油、耐腐蚀性能，适用于户外敷设。

BV-105、BLV-105——它的芯线温度可达105℃，适用于环境温度较高的场所。

塑料绝缘导体已列入即将被淘汰产品目录，低烟、耐高温阻燃型导线已在国内推行。

2. 常用的电缆型号、应用及敷设

VLV、VV——聚氯乙烯绝缘、聚氯乙烯护套铝芯、铜芯电力电缆，又称全塑电缆，适用于室内电沟内、电缆托架上穿管敷设。

YJLV、YJV——交联聚乙烯绝缘、聚乙烯绝缘护套铝芯、铜芯电力电缆，具有载流量大、重量轻的优点，敷设于室内、沟道中、管子内，也可埋没在土壤中。

在高层或大型民用建筑中，消防设施线路应采用阻燃（ZR）、耐高温（NT）或防火（NH）的电力电缆。电缆型号后面缀以下标，表示其铠装层的情况。

例：$VV_{22}$表示聚氯乙烯绝缘聚氯乙烯护套内钢带铠装电力电缆。

常用导线和电缆的型号与敷设条件见表2-2-31。

常用导线和电缆的型号与敷设条件　　　　表2-2-31

| 类别 | 型号 | | 绝缘材料、类型 | 敷设条件 |
|---|---|---|---|---|
| | 铜芯 | 铝芯 | | |
| 导线 | BX | BLX | 橡皮 | 室内架空或穿管敷设，交流500V及直流1000V以下 |
| | BXF | BLXF | 氯丁橡皮 | 室外架空或穿管敷设，交流500V及直流1000V以下，尤其适用于室外架空 |
| | BV（BV105） | BLV（BLV105） | 聚氯乙烯（耐热105℃） | 室内明敷或穿管敷设，交流500V及直流1000V以下，电气设备及电气线路 |
| 软导线 | （ZR-）RV | | （阻燃型）聚氯乙烯 | 供交流250V及直流500V以下各种电器、仪表、电信设备、自动化装置连线（阻燃型用于有阻燃要求的场所） |
| | （ZR-）RVB | | （阻燃型）聚氯乙烯，平型 | 交流250V以下的照明、家用电器的电源接线（阻燃型用于有阻燃要求的场所） |
| | （ZR-）RVS | | （阻燃型）聚氯乙烯，绞型 | |

续表

| 类别 | 型号 | | 绝缘材料、类型 | 敷设条件 |
|---|---|---|---|---|
| | 铜芯 | 铝芯 | | |
| 电力电缆 | （NH－）VV | VLV | （耐火型）聚氯乙烯绝缘聚氯乙烯护套 | 敷设在室内、隧道及管道中，不承受机械外力作用（耐火型用于照明、电梯、消防、报警系统、应急供电回路及地铁、电站、火电站等与防火安全及消防救火有关的场所） |
| | ZQD | ZLQD | 不滴流油浸纸绝缘裸铅套 | 敷设在室内、电缆沟及管道中，不承受机械外力作用 |
| | ZQ | ZLQ | 粘性油浸纸绝缘裸铅套 | 敷设在室内、电缆沟及管道中，不承受机械外力作用 |
| | （ZR－）YJV | （ZR－）YLJV | （阻燃型）交联聚乙烯绝缘聚氯乙烯护套 | 敷设在室内、电缆沟及管道中，也可敷设在土壤中，不承受机械外力作用，但可承受一定的敷设牵引力（阻燃型用于高层建筑、地铁、地下隧道、核电站、火电站等与防火安全及消防救火有关的场所） |
| | YJVF | YLJVF | 交联聚乙烯绝缘聚氯乙烯护套分相 | |
| 铠装电力电缆 | （NH－）VV22 | VLV22 | （耐火型）聚氯乙烯绝缘聚氯乙烯护套钢带铠装 | 敷设在地下，能承受机械外力作用，但不能承受大的拉力（耐火型用于照明、电梯、消防、报警系统、应急供电回路及地铁、电站、火电站等与防火安全及消防救火有关的场所） |
| | VV30 | VLV30 | 聚氯乙烯绝缘聚氯乙烯护套裸细钢丝铠装 | 敷设在室内、矿井中，能承受机械外力作用，能承受相当的拉力 |
| | ZQD02 | ZLQD02 | 不滴流油浸纸绝缘铅套聚氯乙烯套 | 架空、室内、隧道、电缆沟及管道中以及易燃和腐蚀环境中 |
| | ZQD22 | ZLQD22 | 不滴流油浸纸绝缘铅套钢带铠装聚氯乙烯套 | 室内、隧道、电缆沟、一般土壤、多砾石、易燃、严重腐蚀环境中 |
| | ZQ20 | ZLQ20 | 粘性流油浸纸绝缘铅套裸钢带铠装聚氯乙烯套 | 架空、室内、隧道、电缆沟及管道中以及易燃和腐蚀环境中 |
| | ZQ22 | ZLQ22 | 粘性流油浸纸绝缘铅套钢带铠装聚氯乙烯套 | 室内、隧道、电缆沟、一般土壤、多砾石、易燃、严重腐蚀环境中 |
| | YJV22 | YLJV22 | 交联聚乙烯绝缘聚氯乙烯护套内钢带铠装 | 敷设在土壤中，能承受机械外力作用，但不能承受大的拉力 |
| | YJV30 | YLJV30 | 交联聚乙烯绝缘聚氯乙烯护套裸细钢丝铠装 | 敷设在室内、矿井中，能承受机械外力作用，能承受相当的拉力 |

## 三、导线、电缆截面的选择条件

### 1. 按载流量选择

即按导线的允许温升选择。在最大允许连续负荷电流通过的情况下,导线发热不超过线芯所允许的温度,导线不会因为过热而引起绝缘损坏,加速老化。选用时导线的允许载流量必须大于或等于线路中的计算电流值。此种选择方法也被称为按发热条件选择方法。

导线的允许载流量是通过实验得到的数据。不同规格的导线、电缆的载流量和不同环境温度、不同敷设方式、不同负荷特性的校正系数等可查阅设计手册。

表2-2-32和表2-2-33分别为500V铜芯铝芯导线的载流量表。

表2-2-34为直接敷设在地中的低压绝缘电缆安全载流量表。表中,线芯最高工作温度为80℃,地温为30℃,在实际地温不是30℃的地方,电缆的安全载流量应乘以表2-2-35中的校正系数。

几条电缆平行敷设(电缆外皮间距为200mm)时,电缆的安全载流量应乘以表2-2-36中的校正系数。

### 2. 按电压损失选择

导线上的电压损失应低于最大允许值,以保证供电质量。对于电力线路,电压损失一般不能超额定电压的5%~7%,对于照明线路一般不能超过5%。

电压损失是指线路的始端电压与终端电压有效值的差值,即 $\Delta U = U_1 - U_2$。由于电气设备的端电压偏移有一定的允许范围,所以,对线路电压损失的要求也有一定的允许值。为了保证供配电线路的电压损失在允许值的范围内,需通过增大导线或电缆的截面来满足要求。

### 3. 按机械强度要求选择

在正常工作状态下,导线应有足够的机械强度以防拉伤或断线,保证安全可靠运行。绝缘导线按机械强度要求的最小允许截面见表2-2-37。

### 4. 与线路保护设备相配合的选择

沿导线流过的电流过大时,由于导线温升过高,会对其绝缘、接头、端子或导体周围的物质造成危害,温升过高或线路短路时,还可能引起着火,因此电气线路必须设置过载和短路保护。为了在线路短路或过载时,保护设备能对导线起保护作用,两者间必须有适当的配合。

### 5. 热稳定校验

由于电缆结构紧凑、散热条件差,为使其在短路电流通过时不至由于导线升温超过允许值而损坏,还必须校验其热稳定性。

选择的导线、电缆截面必须同时满足上述各项要求,通常可先按允许载流量或电压损失选择,然后再按其他条件校验,若不能满足要求,则应加大截面。

## 四、电线、电缆截面的选择计算

### (一)按发热条件选择导线和电缆的截面

#### 1. 三相系统相线截面的选择

电流通过导线或电缆时,要产生功率损耗,使导线发热。导线的正常发热温度不得超过额定负荷时的最高允许温度。

## 表 2-2-32  500V 铜芯绝缘电缆长期连续负荷允许载流量

| 截面积 (mm²) | 固定敷线用线芯 股数 | 单根直径 (mm) | 成品外径 (mm) | 明线敷设 25℃ 橡皮 | 明线敷设 25℃ 塑料 | 明线敷设 30℃ 橡皮 | 明线敷设 30℃ 塑料 | 橡皮绝缘导线多根同穿在一根管内时允许的负荷电流(A) 25℃ 金属管 2根 | 3根 | 4根 | 塑料管 2根 | 3根 | 4根 | 橡皮绝缘 30℃ 金属管 2根 | 3根 | 4根 | 塑料管 2根 | 3根 | 4根 | 塑料绝缘导线多根同穿在一根管内时允许的负荷电流(A) 25℃ 金属管 2根 | 3根 | 4根 | 塑料管 2根 | 3根 | 4根 | 塑料绝缘 30℃ 金属管 2根 | 3根 | 4根 | 塑料管 2根 | 3根 | 4根 |
|---|---|---|---|---|---|---|---|---|---|---|---|---|---|---|---|---|---|---|---|---|---|---|---|---|---|---|---|---|---|---|---|
| 1.00 | 1 | 1.13 | 4.4 | 21 | 19 | 20 | 18 | 15 | 14 | 12 | 13 | 12 | 11 | 14 | 13 | 11 | 12 | 11 | 10 | 13 | 12 | 11 | 12 | 11 | 10 | 12 | 11 | 10 | 11 | 10 | 9 |
| 1.50 | 1 | 1.37 | 4.6 | 27 | 24 | 25 | 22 | 20 | 18 | 17 | 17 | 16 | 15 | 19 | 18 | 16 | 16 | 15 | 13 | 18 | 17 | 16 | 16 | 15 | 13 | 16 | 16 | 15 | 15 | 14 | 12 |
| 2.50 | 1 | 1.76 | 5 | 35 | 32 | 33 | 30 | 28 | 25 | 23 | 25 | 23 | 21 | 26 | 25 | 22 | 24 | 22 | 20 | 25 | 24 | 22 | 23 | 21 | 19 | 24 | 22 | 21 | 22 | 19 | 18 |
| 4 | 1 | 2.24 | 5.5 | 45 | 42 | 42 | 39 | 37 | 33 | 30 | 33 | 30 | 26 | 35 | 31 | 28 | 30 | 28 | 24 | 33 | 30 | 28 | 28 | 25 | 24 | 31 | 29 | 26 | 28 | 26 | 23 |
| 6 | 1 | 2.73 | 6.2 | 58 | 55 | 54 | 51 | 49 | 43 | 39 | 43 | 38 | 34 | 46 | 40 | 36 | 41 | 36 | 32 | 44 | 38 | 35 | 36 | 32 | 32 | 40 | 36 | 34 | 36 | 34 | 30 |
| 10 | 7 | 1.33 | 7.8 | 85 | 75 | 80 | 70 | 68 | 60 | 53 | 59 | 52 | 46 | 64 | 56 | 50 | 55 | 49 | 43 | 61 | 53 | 50 | 52 | 46 | 49 | 55 | 50 | 47 | 49 | 46 | 41 |
| 16 | 7 | 1.68 | 8.8 | 110 | 105 | 103 | 96 | 86 | 77 | 69 | 76 | 68 | 60 | 80 | 72 | 65 | 71 | 64 | 56 | 77 | 68 | 61 | 72 | 65 | 57 | 68 | 65 | 61 | 67 | 61 | 53 |
| 25 | 19 | 1.28 | 10.6 | 145 | 138 | 136 | 129 | 113 | 100 | 90 | 100 | 90 | 80 | 106 | 94 | 84 | 94 | 84 | 75 | 100 | 89 | 80 | 95 | 85 | 75 | 89 | 89 | 80 | 85 | 80 | 70 |
| 35 | 19 | 1.51 | 11.8 | 180 | 170 | 168 | 159 | 140 | 122 | 110 | 125 | 110 | 98 | 131 | 114 | 103 | 117 | 103 | 92 | 124 | 108 | 98 | 120 | 105 | 93 | 112 | 108 | 98 | 105 | 98 | 87 |
| 50 | 19 | 1.81 | 13.8 | 230 | 215 | 215 | 201 | 175 | 154 | 137 | 160 | 140 | 123 | 164 | 144 | 128 | 150 | 131 | 115 | 154 | 137 | 122 | 150 | 132 | 117 | 140 | 137 | 122 | 132 | 123 | 109 |
| 70 | 49 | 1.33 | 17.3 | 285 | 265 | 267 | 248 | 215 | 193 | 173 | 195 | 175 | 155 | 201 | 181 | 162 | 182 | 164 | 145 | 194 | 171 | 154 | 185 | 167 | 148 | 173 | 171 | 154 | 156 | 148 | 138 |
| 95 | 84 | 1.2 | 20.8 | 345 | 325 | 323 | 304 | 260 | 235 | 210 | 240 | 215 | 195 | 243 | 220 | 197 | 224 | 201 | 182 | 234 | 210 | 187 | 230 | 205 | 185 | 215 | 210 | 187 | 192 | 192 | 173 |
| 120 | 133 | 1.08 | 21.7 | 400 | | 374 | | 300 | 270 | 245 | 278 | 250 | 227 | 280 | 252 | 229 | 260 | 234 | 212 | | | | | | | | | | | | |
| 150 | 37 | 2.24 | 22 | 470 | | 439 | | 340 | 310 | 280 | 320 | 290 | 265 | 318 | 290 | 262 | 299 | 271 | 248 | | | | | | | | | | | | |
| 185 | 37 | 2.49 | 24.2 | 540 | | 505 | | | | | | | | | | | | | | | | | | | | | | | | | |
| 240 | 61 | 2.21 | 27.2 | 660 | | 617 | | | | | | | | | | | | | | | | | | | | | | | | | |

注：导电线芯最高允许工作温度 65℃。

## 500V 铝芯绝缘电缆长期连续负荷允许载流量

表 2-2-33

| 截面积 (mm²) | 固定敷线用线芯 股数(mm) | 单根直径(mm) | 成品外径(mm) | 明线敷设 橡皮绝缘导线多根同穿在一根管内时允许的负荷电流(A) | | | | | | | | | | | | | | | | | | | 塑料绝缘导线多根同穿在一根管内时允许的负荷电流(A) | | | | | | | | | | | | | | | | |
|---|---|---|---|---|---|---|---|---|---|---|---|---|---|---|---|---|---|---|---|---|---|---|---|---|---|---|---|---|---|---|---|---|---|---|---|---|---|---|---|---|
| | | | | 25℃ 橡皮 | 30℃ 橡皮 | 25℃ 塑料 | 30℃ 塑料 | 25℃ 金属管 2根 | 3根 | 4根 | 25℃ 塑料管 2根 | 3根 | 4根 | 30℃ 金属管 2根 | 3根 | 4根 | 30℃ 塑料管 2根 | 3根 | 4根 | 25℃ 金属管 2根 | 3根 | 4根 | 25℃ 塑料管 2根 | 3根 | 4根 | 30℃ 金属管 2根 | 3根 | 4根 | 30℃ 塑料管 2根 | 3根 | 4根 |
| 2.5 | 1 | 1.76 | 5 | 27 | 25 | 25 | 23 | 21 | 19 | 16 | 17 | 15 | 14 | 18 | 18 | 15 | 16 | 16 | 14 | 20 | 18 | 15 | 19 | 17 | 14 | 17 | 17 | 14 | 17 | 16 | 13 |
| 4 | 1 | 2.24 | 5.5 | 35 | 32 | 33 | 30 | 28 | 25 | 23 | 23 | 22 | 19 | 23 | 22 | 19 | 22 | 22 | 19 | 27 | 24 | 20 | 25 | 23 | 22 | 25 | 22 | 21 | 22 | 21 | 20 |
| 6 | 1 | 2.73 | 6.2 | 45 | 42 | 42 | 39 | 37 | 34 | 30 | 29 | 28 | 25 | 32 | 28 | 26 | 27 | 27 | 25 | 35 | 32 | 26 | 33 | 29 | 28 | 35 | 30 | 28 | 29 | 28 | 24 |
| 10 | 7 | 1.33 | 7.8 | 65 | 59 | 61 | 55 | 52 | 46 | 40 | 40 | 37 | 33 | 43 | 38 | 35 | 38 | 38 | 33 | 49 | 44 | 35 | 46 | 41 | 38 | 50 | 44 | 38 | 39 | 38 | 34 |
| 16 | 7 | 1.68 | 8.8 | 85 | 80 | 80 | 75 | 66 | 59 | 52 | 52 | 49 | 44 | 55 | 49 | 46 | 49 | 49 | 44 | 62 | 56 | 46 | 58 | 52 | 49 | 65 | 52 | 47 | 51 | 49 | 44 |
| 25 | 7 | 2.11 | 10.6 | 110 | 105 | 103 | 98 | 86 | 76 | 68 | 68 | 64 | 57 | 71 | 64 | 60 | 65 | 65 | 56 | 80 | 70 | 60 | 73 | 65 | 64 | 80 | 65 | 61 | 68 | 61 | 57 |
| 35 | 7 | 2.49 | 11.8 | 138 | 130 | 129 | 122 | 106 | 94 | 83 | 84 | 78 | 70 | 89 | 79 | 74 | 80 | 80 | 69 | 99 | 89 | 74 | 90 | 84 | 78 | 100 | 80 | 75 | 84 | 79 | 70 |
| 50 | 19 | 1.81 | 13.8 | 175 | 165 | 164 | 154 | 138 | 118 | 105 | 108 | 98 | 95 | 112 | 101 | 95 | 102 | 100 | 89 | 124 | 110 | 95 | 114 | 98 | 89 | 127 | 110 | 94 | 107 | 96 | 88 |
| 70 | 19 | 2.14 | 16 | 220 | 205 | 206 | 192 | 165 | 150 | 133 | 135 | 124 | 120 | 143 | 126 | 112 | 130 | 127 | 115 | 154 | 140 | 120 | 143 | 124 | 115 | 155 | 140 | 119 | 136 | 125 | 111 |
| 95 | 19 | 2.49 | 18.3 | 265 | 250 | 248 | 234 | 200 | 180 | 160 | 165 | 150 | 140 | 172 | 154 | 140 | 158 | 145 | 140 | 187 | 168 | 150 | 172 | 150 | 140 | 190 | 170 | 142 | 164 | 149 | 133 |
| 120 | 37 | 2.01 | 20 | 310 | 290 | — | — | 230 | 210 | 190 | 190 | 170 | 170 | 197 | 178 | 178 | 175 | 158 | 159 | 215 | 197 | 170 | 197 | 178 | 159 | | 159 | | | | |
| 150 | 37 | 2.24 | 22 | 360 | 337 | — | — | 260 | 240 | 220 | 227 | 205 | 205 | 234 | 212 | 192 | | | | 243 | 224 | 206 | 234 | 212 | 192 | | | | | | |

注：导电线芯最高允许工作温度65℃。

### 直接敷设在地中的低压绝缘电缆安全载流量表

表 2-2-34

| 标称截面积 (mm²) | 双芯电缆 | | 三芯电缆 | | 四芯电缆 | |
|---|---|---|---|---|---|---|
| | 铜 | 铝 | 铜 | 铝 | 铜 | 铝 |
| 1.5 | 13 | 9 | 13 | 9 | | |
| 2.5 | 22 | 16 | 22 | 16 | 22 | 16 |
| 4 | 35 | 26 | 35 | 26 | 35 | 26 |
| 6 | 52 | 39 | 52 | 39 | 52 | 39 |
| 10 | 88 | 66 | 83 | 82 | 74 | 56 |
| 16 | 123 | 92 | 105 | 79 | 101 | 75 |
| 25 | 162 | 122 | 140 | 105 | 132 | 99 |
| 35 | 198 | 148 | 167 | 125 | 154 | 115 |
| 50 | 237 | 178 | 206 | 155 | 189 | 141 |
| 70 | 286 | 214 | 250 | 188 | 223 | 174 |
| 95 | 334 | 250 | 299 | 224 | 272 | 204 |
| 120 | 382 | 287 | 343 | 257 | 308 | 231 |
| 135 | 440 | 330 | 382 | 287 | 347 | 260 |

### 不同地温的载流量校正系数

表 2-2-35

| 地温（℃） | 10 | 15 | 20 | 25 | 30 | 36 | 40 |
|---|---|---|---|---|---|---|---|
| 校正系数 | 1.18 | 1.14 | 1.10 | 1.05 | 1 | 0.95 | 0.89 |

### 平行敷设时的载流量校正系数

表 2-2-36

| 电缆条数 | 1 | 2 | 3 | 4 | 5 | 6 | 7 | 8 |
|---|---|---|---|---|---|---|---|---|
| 并列系数 | 1.00 | 0.92 | 0.87 | 0.84 | 0.82 | 0.81 | 0.80 | 0.79 |

### 绝缘导线最小允许截面积（单位：mm²）

表 2-2-37

| 用途及敷设方式 | | 线芯的最小截面 | | |
|---|---|---|---|---|
| | | 铜芯软线 | 铜线 | 铝线 |
| 照明用灯头线 | 屋内 | 0.4 | 1.0 | 2.5 |
| | 屋外 | 1.0 | 1.0 | 2.5 |
| 移动式用电设备 | 生活用 | 0.75 | — | — |
| | 生产用 | 1.0 | — | — |
| 绝缘导线敷设于绝缘子上，支点间距（L/m） | 屋内≤2 | — | 1.0 | 2.5 |
| | 屋外≤2 | — | 1.5 | 2.5 |
| | ≤6 | — | 2.5 | 4 |
| | ≤15 | — | 4 | 6 |
| | ≤25 | — | 6 | 10 |
| 穿管敷设的绝缘导线 | | 1.0 | 1.0 | 2.5 |
| 塑料护套线沿墙明敷设 | | — | 1.0 | 2.5 |
| 板孔穿线敷设的导线 | | — | 1.5 | 2.5 |

按发热条件选择三相系统中的相线截面时,应使其允许载流量 $I_{al}$ 不小于通过相线的计算电流 $I_c$,即 $I_{al} \geq I_c$。

导线的允许载流量,应根据敷设处的环境温度进行校正,公式 $KI_{al} \geq I_c$,温度校正系数可按下式计算:

$$K = \sqrt{\frac{t_1 - t_0}{t_1 - t_2}}$$

式中　　$K$——温度校正系数;

$t_0$、$t_1$、$t_2$——分别为导体最高允许工作温度、敷设环境温度、表中采用的标准温度。

按发热条件选择导线所用的计算电流 $I_c$ 时,对降压变压器高压侧的导线,应取为变压器额定一次电流 $I_{1N.T}$,对电容器的引入线,由于电容器充电时有较大的涌流,因此应取为电容器额定电流 $I_{NC}$ 的 1.35 倍。

2. 中性线和保护线截面的选择

(1) 中性线(N 线)截面的选择

三相四制系统中的中性线,要通过系统的不平衡电流和零序电流,因此中性线的允许载流量不应小于三相系统的最大不平衡电流,同时考虑到谐波电流的影响。

一般三相四线制线路的中性线截面 $A_0$ 应不小于相线截面 $A_\phi$ 的 50%,即

$$A_0 \geq 0.5 A_\phi$$

而由三相四线制线路引出的两相三线线路和单相线路,由于其中性线电流与相线电流相等,因此中性线截面 $A_0$ 和相线截面 $A_\phi$ 相等,即

$$A_0 = A_\phi$$

对于三次谐波电流相当突出的三相四线制线路,由于各相的三次谐波电流都要通过中性线,使得中性线电流可能接近甚至超过相线电流,因此在这种情况下,中性线截面 $A_\phi$ 按下式选:

$$A_0 \geq A_\phi$$

(2) 保护线(PE 线)截面的选择

保护线要考虑三相系统发生单相短路故障时单相短路电流通过时的短路热稳定度。根据短路热稳定度的要求,保护线截面 $A_{PE}$ 按《低压配电设计规范》(GB50054—95)选择:

① 当 $A_\phi \leq 16\text{mm}^2$ 时,$A_{PE} = A_\phi$

② 当 $16\text{mm}^2 < A_\phi \leq 35\text{mm}^2$ 时,$A_{PE} = 16\text{mm}^2$

③ 当 $A_\phi > 35\text{mm}^2$ 时,$A_{PE} \geq 0.5 A_\phi$

(3) 保护中性线(PEN 线)截面的选择

保护中性线兼有保护线和中性线的双重功能,因此其截面选择应同时满足上述保护线和中性线的要求,取其中的最大值。

【例题 2-2-16】

有一条采用 BLX—500 型铝芯橡皮线明敷的 220/380V 的 TN—S 线路,计算电流为 60A,敷设地点的环境温度为 +35℃。试按发热条件选择此线路的导线截面。

**解**:此 TN—S 线路为 5 根线的三相四线制线路,包括相线、中性线和保护线。

①相线截面的选择:

查表得：环境温度为35℃时明敷的BLX—500型铝芯橡皮线，截面为16mm²，它的$I_{aL}=73A > I_c=60A$，满足发热条件，因此相线截面选$A_\phi=16mm^2$。

② 中性线截面的选择：

按公式$A_0 \geq 0.5 A_\phi$，选$A_0 = 10mm^2$。

③ 保护线截面的选择：

由于$A_\phi = 16mm^2$，故取$A_{PE} \geq A_\phi = 16mm^2$。

所选导线型号规格可表示为：BLX – 500 – (3 × 16 + 1 × 10 + PE16)。

（二）按电压损失条件选择导线和电缆的截面

由于线路存在着阻抗，所以在负荷电流通过线路时要产生电压损耗。因此按规定，从变压器低压侧母线到用电设备受电端的低压线路的电压损耗，一般不超过用电设备额定电压的5%；对视觉要求较高的照明线路，则为2%～3%。如线路的电压损耗超过了允许值，则应适当加大导线的截面，使之满足允许的电压损失要求。

按电压损失条件选择导线截面，首先要掌握电压损失的计算方法，然后再根据负荷情况具体计算。

1. 集中负荷的三相线路电压损失计算

在系统正常运行时，线路电压降是负荷电流在线路的阻抗上产生的。三相交流线路中，当各相负荷平衡时，可计算一相的电压降，然后再换算成线电压降值。

图2-2-12是终端有一集中负荷的三相电阻，以终端电压为基准，作出一相的电压相量如图2-2-13所示。

图2-2-13中的始端电压$U_1$和终端电压$U_2$之差$\Delta U$为电压降，图中$ab$是系统电阻引起的电压降，$bc$是系统电抗引起的电压降。

我们把线路的始端电压有效值$U_1$与终端电压有效值$U_2$的代表数差即$\Delta U = U_1 - U_2$称为电压损失，即$ac''$。由于$ac''$大小的计算比较复杂，工程计算中常以$ac'$代替。

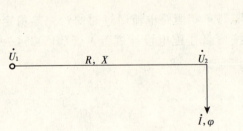

图2-2-12 终端有一个集中负荷的三相电路

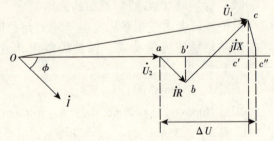

图2-2-13 计算电压降的电压相量图

由图2-2-13可以看出

$$ac' = ab' + b'c' = IR\cos\varphi + IX\sin\varphi$$

式中 $I$——负荷的每相电流（A）；

$R$——线路的每相电阻，$R = r_0 L$（Ω）；

$X$——线路的每相电抗，$X = x_0 L$（Ω）；

$r_0$、$x_0$——单位长度线路的电阻、电抗值（Ω/km）；

$L$——线路的长度（km）。

于是得到相电压损失：$\Delta U_\varphi = IR\cos\varphi + IX\sin\varphi$

将相电压损失换算为线路电压损失：$\Delta U_L = \sqrt{3}\Delta U_\varphi = \sqrt{3}(IR\cos\varphi + IX\sin\varphi)$

以上两个公式是在已知负荷的功率因数和相电流的前提下得到的，通常称为电流计算法。如果已知负荷的有功功率和无功功率，则也可以得到功率计算法的计算公式：

相电压损失：$\Delta U_\varphi = \dfrac{PR + QX}{3U_\varphi}$

线电压损失：$\Delta U_L = \dfrac{PR + QX}{U_L}$

式中 $P$——负载三相有功功率（kW）；

$Q$——负载三相无功功率（kvar）；

$U_L$——线路终端线电压（kV）；

$U_\varphi$——线路终端相电压（kV）。

由于电网的额定电压不同，电压损失的绝对值 $\Delta U$ 并不能确切反映电压损失的程度，工程上通常用 $\Delta U$ 与额定电压的百分比来表示电压损失的程度，即

$$\Delta U\% = \dfrac{\Delta U}{U_N} \times 100\%$$

在三相系统中，电压损失常用线路额定电压的百分率表示，即

$$\Delta U\% = \dfrac{\Delta U}{U_N} \times 100\% = \dfrac{PR + QX}{U_N^2} \times 100\%$$

或

$$\Delta U\% = \dfrac{\sqrt{3}(IR\cos\varphi + IX\sin\varphi)}{U_N^2} \times 100\%$$

以上公式的推导是在只存在一个集中负荷的前提下得出的，有时存在多个集中负荷，如图 2-2-14 所示。

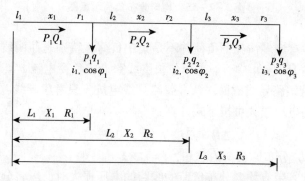

图 2-2-14 终端有多个集中负荷的三相电路

此时，可先分别求出各段线路的电压损失，再求出各段电压损失的和，便得出总的电压损失，计算过程如下：

$$\Delta U\% = \frac{\sum_{i=1}^{3}(p_i R_i + q_i X_i)}{U_N^2} \times 100\%$$

或

$$\Delta U\% = \frac{\sum_{i=1}^{3}(P_i r_i + Q_i x_i)}{U_N^2} \times 100\%$$

式中  
$R_1 = r_1 l_1$　　　　　　$X_1 = x_1 l_1$  
$R_2 = r_1 l_1 + r_2 l_2$　　　$X_2 = x_1 l_1 + x_2 l_2$  
$R_3 = r_1 l_1 + r_2 l_2 + r_3 l_3$　　$X_3 = x_1 l_1 + x_2 l_2 + x_3 l_3$  
$P_1 = p_1 + p_2 + p_3$　　　$Q_1 = q_1 + q_2 + q_3$  
$P_2 = p_2 + p_3$　　　　　$Q_2 = q_2 + q_3$  
$P_3 = p_3$　　　　　　　$Q_3 = q_3$

从上述公式可以看出，在使用电压损失的公式的时候，功率若用各负荷的功率值，则电阻和电抗就要用电源点至负荷点全段的；功率若用负荷点处总的功率值，则电阻和电抗就要用各段上的对应数值。

**2. 均匀分布负荷的三相线路电压损失的计算**

均匀分布负荷的三相线路是指三相线路单位长度上的负荷是相同的，如图 2-2-15 所示。

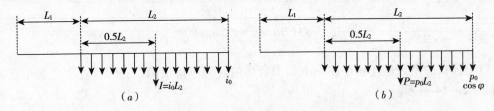

图 2-2-15　均匀分布负荷示意图

在实际电路中，有许多情况下负荷并不是集中负荷，特别是照明线路，它往往是均匀分布负荷。图 2-2-15（a）中，$i_0$ 为单位长度线路上的负荷电流，其单位为 A/m，分布负荷的总长为 $L_2$。若线路导线截面一致并忽略导线电抗，只考虑导线电阻时，对于带有均匀分布负荷的线路的电压损失可按下式计算：

$$\Delta U = \sqrt{3} I \cdot r_0 (L_1 + 0.5 L_2)$$

式中　$I$——沿线路 $L_2$ 分布的负荷的总和，$I = i_0 \times L_2$。

这就是说，在计算带有均匀分布负荷的线路的电压损失时，可将分布负荷集中于分布线路 $L_2$ 中点，然后按集中负荷计算。此时电压损失的计算公式还可以写成

$$\Delta U = \sqrt{3} I \cdot R = \sqrt{3} I \cdot r_0 (L_1 + 0.5 L_2)$$

式中　$R$——集中负荷后导线的电阻。

若同时考虑导线的电阻和电抗时，同理也可以确定转化为集中负荷后导线电抗的计算公式为 $X = x_0 (L_1 + 0.5 L_2)$，此时可以使用前面集中负荷电压损失的计算公式计算均匀分布负荷线路的电压损失。

当均匀分布负荷用功率来表示时，如图 2-2-15（b）所示，$p_0$ 为单位长度线路上的负荷功率，其单位为 W/m，同样可以使用上述方法将其转化为集中负荷后计算电路的电压损失，公式如下：

$$\Delta U = \frac{\sqrt{3}PR}{U_N} = \frac{\sqrt{3}RP_0(L_1 + 0.5L_2)}{U_N}$$

**【例题 2-2-17】**

某单相两线制系统，电压 $U = 220V$，负荷电流 $I = 30A$，功率因数 $\cos\varphi = 0.85$（滞后），每根导线的电阻 $R = 0.0362\Omega$，电抗 $X = 0.00138\Omega$，线路产生的电压降有多大？

**解：** 由 $\cos\varphi = 0.85$ 知 $\sin\varphi = 0.5268$

单相两根导线产生的总电压降

$$\begin{aligned}\Delta U &= 2(IR\cos\varphi + IX\sin\varphi) \\ &= 2 \times 30 \times (0.0362 \times 0.85 + 0.00138 \times 0.5268) \\ &= 1.89(V)\end{aligned}$$

$$\Delta U\% = \frac{\Delta U}{U_N} \times 100\% = \frac{1.89}{220} \times 100\% = 0.86\% < 5\% \text{ 即满足要求。}$$

**【例题 2-2-18】**

某三相系统，已知电动机的容量为 100kV·A，电压 380V，功率因数为 0.8，线路总阻抗为 $(0.00975 + j0.0057)\Omega$，电压损失百分率为多少？

**解：** 由 $\cos\varphi = 0.8$ 知 $\sin\varphi = 0.6$

$$P = S\cos\varphi = 100 \times 0.8 = 80kW$$
$$Q = S\sin\varphi = 100 \times 0.6 = 60kvar$$

$$\Delta U\% = \frac{PR + QX}{U_N^2} \times 100\% = \frac{(80 \times 0.00975 + 60 \times 0.0057) \times 1000}{380^2} \times 100\% = 0.78\% < 5\%$$

也满足要求。

在通常情况下，是按发热条件选完导线后，再用电压损失条件进行校验，看导体的选择是否合适。但有时也需在已知电压损失的条件下来选择导体的截面。在低压供电线路（380/220V）中，网络的功率因数一般接近于 1，则由公式

$$\Delta U\% = \frac{\sum_{i=1}^{n} R_i P_i}{U_N^2} \text{ 和 } R = \frac{L}{\gamma \cdot S} \text{ 可以推出：}$$

$$\Delta U\% = \frac{\sum_{i=1}^{n} P_i \frac{L_i}{\gamma \cdot S}}{U_N^2} = \frac{\sum_{i=1}^{n} R_i L_i}{\gamma \cdot S \cdot U_N^2}$$

$$S = \frac{\sum_{i=1}^{n} R_i L_i}{\Delta U\% \cdot \gamma \cdot U_N^2} = \frac{\sum_{i=1}^{n} R_i L_i}{C \cdot \Delta U\%}$$

式中 $P_i$——第 $i$ 个设备功率（kW）；

$L_i$——从电源到第 $i$ 个负荷点的距离（m）；

$\Delta U\%$——设备所在线路的允许电压损失百分比；

$C$——计算系数，是由电路的相数、额定电压及导线材料的电导率等决定的系数，

当 $\cos\varphi=1$ 时，具体数值见表 2-2-38。

**计算线路电压损失公式中的系数 C 值（$\cos\varphi=1$）** 表 2-2-38

| 线路额定电压 (V) | 供电系统 | C 值 铜 | C 值 铝 |
| --- | --- | --- | --- |
| 220/380 | 三相四线制 | 72 | 44.5 |
| 220/380 | 两相及零线 | 32 | 19.8 |
| 380 | 单相及直流 | 36.01 | 22.23 |
| 220 | 单相及直流 | 12.07 | 7.45 |
| 110 | 单相及直流 | 3.018 | 1.863 |
| 42 | 单相及直流 | 0.44 | 0.276 |
| 36 | 单相及直流 | 0.323 | 0.1995 |
| 24 | 单相及直流 | 0.144 | 0.087 |
| 12 | 单相及直流 | 0.0359 | 0.0222 |

**【例题 2-2-19】**

如图所示三相四线制系统中，采用 BLX 导线，杆距均为 40m，允许电压损失 5%，$ab$ 段导线截面应选多大？

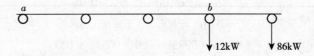

**解**：由"三相四线制、铝线"查表 2-2-38 得 C=44.5

$$S = \frac{\sum P_i L_i}{C \cdot \Delta U\%} = \frac{12 \times 120 + 86 \times 160}{44.5 \times 5} = 68.31 (\text{mm}^2)$$

或

$$S = \frac{(12+86) \times 120 + 86 \times 40}{44.5 \times 5} = 68.31 (\text{mm}^2)$$

因此 $ab$ 段导线截面应取 70mm²

## 第五节 低压配电系统平面图和系统图

在低压配电系统中，常用的系统图有配电干线系统图、动力配电箱系统图和照明配电箱系统图；常用的平面图有电力平面图、照明平面图、配电小间（强电竖井）大样图等。

### 一、电力平面图

用来表示电动机等动力设备、配电箱的安装位置和供电线路敷设路径、方法的平面图，称为电力平面图。

**（一）电力平面图的一般特点**

电力平面图与电气照明平面图属于同一类图，因此，两者具有许多共同特点。

1. 电力平面图表示的主要内容

电力平面图是用图形符号和文字符号表示某一建筑物内各种电力设备平面布置的简图，所表示的主要内容是：电力设备（主要是电动机）的安装位置、安装标高；电力设备的型号、规格；电力设备电源供电线路的敷设方法、导线根数、导线规格、穿线管类型及规格；电力配电箱安装位置、配电箱类型、配电箱电气主接线。

2. 电力平面图与电力系统图的配合

电力平面图与电力系统图相配合，才能清楚地表示某建筑物内电力设备及其线路的配置情况。因此，阅读电力平面图必须与电力系统图相配合。

3. 电力平面图与电气照明平面图的比较

对于一般的建筑工程，电力工程与照明工程相比，其工程量、复杂程度要大得多。但是电力设备一般比照明灯具等要少；电力线路一般采用三相三线供电，而照明线路的导线根数一般很多；电力线路采用穿管配线的方式多，而照明线路配线方式要多样一些。

（二）示例图阅读

图 2-2-16 所示是××车间电力平面图。该建筑物主要由 3 个房间组成，这一电力平面图比较详细地表示了各电力配电线路（干线、支线）、配电箱、各电动机等的平面布置及其相关内容。

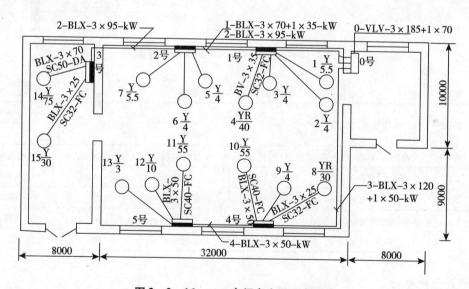

**图 2-2-16　××车间电力平面布置图**

说明：①进线电缆引自室外 380V 架空线路第 42 号杆。
②各电动机配线除注明外，其余均为 BLX-3×2.5-SC15-FC。

1. 配电干线

配电干线主要是指外电源至总电力配电箱（0 号）、总配电箱至各分电力配电箱（1~5 号）的配电线路。

图中比较详细地描述了这些配电线路的布置，如线缆的布置、走向、型号、规格、长度、敷设方式等。例如：由 0 号箱至 4 号箱的线缆，图中标注为：BLX-3×120+1×50-kW，表示导线型号为 BLX，截面为 $3\times120+1\times50\text{mm}^2$，沿墙，采用绝缘子敷设（kW），其长度约为 40m。

图 2-2-17 所示的线缆配置图和表 2-2-39 所示的线缆配置表，对上述内容描述更加具体。

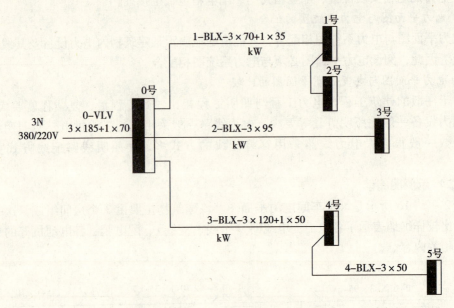

图 2-2-17 ××车间电力干线配置图

某车间电力干线配置表　　　　　　　　表 2-2-39

| 线缆编号 | 线缆型号及规格 | 连接点 I | 连接点 II | 长度（m） | 敷设方式 |
|---|---|---|---|---|---|
| 0 | $VLV-3\times185+1\times70$ | 42 号杆 | 0 号配电箱 | 150 | 电缆沟 |
| 1 | $BLX-3\times70+1\times35$ | 0 号配电箱 | 1、2 号配电箱 | 18 | kW |
| 2 | $BLX-3\times95$ | 0 号配电箱 | 3 号配电箱 | 25 | kW |
| 3 | $BLX-3\times120+1\times50$ | 0 号配电箱 | 4 号配电箱 | 40 | kW |
| 4 | $BLX-3\times50$ | 4 号配电箱 | 5 号配电箱 | 50 | kW |

2. 电力配电箱

这个车间一共布置了 6 个电力配电箱（柜），其中：

0 号配电柜为总配电柜，布置在右侧配电间内，电缆进线，3 回出线分别至 1 和 2 号、3 号、4 号和 5 号电力配电箱；

1 号配电箱，布置在主车间，4 回出线；

2 号配电箱，布置在主车间，3 回出线；

3 号配电箱，布置在辅助车间，2 回出线；

4 号配电箱，布置在主车间，3 回出线；

5 号配电箱，布置在主车间，3 回出线。

3. 电力设备

图中所描述的电力设备主要是电动机,各种电动机按序编号为1~15,共15台电动机。

图中分别表示了各电动机的位置、电动机的型号、规格等。

电动机的型号、规格等标注在图上。例:$3\dfrac{Y}{4}$

其中　3——电动机编号;
　　　Y——电动机型号;
　　　4——电动机容量(kW)。

4. 配电支线

由各电力配电箱至各电动机的连接线,称为配电支线。图中,详细描述了这15条配电支线的位置、导线型号、规格、敷设方式、穿线管规格等。

图2-2-16的说明指出,各电动机配线除注明者外,其余均为BLX型号线,3根相线均为$2.5mm^2$,穿入管径为15mm的钢管(SC15)沿地板暗敷(FC)。

## 二、配电箱系统图

应标注配电箱编号、型号、进线回路编号;柱标各开关(或熔断器)型号、规格、整定值;配出回路编号、导线型号规格、用户名称等。

图2-2-18为某空调机房水泵动力配电系统图,分析略。

## 三、配电干线系统图

当配电系统较复杂时,为了描述从变电室低压配电系统到各配电盘之间的关系,往往需绘制配电干线系统图。一般来说,这种系统图有如下特点:

(1) 以配电干线上的配电箱为负荷,以配电干线为基础描述配电系统。
(2) 以建筑物的层为参考,描述配电盘的分布情况。
(3) 对配电盘的描述只有盘号和负荷的大小及配电线路的导线截面。

因此配电干线系统图相对是比较简捷的,就其用途来说,主要是概略描述从变电室低压配电系统配出后,低压配电的概况,包括每条配电干线上的负荷大小、在建筑物层面上的分布以及配电导线的截面积等,这对于施工是非常重要的。对于采用树干式配电方式的供电干线,这个系统图的作用就更加重要,如图2-2-19所示。

## 四、配电小间(强电竖井)大样图

配电小间(强电竖井)内一般放置配电用成套设备,如配电盘、配电箱等,其大样图主要是给出配电成套设备的平面布置的尺寸。另外就是垂直配电干线的施工做法,如图2-2-20所示为一建筑配电小间的大样图。从图中可以看到,除了平面尺寸外,还包括线路敷设方式、线路编号等。根据此图施工人员就可以很方便地进行配电小间的电气施工安装工作。

| 配电柜代号 | AP1 | | | | | | AP2 | | | | | | AP3 | | | AP4 | | |
|---|---|---|---|---|---|---|---|---|---|---|---|---|---|---|---|---|---|---|
| 配电柜型号 | XL52-02 | | | | | | XL52-17(改) | | | | | | XL52-14(改) | | | XL52-14(改) | | |
| 回路编号 | WP1 | WP2 | WP3 | WP4 | WP5 | WP6 | WP7 | WP8 | WP9 | WP10 | WP11 | WP12 | WP13 | WP14 | | | | |
| 负荷名称 | 自动给水装置 | 制冷机 | 给水泵 | 减温器 | 冷却塔 | 冷却塔 | 水泵 | 水泵 | 水泵 | 水泵 | 水泵 | 水泵 | 电子除垢器 | 备用 | | | | |
| 功率/kW | 11×2 | 5.75 | 1.5 | 3.0 | 5.5 | 5.5 | 22.0 | 22.0 | 22.0 | 18.5 | 18.5 | 18.5 | 0.75 | 0.75 | | | | |
| 计算电流/A | 102.5 | 13.8 | 3.0 | 6.2 | 11.8 | 11.8 | 42.8 | 42.8 | 42.8 | 36.5 | 36.5 | 36.5 | 5.2 | 5.2 | | | | |
| 熔断器式断路器 | QSA-250 | | | | | | QSA-250 | | | QSA-250 | | | | | | | | |
| 196.6 | | | | | | | | | | | | | | | | | | |
| 低压断路器 | 3VL250-200A | 5SPD25/3P | 5SXD16/3P | 5SXD16/3P | 5SXD25/3P | 5SXD25/3P | 5SPD63/3P | 5SPD63/3P | 5SPD63/3P | 5SPD50/3P | 5SPD50/3P | 5SPD50/3P | 3×(5SXC16/1P+N) | | | | | |
| 交流接触器 | | | | | 3×(B25) | 3×(B25) | 3×(B65) | 3×(B65) | 3×(B65) | 3×(B45) | 3×(B45) | 3×(B45) | | | | | | |
| 热继电器 | | | | | JR16-20(16) | | JR16-60(50) | JR16-60(50) | JR16-60(50) | JR16-60(40) | JR16-60(40) | JR16-60(40) | | | | | | |
| 电流互感器 | LMZJ6-600/5 | | | | | | | | | | | | | | | | | |
| 导线(电缆) | VV22-3×35+2×25 | VV-5×6 | VV-5×4 | VV-5×4 | VV-4×6 | VV-4×6 | VV-3×25+1×16 | VV-3×25+1×16 | VV-3×25+1×16 | VV-4×16 | VV-4×16 | VV-4×16 | VV-3×2.5 | | | | | |
| 备注 | 进线(700×1800×500) | | | | | | 出线(700×1800×500) | | | | | | 两用一备出线(800×1800×500) | | | 两用一备出线(800×1800×500) | | |
| | VV-3×150+2×95 | | | | | | | | | | | | | | | | | |

图2-2-18 某空调机房水泵动力配电系统图

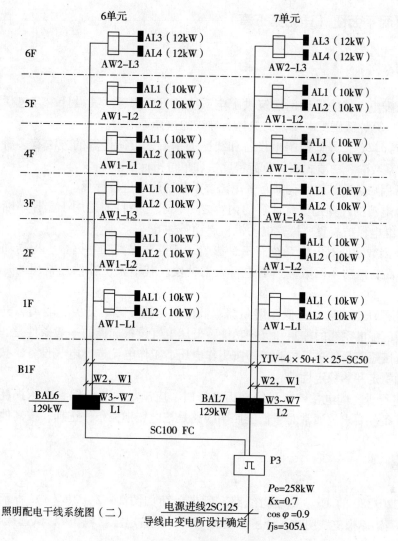

图 2-2-19 某照明配电干线系统图

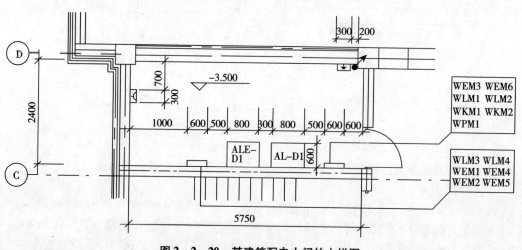

图 2-2-20 某建筑配电小间的大样图

### 五、照明平面图（详见第五章）

## 本章小结

1. 低压配电系统的设计是建筑供配电系统的重要内容。其设计内容包括配电方式的选择、负荷计算、低压配电设备的选择、导线的选择等内容。

2. 负荷计算是选择低压配电设备和线路的基础，负荷计算的方法有多种，本章重点介绍了需要系数法、二项式法、负荷密度法和单位指标法。

3. 进行用户负荷计算时，通常采用需要系数法逐级进行计算。

4. 尖峰电流的计算是负荷计算的内容之一，求它的目的是用于选择熔断器和低压断路器、整定继电保护装置、检验电动机自启动条件等。

5. 功率因数太低对电力系统有不良影响，所以要提高功率因数。提高功率因数的方法是首先提高自然功率因数，然后进行人工补偿。其中人工补偿最常用的是并联电容器补偿。

6. 常用低压电气设备有低压熔断器、低压断路器、刀熔开关、隔离刀开关等。它们承担着对低压配电系统的控制和保护功能。低压电气设备选择的一般条件是：按正常工作条件选择，按短路条件进行校验。即按工作电压、工作电流选择电气设备，按短路电流校验设备的动稳定和热稳定性。

7. 在进行低压配电系统中导线截面选择时，应满足发热条件、电压损耗条件、机械强度条件等条件要求。通常对于低压照明线路是按电压损失条件选择，按其他条件校验。

## 实训项目

1. 某220/380的TN-C动力线路，所带负荷如图2-2-21（a）所示，线路采用BLX-500型铝芯橡皮线明敷，环境温度为35℃，允许电压损耗5%，试选择导线截面。

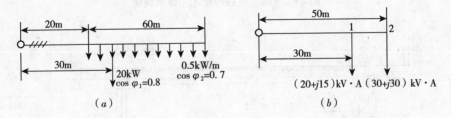

图2-2-21
(a) 带有均匀分布负荷的线路；(b) 等效线路

要求：按发热条件选择导线，按其他条件进行校验导线选择是否合适。

分析过程：

该TN-C线路中，负荷按分布情况有两类，一个是集中负荷（$P_1 = 20kW$，$\cos\varphi_1 = 0.8$），剩余为均匀分布负荷。可以先将均匀分布负荷等效为一个集中负荷（$P_2 = 0.5kW/m \times 60m = 30kW$，$\cos\varphi_2 = 0.7$），见图2-2-21（b），然后再进行导线的选择计算以及校验。

(1) 负荷等效变换

将图 2-2-21（a）所示的均匀分布负荷变换为等效的集中负荷，如图 2-2-21（b）所示。

依题意，原集中负荷为 $P_1 = 20\text{kW}$，$\cos\varphi_1 = 0.8$，则

$$\tan\varphi_1 = 0.75 \quad q_1 = p_1\tan\varphi_1 = 20 \times 0.75 = 15\text{kvar}$$

分布负荷变换为等效的集中负荷为

$p_2 = 60 \times 0.5\text{kW} = 30\text{kW}$，$\cos\varphi_2 = 0.7$，则

$$\tan\varphi_2 = 1.02 \quad q_2 = p_2\tan\varphi_2 = 30 \times 1.02 = 30\text{kvar}$$

(2) 按发热条件选择导线截面

因该线路为低压动力线路，所以宜按发热条件选择导线截面，然后用其他条件校验。

线路上的总负荷为

$$P = P_1 + P_2 = 20 + 30 = 50\text{kW}$$
$$Q = q_1 + q_2 = 15 + 30 = 45\text{kvar}$$
$$S = \sqrt{P^2 + Q^2} = \sqrt{50^2 + 45^2} = 67.3\text{kV} \cdot \text{A}$$
$$I = \frac{S}{\sqrt{3}U_N} = \frac{67.3}{\sqrt{3} \times 0.38} = 102\text{A}$$

按此电流查得，BLX-500 型导线 $A = 35\text{mm}^2$，在 35℃时的 $I_{al} = 119\text{A} > I = 102\text{A}$，因此按发热条件可选 BLX-500-1×35 型导线三根作相线，另选 BLX-500-1×25 型导线一根作保护中性线。

(3) 校验机械条件

查手册知，按明敷在绝缘支持件上，且支持点间距按最大来考虑，其最小允许截面为 $10\text{mm}^2$，因此，以上所选相线和保护中性线均满足要求。

(4) 校验电压损失

查手册知，$A = 35\text{mm}^2$ 明敷铝芯线单位长度电阻 $R_0 = 1.06\Omega/\text{km}$，单位长度电抗 $X_0 = 0.241\Omega/\text{km}$。因此线路的电压损耗为

$$\Delta U = \frac{(p_1L_1 + p_2L_2)R_0 + (q_1L_1 + q_2L_2)X_0}{U_N}$$
$$= \frac{(20 \times 0.03 + 30 \times 0.06) \times 1.06 + (15 \times 0.03 + 30 \times 0.05) \times 0.241}{0.38}$$
$$= 7.09\text{V}$$

$$\Delta U\% = \frac{\Delta U}{U_N} \times 100\% = \frac{7.09}{380} \times 100\% = 1.87\%$$

即实际电压损失为 1.87%，它小于允许电压损失 5% 的要求，所以所选择的导线截面也满足电压损失的要求。

2. 某用户拟建一个 10/0.4kV 的降压变电所，装设一台主变压器。已知变电所低压侧有功计算负荷为 650kW，无功计算负荷为 800kvar。为了使用户（变电所高压侧）的功率因数不低于 0.9，如在低压侧装设并联电容器进行无功补偿时，需装设多少补偿容量？并说明补偿前后企业变电所所选变压器容量有什么变化。

分析过程：

（1）确定补偿前的变压器容量和功率因数

变电所低压侧的视在计算负荷为

$$S_{C(1)} = \sqrt{650^2 + 800^2} = 1031 \text{kV} \cdot \text{A}$$

主变压器容量的选择条件为 $S_{N \cdot T} \geqslant S_{C(2)}$，因此未进行无功补偿时，主变压器容量应选为 $1250 \text{kV} \cdot \text{A}$（查表得）。这时变电所低压侧的功率因素为

$$\cos\varphi_{(2)} = \frac{650}{1031} = 0.63$$

（2）确定无功补偿容量

按规定，变电所高压侧 $\cos\varphi_{(1)} \geqslant 0.90$，考虑到变压器的无功功率损耗 $\Delta Q_T$ 远大于其有功损耗 $\Delta P_T$，一般 $\Delta Q_T \approx (4-5)\Delta P_T$，因此在变压器低压侧补偿时，低压侧补偿后的功率因数应略高于 $0.90$，这里取 $\cos\varphi_{(2)}' = 0.92$。

要使低压侧功率因数由 $0.63$ 提高到 $0.92$，由公式

$$\begin{aligned} Q_C &= P_C[\tan\varphi_{(2)} - \tan\varphi_{(2)}'] \\ &= 650 \times [\tan(\arccos 0.63) - \tan(\arccos 0.92)] \\ &= 525 \text{kvar} \end{aligned}$$

取 $Q_C = 530 \text{kvar}$（查表可得）

（3）确定无功补偿后的主变压器容量和功率因素

变电所低压侧的视在计算负荷为

$$S_{C(2)}' = \sqrt{650^2 + (800-530)^2} = 704 \text{kV} \cdot \text{A}$$

因此无功补偿后，主变压器容量可改造为 $800 \text{kV} \cdot \text{A}$。

在电力负荷计算中，通常采用简化公式 $\Delta P_T = 0.015 S_C$、$\Delta Q_T \approx 0.06 S_C$ 对 $S_7$、$SL_7$、$S_9$、$S_{11}$ 等型低损耗电力变压器的功率损耗进行计算。

这样变电所变压器的功率损耗为

$$\Delta P_T \approx 0.015_{C(2)}' = 0.015 \times 704 = 10.6 \text{kW}$$
$$\Delta Q_T \approx 0.06 S_{C(2)}' = 0.06 \times 704 = 42.2 \text{kvar}$$

变电所高压侧的计算负荷为

$$P_{C(1)}' = 650 + 10.6 \approx 661 \text{kW}$$
$$Q_{C(1)}' = (800 - 530) + 42.2 \approx 312 \text{kvar}$$
$$S_{C(1)}' = \sqrt{661^2 + 312^2} \approx 731 \text{kV} \cdot \text{A}$$

无功补偿后，企业的功率因数提高为

$$\cos\varphi_{(1)}' = \frac{P_{C(1)}'}{S_{C(1)}'} = \frac{661}{731} = 0.904$$

这一功率因数满足规定的 $\cos\varphi_{(1)} \geqslant 0.90$ 的要求。

（4）确定无功补偿前后主要容量的变化

主变压器容量在补偿后减少的容量为

$$S_{T \cdot N} - S_{T \cdot N}' = 1250 - 800 = 450 \text{kV} \cdot \text{A}$$

3. 有一机修车间，拥有冷加工机床 52 台，共 200kW；通风机 4 台，共 5kW；点焊机 3 台，共 10.5kW（$\varepsilon = 65\%$）。车间采用 220/380V 三相四线制供电。试确定该车间的计算

负荷 $P_C$、$Q_C$、$S_C$、$I_C$。

4. 某 220/380V 的 TN-C 线路上，接有如表中所列的用电设备。试计算该线路上的计算负荷 $P_C$、$Q_C$、$S_C$、$I_C$。

第 4 题的负荷资料

| 设备名称 | 380V 单头手动弧焊机 | | | 220V 电热箱 | | |
|---|---|---|---|---|---|---|
| 接入相序 | AB | BC | CA | A | B | C |
| 设备台数 | 1 | 1 | 2 | 2 | 1 | 1 |
| 单台设备容量 | 21kV·A $\varepsilon=65\%$ | 17kV·A $\varepsilon=100\%$ | 10.3kV·A $\varepsilon=50\%$ | 3kW | 6kW | 4.5kW |

5. 某降压变电所装有一台 Yyn0 联结的 S9-630/10 型电力变压器，其二次侧（380V）的有功计算负荷为 420kW，无功计算负荷为 350kvar。试求此变电所一次侧的计算负荷及其功率因数。如果功率因数未达到 0.9，问此变电所低压母线上应装设多大并联电容量才能达到要求？

6. 某 380V 的三相线路，供电给 16 台 4kW、$\cos\varphi=0.87$、$\eta=85\%$ 的电动机，各台电动机之间相距 2m，线路全长 50m。试按发热条件选择明敷的 BLX-500 型导线截面（环境温度为 30℃），并校验机械强度，计算其电压损耗（取 $K_\Sigma=0.7$）。

# 第三章 建筑电气照明系统的设计与计算

建筑电气照明设计包括光照设计和电气设计两部分。

照明光照设计的主要任务是：选择照明方式和照明种类，选择电光源及其灯具，确定照度标准并进行照度计算，合理布置灯具等。

照明电气设计通常是在光照设计的基础上进行的，其主要任务是为保证电光源和灯具能正常、安全、可靠而经济地工作。

在本章中，主要介绍建筑电气照明设计的基本知识、设计步骤、相关的计算、照明质量的评价等内容。

## 第一节 建筑电气照明系统的设计步骤及其相关知识

建筑电气照明系统设计大体上可以按如下步骤进行：

光照部分设计→电气部分设计→管网的综合→施工图的绘制→概算预算书的编制。

### 一、光照部分设计

步骤：收集原始资料，了解工艺及建筑情况→确定设计照度→选择照明方式→选择光源和照明器→照明器的布置→照度计算。

**(一) 收集原始资料，了解工艺及建筑情况**

主要有以下的内容：

(1) 了解建筑物及各房间的工艺性质和生产、使用要求。

这里包括对照度、照度均匀度、照明方式、照明种类、光源色表和显色性、眩光的限制等方面的要求，同时还应充分了解光环境的清洁状况，以便确定维护系数。

(2) 了解建筑物的建筑结构、建筑装饰和其他建筑设备的情况。

根据建筑平面图、剖面图和立面图，了解建筑物尺寸，电梯、门、窗等位置，熟悉屋面布置、吊顶情况、室内装饰材料及颜色、反射比，了解空调、采暖、通风、给排水等设备及管道的布置情况。

**(二) 确定设计照度**

根据各个房间对视觉工作的要求和室内环境的清洁状况，按照有关照明标准规定的照度标准确定各房间或场所的照度。

不同建筑照明的照度标准值见表 2-3-1~表 2-3-4。

**居住建筑照明的照度标准值** 表2-3-1

| 房间或场所 | | 参考平面及其高度 | 照度标准值（lx） | Ra |
|---|---|---|---|---|
| 起居室 | 一般活动 | 0.75m 水平面 | 100 | 80 |
| | 书写、阅读 | | 300* | |
| 卧 室 | 一般活动 | 0.75m 水平面 | 75 | 80 |
| | 床头、阅读 | | 150* | |
| 餐 厅 | | 0.75m 餐桌面 | 150 | 80 |
| 厨 房 | 一般活动 | 0.75m 水平面 | 100 | 80 |
| | 操作台 | 台 面 | 150* | |
| 卫生间 | | 0.75m 水平面 | 100 | 80 |

注：*宜使用混合照明。

**图书馆建筑照明的照度标准值** 表2-3-2

| 房间或场所 | 参考平面及其高度 | 照度标准值（lx） | UGR | Ra |
|---|---|---|---|---|
| 一般阅览室 | 0.75m 水平面 | 300 | 19 | 80 |
| 国家、省市及其他重要图书馆的阅览室 | 0.75m 水平面 | 500 | 19 | 80 |
| 老年阅览室 | 0.75m 水平面 | 500 | 19 | 80 |
| 珍善本、舆图阅览室 | 0.75m 水平面 | 500 | 19 | 80 |
| 陈列室、目录厅（室）、出纳厅 | 0.75m 水平面 | 300 | 19 | 80 |
| 书 库 | 0.25m 垂直面 | 50 | — | 80 |
| 工作间 | 0.75m 水平面 | 300 | 19 | 80 |

**办公建筑照明的照度标准值** 表2-3-3

| 房间或场所 | 参考平面及其高度 | 照度标准值（lx） | UGR | Ra |
|---|---|---|---|---|
| 普通办公室 | 0.75m 水平面 | 300 | 19 | 80 |
| 高档办公室 | 0.75m 水平面 | 500 | 19 | 80 |
| 会议室 | 0.75m 水平面 | 300 | 19 | 80 |
| 接待室、前台 | 0.75m 水平面 | 300 | — | 80 |
| 营业厅 | 0.75m 水平面 | 300 | 22 | 80 |
| 设计室 | 实际工作面 | 500 | 19 | 80 |
| 文件整理、复印、发行室 | 0.75m 水平面 | 300 | — | 80 |
| 资料、档案室 | 0.75m 水平面 | 200 | — | 80 |

**学校建筑照明的照度标准值** 表2-3-4

| 房间或场所 | 参考平面及其高度 | 照度标准值（lx） | UGR | Ra |
|---|---|---|---|---|
| 教 室 | 课桌面 | 300 | 19 | 80 |
| 实验室 | 实验桌面 | 300 | 19 | 80 |
| 美术教室 | 桌 面 | 500 | 19 | 90 |
| 多媒体教室 | 0.75m 水平面 | 300 | 19 | 80 |
| 教师黑板 | 黑板面 | 500 | — | 80 |

（三）选择照明方式

根据建筑和工艺对电气的要求、房间的照明规定，选择合理的照明方式。

照明方式是指照明灯具按其布局方式或使用功能而构成的基本形式。根据现行规范，照明方式可分为一般照明、分区一般照明、局部照明和混合照明四种。

1. 一般照明

指整个场所的照度基本上均匀的照明。

下列场所宜选用一般照明方式：①在受生产技术条件限制，不适合装设局部照明或不必采用混合照明的场所；②无固定工作区且工作位置密度较大，对光照方向无特殊要求的场所。工程实践中，车间、办公室、体育馆、教室、会议厅、营业大厅等场所，都广泛采用一般照明方式。

2. 分区一般照明

指对场所的某一特定区域，设计成不同的照度来照亮该区域的一般照明。

分区一般照明常以工作对象为重点，使室内不同被照面上获得不同的照度，从而在保证照明质量的前提下，可以有效地节约能源。分区一般照明适用于某一部分或几部分需要有较大照度的室内工作区，非工作区的照度可降低为工作区照度的 1/3 ~ 1/5。

3. 局部照明

指为特定视觉工作用的、为照亮某个局部而设计的照明。

下列情况宜采用局部照明：①局部地点需要高照度或照射方向有要求时；②由于遮挡而使一般照明照射不到的范围；③需要克服工作区及其附近的光幕反射时；④为加强某方向的光线以增强实体感时；⑤需要消除气体放电光源所产生的频闪效应的影响时。

4. 混合照明

由一般照明、分区一般照明与局部照明共同组成的照明。

对于有固定的工作区，但工作位置密度不大、照度要求高、对照射方向有特殊要求的场所，若采用单独设置的一般照明不能满足要求时，可采用混合照明。

不同的照明方式各有优劣，在照明设计中，不能将它们简单地分开，而应该视具体设计场所和对象，可选择一种或同时选择几种合适的照明方式。与视觉工作对应的照明分级范围，如表 2 - 3 - 5 所示。

视觉工作对应的照明分级范围　　　　　　　表 2 - 3 - 5

| 视觉工作 | 照度分级范围 (lx) | 照明方式 | 适用场所示例 |
| --- | --- | --- | --- |
| 简单视觉工作的照明 | <30 | 一般照明 | 普通仓库 |
| 一般视觉工作的照明 | 50 ~ 500 | 一般照明、分区一般照明、混合照明 | 设计室、办公室、教室、报告厅 |
| 特殊视觉工作的照明 | 750 ~ 2000 | 一般照明、分区一般照明、混合照明 | 大会堂、综合性体育馆、拳击场 |

（四）光源和照明器的选择

依据房间装饰色彩、配光、光色的要求和环境条件等因素来选择光源和照明器。

选用电光源时应综合考虑照明设施的要求、使用环境以及经济合理性等因素。一般情况下，各种使用场所都需要高效的光源，同时还应考虑显色性、色温等其他性能要求，以及初期投资和年运行费用等问题（详见本章第二节）。

（五）合理布置照明器

照明器的布置从照明光线的投射方向、工作面的照度、照度的均匀度和眩光的限制，以及建设投资运行费用、维护检修方便和安全等因素综合考虑。

灯具的布置包括灯具悬挂的高度及平面的布置两个内容。对室内灯具的布置除了要求保证最低的照度条件外，还应使工作面上照度均匀、光线的射向适当、无眩光阴影、维护方便、使用安全、布置上整齐美观，并与建筑空间相协调（详见本章第三节）。

**（六）照度的计算**（详见本章第四节）

## 二、电气部分设计

步骤：收集原始资料、了解电源情况→确定供电电源形式→确定配电系统→进行负荷分配→进行负荷计算→照明电器设备选择。

**（一）收集原始资料**

（1）建筑的平面、立面和剖面图。

① 了解该建筑在该地区的方位，邻近建筑物的概况。

② 建筑层高、楼板厚度、地面、楼面、墙体做法。

③ 主次梁、结构柱、过梁的结构布置及所在轴线的位置。

④ 有无屋顶女儿墙、挑檐。

⑤ 屋顶有无设备间、水箱间等。

（2）全面了解该建筑的建设规模、工艺、建筑构造和总平面布置情况。

（3）向当地供电部门调查电力系统的情况，了解该建筑供电电源的供电方式、供电的电压等级、电源的回路数、对功率因数的要求、电费收取方法、电能表如何设置等情况。

（4）向建筑单位及有关专业了解工艺设备布置图和室内布置图。

（5）向单位了解建设标准。

**（二）确定供电电源形式**

**1. 照明系统供电要求**

（1）照明负荷应根据中断供电可能造成的影响及损失，合理地确定负荷等级，并应正确地选择供电方案。

（2）当电压出现偏差或波动不能保证照明质量或光源寿命时，在技术经济合理的条件下，可采用有载自动调压电力变压器、调压器或照明专用变压器供电。

（3）备用照明应由两路电源或两回路供电；当采用两路高压电源供电时，备用照明的供电干线应接自不同的变压器。

（4）当设有自备发电机组时，备用照明的一路电源应接自发电机作为专用回路供电，另一路可接自正常照明电源（如为两台以上变压器供电时，应接自不同的母线干线上）。在重要场所应设置带有蓄电池的应急照明灯或用蓄电池组供电的备用照明，作为发电机组投运前的过渡期间使用。

（5）当采用两路低压电源供电时，备用照明的供电应从两段低压配电干线分别接引。

（6）当供电条件不具备两个电源或两回线路时，备用电源宜采用蓄电池组或带有蓄电池的应急照明灯。

（7）备用照明作正常照明的一部分同时使用时，其配电线路及控制开关应分开装设。备用照明仅在事故情况下使用时，则当正常照明因故断电，备用照明应自动投入工作。

(8) 当疏散照明采用带有蓄电池的应急照明灯时，正常供电电源可接自本层（或本区）的分配电盘的专用回路上，或接自本层（或本区）的防火灾专用配电盘。

2. 照明供电方式

(1) 正常照明的供电方式

① 一般工作场所

一般工作场所的照明负荷可由一个单变压器的变电所供电，即照明与电力共用变压器，常用形式如图 2-3-1 所示。

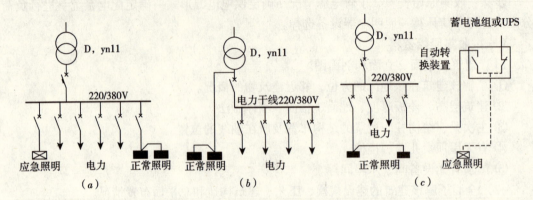

图 2-3-1 一般照明负荷的供电方式

(a) 图：变电所低压侧采用放射式配电，照明和电力在母线上分开供电，照明电源接自变压器低压侧总开关之后的照明专用低压屏上，即采用独立的照明干线；若变电所低压屏的出线回路有限时，则可采用低压屏引出少量回路，再利用动力配电箱作照明配电。

(b) 图：采用"变压器—干线"，且对外无低压联络线，正常照明电源接自变压器低压总断路器前。

(c) 图：一台变压器及蓄电池组的供电方式。

② 较重要工作场所

较重要的工作场所多采用两台变压器的供电方式，常用形式如图 2-3-2 所示。

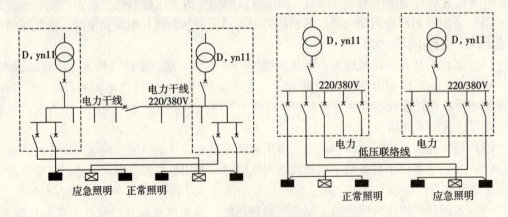

图 2-3-2 较重要照明负荷的供电方式

左图：由两台变压器供电的"变压器—干线"，照明电源接自变压器低压总断路器后，当一台变压器停电后，通过联络断路器接到另一段干线上。

右图：照明与电力在母线上分开供电。

③ 重要的工作场所

重要的工作场所多采用双变压器的供电方式，且两个电源是独立的，如图 2-3-3 所示。

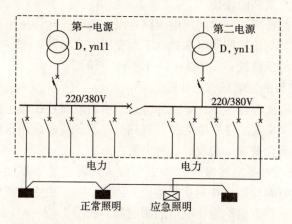

图 2-3-3 重要照明负荷的供电方式

④ 特别重要的工作场所

特别重要的工作场所除采用两路独立电源外，最好另设第三个独立电源，如设自启动发电机作为第三独立电源，如图 2-3-4（a）所示；也可设蓄电池组成 UPS 等作为第三独立电源，如图 2-3-4（b）所示；第三独立电源应能自动投入。

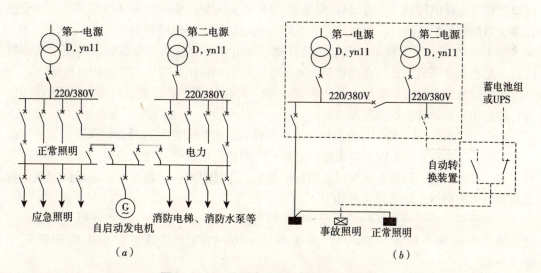

图 2-3-4 特别重要照明负荷的供电方式

(2) 应急照明的供电方式

应急照明的供电方式和其他具体设计要求如下：

① 供电电源

应急照明是在正常照明电源故障时使用的照明设施，因此应由与正常照明电源分开的独立电源供电，可以选用以下几种方式的电源。

a. 供电网络中独立于正常电源的专用馈电线路，如接自有两回路独立高压线路供电变电所的不同变压器引出的馈电线路，如图2-3-3所示。重要的公共建筑常使用这种方式，或该方式与其他方式共同使用。

对于不特别重要的场所，独立的馈电线路难以实现时，允许根据使用条件适当放宽要求，可将应急照明电源与正常照明电源接自不同变压器，如图2-3-2所示；或者接自同一变压器引出的不同低压馈线，如图2-3-1（a）所示。

b. 独立于正常电源的发电机组，如图2-3-4（a）所示。一般是根据电力负荷、消防及应急照明三者的需要综合考虑，单独为应急照明而设置往往是不经济的。对于难以从电网取得第二电源，又需要应急电源的工厂及其他建筑，通常采用这种方式；高层或超高层民用建筑通常是和消防要求一起设置这种电源。

c. 独立于正常电源的蓄电池组或UPS电源等。其特点是可靠性高、灵活、方便，但容量较小，持续工作时间较短。特别重要的公共建筑，除有独立的馈电线路作为应急电源外，还可设置或部分设置蓄电池组作疏散照明电源，如图2-3-4（b）所示；重要的公共建筑或金融建筑、商业建筑中安全照明或要求快速点亮的备用照明，当来自电网的馈电线路作电源可靠性不够时可增设蓄电池组电源；中小型公共建筑，电力负荷和消防设有应急电源，而自电网取得备用电源有困难或不经济时，应急照明电源宜用蓄电池组，如图2-3-1（c）所示。

② 转换时间和转换方式

a. 转换时间。按CIE规定，当正常照明电源故障后，转换到由应急电源供电点亮的时间要求如下：疏散照明不大于5s；安全照明不大于0.5s；备用照明不大于15s，对于银行、大中型商场的收款台、商场贵重物品销售柜等场所的备用照明不大于1.5s。

b. 转换方式。采用独立的馈电线路或蓄电池组作为应急照明电源时，当正常电源故障时，对于安全照明，必须自动转换；对于疏散照明和备用照明，通常也应自动转换。

采用应急发电机时，机组应处于备用状态，并有自动启动装置。当正常电源故障时，能自动启动并自动转换到应急系统。

c. 持续工作时间。用来自电网的馈电线路作为应急照明电源，通常能保证足够的持续工作时间；用应急发电机时，应根据应急照明特别是备用照明持续工作时间要求和电力负荷要求，备足燃料；用蓄电池组时，则应按持续工作时间要求，确定蓄电池组的容量。应急照明电源的持续工作时间要求如下：

疏散照明：按《高层民用建筑设计防火规范》（GB50045-95 2005年版）规定，应急连续工作时间不应少于20min；高度超过100m的高层建筑连续供电时间不应少于30min。

安全照明和备用照明：其持续工作时间应根据该场所的工作或生产操作的具体需要确定。如生产车间某些部位的安全照明，一般不少于20min可满足要求；医院手术室的备用照明，持续时间往往要求3~8h；作为停电后进行必要的操作和处理设备停运的生产车间，其备用照明可按操作复杂程度而定，一般持续20~60min；为继续维持生产的车间备用照明，应持续到正常电源恢复。

（三）确定配电系统

1. 照明供配电网络的组成

照明供配电网络主要有馈电线、干线和分支线组成。照明网络的基本形式如图2-3-5所示。

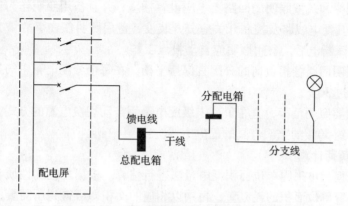

图2-3-5 照明供配电网络的组成

馈电线是将电能从变电所低压配电屏送至照明配电盘的线路，对于无变电所的建筑物，其馈电线多指进户线，是由进户点到室内总配电箱的一段导线。

干线是将电能从总配电箱送至各个照明分配电箱的线路，该段线路通常被称为供电线路。

分支线是将电能从分配电箱送至每一个照明负荷的线路，该段线路通常被称为配电线路。

2. 照明配电网络的接线形式

照明配电网络主要有三种基本接线方式：放射式、树干式和混合式。

如图2-3-5所示，在配电屏与各建筑总配电箱之间以及总配电箱与各分配电箱之间，一般采用放射式接线方式，而在分配电箱与各用电设备之间多采用树干式或混合式的接线方式。

照明配电系统的设计除了要正确选择配电方式外，还应进行各支线负荷的平均分配，确定线路走向，划分各配电盘的供电范围，确定各配电盘的安装位置等。

3. 照明配电网络的设计原则

（1）由低电压配电屏供电的三相照明线路的计算电流不宜大于100A，单相供电线路的电流不宜超过30A，每一回路连接的照明配电箱一般不超过4个，高层住宅的配电一般以六层为一个供电区段。

（2）从常用导线截面、导线长度、灯数和电压降的分配等综合考虑，室内每一单相分支回路的电流，对于一般电光源的照明不宜超过16A，对于高强气体放电灯或它的混合照明不宜超过30A；室内每一分支回路的长度，对于三相220/380V线路，一般不宜超过100m；对于单相220V线路，一般不宜超过35m。

（3）从便于使用和管理等方面考虑，灯具为单独回路时数量不宜超过25个，大型建筑组合灯具每一单相回路光源数量不宜超过60个，建筑物轮廓灯每一单相回路不宜超过100个。

（4）当灯具和插座混为一回路时，其中插座数量不宜超过5个（组）；当插座为单独回路时，数量不宜超过10个（组），但住宅可不受此限制；插座宜由单独的回路配电，并且一个房间的同类插座宜由同一回路配电。

（5）备用照明和疏散照明的回路上不应设置插座，并且备用照明作为正常照明的一部分同时使用时，其配电线路及控制开关应分开装设，备用照明仅在事故情况下使用时，则当正常照明因故障断电后，备用照明应自动投入工作。

（6）三相照明回路各相负荷的分配宜保持平衡，在每个分配电箱中的最大与最小相负荷电流差不宜超过30%。

（7）特别重要照明负荷，宜在负荷末级配电箱用自动切换电源的方式，也可采用由两个专用回路各带约50%的照明灯具的配电方式。

### （四）进行负荷计算

对于一般工程，可采用单位面积耗电量法进行估算。根据工程的性质和要求，查有关手册选取照明装置单位面积的耗电量，再乘以相应的面积即可得到所需要照明供电负荷的估算值。如需进行准确计算，则应根据实际安装或设计负荷汇总，并考虑一定的照明负荷同时系数，即利用需要系数法，来确定照明计算负荷，以供电流计算之用（详细内容见本章第二节）。

### （五）电器设备的选择

1. 照明配电线路的保护与低压电器的选择

照明配电线路应装设短路保护、过负载保护和接地故障保护。

（1）短路保护

照明配电线路的短路保护，应在短路电流对导体和连接件产生的热作用和机械作用造成危害之前切断短路电流。短路保护电器的分断能力应能切断安装处的最大预期短路电流。

所有照明配电线路均应该设短路保护，主要选用熔断器、低压断路器以及能承担短路保护的漏电保护器作为短路保护。采用低压断路器作为保护电器时，短路电流不应小于低压断路器瞬时（或短延时）过电流脱扣器整定电流的1.3倍。对于照明配电线路，干线或分干线的保护电器应装设在每回线路的电源侧、线路的分支处和线路载流量减小处。

一般照明配电线路中，常采用相线上的保护电器保护N线。当N线的截面与相线截面相同，或虽小于相线但已能被相线上的保护电器所保护时，不需为N线设置保护；当N线不能被相线上的保护电器所保护时，则应为N线设置保护电器。

N线保护要求如下：

① 一般不需将N线断开。

② 若需要断开N线时，则应装设能同时切断相线和N线的保护电器。

③ 装设剩余电流动作的保护器时，应将其所保护回路的所有带电导线断开。但在TN系统中，如能可靠地保持N线为地电位，则N线不需要断开。

④ 在TN系统中，严禁断开PEN线，不得装设断开PEN线的任何电器。当需要为PEN线设置保护时，只能断开有关的相线回路。

⑤ PEN线应满足导线机械强度和载流量的要求。

(2) 过负载保护

照明配电线路过负载保护的目的是：在线路过负载电流所引起导体的温升对其绝缘、接插头、端子或周围物质造成严重损害之前切断电路。

过载保护电器宜采用反时限特性的保护电器，其分断能力可低于保护电器安装处的短路电流，但应能承受通过的短路电流。

过载保护电器的约定动作电流应大于被保护照明线路的计算电流，但应小于被保护照明线路允许持续载流量的1.45倍。

过载保护电器的整定电流应保证在出现正常的短时尖峰负载电流时，保护电器不应切断线路供电。

(3) 接地保护

接地故障是指因绝缘损坏致使相线对地或与地有联系的导电体之间的短路，它包括相线与大地，以及PE线、PEN线、配电设备和照明灯具的金属外壳、敷设线管槽、建筑物金属构件、水管、暖气管以及金属屋面之间的短路。接地故障是短路的一种，仍需要及时切断电路，以保证线路短路时的热稳定。

照明配电线路应设置接地故障保护，其保护电器应在线路故障时，或危险的接触电压的持续时间内导致人身间接电击伤亡、电气火灾以及线路严重损坏之前，能迅速有效地切除故障电路。由于接地故障电流较小，保护方式还因接地形式和故障回路阻抗不同而异，所以接地故障保护比较复杂。接地保护总的原则是：

① 切断接地故障的时限，应根据系统接地形式和用电设备使用情况确定，但最长不宜超过5s。

② 应设置总等电位连接，将电气线路的PE干线或PEN干线与建筑物金属构件和金属管道等导电体连接。

一般照明线路的接地故障保护采用能承担短路保护的漏电保护器，其漏电动作电流依据断路器安装位置不同而异。一般情况下，照明线路的最末一级线路（如插座回路、安装高度低于2.4m照明灯具回路等）的漏电保护的动作电流为30mA，分支线、支线、干线的漏电保护的动作电流有50mA、100mA、300mA、500mA等。

此部分内容因在第四章会详细阐述，在此仅就照明电气设计中相关的内容进行简单介绍。

2. 照明配电设备的选择

照明配电设备主要有照明配电箱、插座和开关等。

(1) 照明配电箱

照明配电箱一般采用封闭式箱结构，悬挂式或嵌入式安装，箱中一般装有小型空气断路器、漏电开关、中性线（N）和保护线（PE）、汇流排等。

其常用型号含义如下：

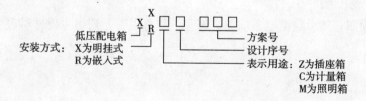

在照明设计中，应首先根据负荷性质和用途，确定选用照明箱、计量箱、插座箱，然后根据控制对象负荷电流的大小、电压等级以及保护要求，确定配电箱内支路开关电器的容量、电压等级，按负荷管理所划分的区域确定回路数，并应留有 1~2 个备用回路。选择配电箱时，还应根据使用环境和场合的要求，确定配电箱的结构形式（明装、暗装）、外观颜色以及外壳保护等级（防火、防潮、防爆等）。

(2) 插座

工程中，可按相数分为单相和三相插座；按安装方式分为明装、暗装插座；按防护方式分为普通式和防水防尘式、防爆式插座。插座的额定电压一般为 220~250V，额定电流有 10A、13A、15A、16A 几种规格。

干燥的正常环境，可采用普通型插座；潮湿环境可采用防潮型插座；有腐蚀性气体或易燃易爆环境，可采用防爆型插座。

(3) 开关

按使用方式分拉线开关和翘板开关；按安装方式分明装开关和暗装开关；按控制数量分单联、双联、三联开关；按控制方式分单控、双控开关；按外壳防护形式分普通式、防水防尘式、防爆式开关等。

室内开关的额定电压一般为 220V，电流一般为 3~10A 之间。工程中，同一建筑物内的开关应采用同一系列的产品，并应操作灵活、接触可靠，还要考虑使用环境适合的外壳防护形式。

开关和插座的型号说明如下：

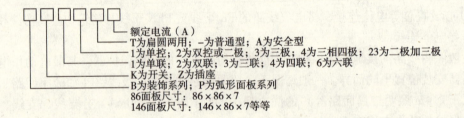

### 三、管网的综合

在照明设计过程中，应与其他专业设计进行管网总汇，看是否有管线相互矛盾和冲突的地方，若有的话，一般情况由电气线路避让或采取保护性措施。

在电气照明安装和敷设中，往往有预埋穿线管道或支架的焊接件或预埋孔等，都应该在汇总时向土建提交这些资料，要提得具体确切，如预留孔留在哪个位置，与房间某一坐标轴线多远，标高多少，尺寸多大等。

### 四、绘制施工图

先绘制平面图，然后绘配电系统图，编写工程总说明，列出主要材料表（内容详见第二章第二节）。

### 五、编制概算书或预算书

这要根据建设单位要求或设计委托书来决定,如无具体要求,只编制概算即可。

## 第二节 光源和照明器的选择

### 一、电光源的选用

选用电光源时应综合考虑照明设施的要求、使用环境以及经济合理性等因素。一般情况下,各种使用场所都需要高效的光源,同时还应考虑显色性、色温等其他性能要求,以及初期投资和年运行费用等问题。

1. 根据照明设施的目的与用途来选择光源

对显色性要求较高的场所应选用平均显色指数 $Ra \geqslant 80$ 的光源,如美术馆、商店、化学分析实验室、印染车间等。

对色温的选用主要根据使用场所的要求。办公室、阅览室宜选用高色温光源,使办公、阅读更有效率感;休息的场所宜选用低色温光源,给人们以温馨、放松的感觉。

频繁开关的场所,已采用白炽灯,需要调光的场所,宜采用白炽灯、卤钨灯;当配有调光镇流器时,也可选用荧光灯。需要瞬时点亮的照明装置,如各种场所的事故照明,不能采用启动时间和再启动时间都较长的 HID 灯。美术馆展品照明,不宜采用紫外线辐射量多的光源。要求防射频干扰的场所,对气体放电灯的使用要特别谨慎。

2. 按照环境的要求选择光源

低温场所,不宜选择配用电感镇流器的预热式荧光灯管,以免启动困难;在空调的房间内,不宜选用发热量大的白炽灯、卤钨灯等;电源电压波动急剧的场所,不宜采用容易自熄的 HID 灯;机床设备旁边的局部照明,不宜选用气体放电灯,以免产生频闪效应;有振动的场所,不宜选用卤钨灯;当悬挂高度在 4m 及以下时,宜采用荧光灯;当悬挂高度在 4m 以上时,宜采用高强气体放电灯,若不宜采用高强气体放电灯,也可采用白炽灯。

3. 按投资与年运行费用选择光源

光源的发光效率对于照明设施的灯具数量、电气设备、材料及安装等费用均有直接影响,从而影响初期投资费用。年运行费用包括电力费、年耗用灯泡费、照明装置的维护费以及折旧费,其中电费和维护费占较大比重。

可以看出,选用高光效的光源,可以减少初期投资和年运行费用;选长寿命的光源,可以减少维护工作,使运行费用降低。

表 2-3-6~表 2-3-10 给出电光源的主要性能指标及不同电光源的使用范围,在进行照明设计时,可作为参考。

住宅光源的选择种类  表 2-3-6

| 序号 | 房间名称 | 基本要求 | 适用光源 |
| --- | --- | --- | --- |
| 1 | 起居室 | 明亮、高照度、点亮连续时间长 | 紧凑型、环型、直管荧光灯 |
| | | 要求较高的艺术装修和豪华的场所 | 白炽灯的花灯、台灯、壁灯,重点照明用低压卤钨灯 |

续表

| 序号 | 房间名称 | 基本要求 | 适用光源 |
|---|---|---|---|
| 2 | 卧室 | 暖色调、低照度，需要宁静温馨的气氛，在卧室内长时间阅读书写时需要高照度 | 白炽灯做一般照明 台灯可用紧凑型荧光灯 |
| 3 | 梳妆台 | 暖色调、显色性好、富于表现人的肌肤和面貌，照度要求高 | 白炽灯为主 |
| 4 | 小厅 | 亮度高，连续点亮时间长，要求节能 | 紧凑型荧光灯 |
| 5 | 餐厅 | 以暖色调为主，显色性好，还原食物色泽，增加食欲 | 白炽灯 |
| 6 | 书房 | 书写及阅读要求照度高，重点以照明为主 | 紧凑型荧光灯 |
| 7 | 卫生间 | 光线柔和，灯泡开关次数频繁 | 白炽灯 |
| 8 | 门道楼梯间储藏室 | 照度要求较低，开关频繁 | 白炽灯 |

**常用照明电光源的主要特性比较** 表2-3-7

| 光源种类<br>性能指标 | 白炽灯 | 卤钨灯 | 荧光灯 | 紧凑荧光灯 | 高压汞灯 | 高压钠灯 | 金属卤化物灯 |
|---|---|---|---|---|---|---|---|
| 额定功率（W） | 10~1500 | 60~5000 | 4~200 | 5~55 | 50~1000 | 35~1000 | 35~3500 |
| 发光效率（lm/w） | 7.3~25 | 14~30 | 44~87 | 30~50 | 70~100 | 52~130 | |
| 平均寿命（h） | 1000~2000 | 1500~2000 | 8000~15000 | 5000~10000 | 10000~20000 | 12000~24000 | 3000~10000 |
| 一般显色指数 Ra | 95~99 | 95~99 | 70~95 | >80 | 30~60 | 23~85 | 60~90 |
| 色温（K） | 2400~2900 | 2800~3300 | 2500~6500 | 2500~6500 | 4400~5500 | 1900~3000 | 3000~7000 |
| 表面亮度（cd/m²） | $10^7$~$10^8$ | $10^7$~$10^8$ | $10^4$ | $(5~10) \times 10^8$ | $10^5$ | $(6~8) \times 10^8$ | $(5~78) \times 10^4$ |
| 启动稳定时间 | 瞬时 | 瞬时 | 1~4s | 10s | 4~8min | 4~8min | 4~10min |
| 再启动稳定时间 | 瞬时 | 瞬时 | 1~4s | 10s | 5~10min | 10~15min | 10~15min |
| 功率因数 | 1 | 1 | 0.33~0.7 | 0.5~0.9 | 0.44~0.67 | 0.44 | 0.4~0.6 |
| 闪烁 | 无 | 无 | 有 | 有 | 有 | 有 | 有 |
| 电压变化对光通量输出的影响 | 大 | 大 | 较大 | 较大 | 较大 | 大 | 较大 |
| 环境变化对光通量输出的影响 | 小 | 小 | 大 | 大 | 较小 | 较小 | 较小 |
| 耐振性能 | 较差 | 差 | 较好 | 较好 | 好 | 较好 | 好 |
| 附件 | 无 | 无 | 有 | 有 | 有 | 有 | 有 |

**光源的颜色分类及其适用场所** 表2-3-8

| 光源的颜色分类 | 相关色温（K） | 颜色特征 | 适用场所举例 |
|---|---|---|---|
| Ⅰ | <3300 | 暖 | 居室、餐厅、酒吧、陈列室等 |
| Ⅱ | 3300~5300 | 中间 | 教室、办公室、会议室、阅览室等 |
| Ⅲ | >5300 | 冷 | 设计室、计算机房 |

**光源的显色类别及其适用场所**　　表2-3-9

| 光源颜色分类 | 一般显色指数 Ra | 光 源 示 例 | 适用场所举例 |
|---|---|---|---|
| Ⅰ | ≥80 | 白炽灯、卤钨灯、稀土节能荧光灯、三基色荧光灯、高显色高压钠灯 | 美术展厅、化妆室、客厅、餐厅、多功能厅、高级商店营业厅 |
| Ⅱ | 60≤Ra<80 | 荧光灯、金属卤化物灯 | 教室、办公室、会议室、阅览室、候车室、自选商店等 |
| Ⅲ | 40≤Ra<60 | 荧光高压汞灯 | 行李房、库房等 |
| Ⅳ | <40 | 高压钠灯 | 颜色要求不高的库房、室外道路照明等 |

**各种场所对灯性能的要求及推荐的灯（CIE·1983）**　　表2-3-10

| 使用场所 | | 要求的灯性能① | | | 推荐的灯⑤：优先选用☆ 可用○ | | | | | | | | | | |
|---|---|---|---|---|---|---|---|---|---|---|---|---|---|---|---|
| | | 光输出② | 显色性能③ | 色温④ | 白炽灯 | | 荧光灯 | | | | 汞灯 | 金属卤化物灯 | | 高压钠灯 | |
| | | | | | I | H | S | H.C | 3 | C | F | S | H.C | S | I.C | H.C |
| 工业建筑 | 高顶棚 | 高 | Ⅲ/Ⅳ | 1/2 | | | ○ | ○ | | | ○ | | ○ | ○ | | |
| | 低顶棚 | 中 | Ⅲ/Ⅱ | 1/2 | | ☆ | | | | | ○ | | | | | |
| 办公室、学校 | | 中 | Ⅲ/Ⅱ/I_B | 1/2 | | | ☆ | | ☆ | ○ | | ○ | ○ | ○ | ○ | |
| 商店 | 一般照明 | 高/中 | Ⅱ/I_B | 1/2 | ○ | ○ | ○ | ☆ | ○ | ○ | | | ☆ | | | ☆ |
| | 陈列照明 | 中/小 | I_B/I_A | 1/2 | ☆ | ☆ | | ☆ | ☆ | | | | | | | ☆ |
| 饭店与旅馆 | | 中/小 | I_B/I_A | 1/2 | ☆ | ○ | ○ | ○ | ○ | ○ | | | ○ | | | ☆ |
| 博物馆 | | 中/小 | I_A/I_B | 1/2 | ☆ | ○ | | ☆ | | | | | | | | |
| 医院 | 中/小 | 中/小 | I_B/I_A | 1/2 | ☆ | | | ☆ | | | | | | | | |
| | 中/小 | 中/小 | Ⅱ/I_B | 1/2 | | | | | ○ | | | | | | | |
| 住宅 | | 小 | Ⅱ/I_B/I_A | 1/2 | ☆ | | ○ | | ○ | ○ | | | | | | |
| 体育馆 | | 中 | Ⅱ/Ⅲ | 1/2 | | | | | | | | ☆ | ☆ | ○ | ☆ | |

① 各种使用场合都需要高光效的灯，不但灯的光效要高，而且照明的总效率要高，同时应满足显色性的要求，并适合特定应用场合的其他要求。

② 光输出值高低按以下分类：高输出值时大于10000lm；中输出值时为3000~10000lm；小输出值时小于3000lm。

③ 显色指数的分级如下：$I_A$ 级时 Ra≥90；$I_B$ 级时 90>Ra≥80；Ⅱ级时 80>Ra≥60；Ⅲ级时 60>Ra≥40；Ⅳ级时 40>Ra。

④ 色温分类如下：1类<3300K；2类 3300~5300K；3类>5300K。

⑤ 各种灯的符号：

白炽灯：I：钨丝白炽灯；H：卤钨灯。

荧光灯：S：标准型荧光灯；H.C：高显色型荧光灯；3：三基色窄谱带荧光灯；C：小型荧光灯（紧凑型）。

高压钠灯：S：标准型；I.C：低显色型；H.C：高显色型。

汞灯：F：荧光高压汞灯；金属卤化物灯：S：标准型；H.C：高显色型。

⑥ 需要电视转播的体育照明，应满足电视演播照明的要求。

## 二、灯具的选用

应先选用配光合理、效率较高的灯具:室内开启式灯具的效率不宜低于70%;带有包合式灯罩的灯具的效率不宜低于55%;带格栅灯具的效率不宜低于50%。

根据工作场所的环境条件,合理选择灯具。在特别潮湿的场所,应采用防潮灯具或带防水灯头的开启式灯具;在有腐蚀性气体和蒸汽的场所,宜采用耐腐蚀性材料制成的密闭式灯具,若采用开启式灯具,各部分应有防腐蚀、防水的措施;在高温场所,宜采用带有散热孔的开启式灯具;在有尘埃的场所,应按防尘的保护等级分类来选择合适的灯具;在振动、摆动较大场所,应选用有防震措施和保护网的灯具,防止灯泡自行脱落或掉下;在易受机械损伤的场所,灯具应加保护网;在有爆炸和火灾危险场所,应根据爆炸和火灾危险的等级选择相应的灯具。为了电气安全和灯具的正常工作,应根据灯具的使用方法和使用环境,选择带有相应防触电保护的灯具。在满足照明质量、环境条件和防触电保护要求的情况下,应尽量选用高效率、长寿命、安装维护方便的灯具,以降低运行费用。此外,还应注意与建筑相协调。灯具造型应与环境相协调,同时注意体现民族风格和地方特点以及个人爱好,体现照明设计的表现力。

常用的民用建筑室内灯具有:花吊灯、壁灯、嵌顶灯、吸顶灯、移动灯具、巢灯等。

表2-3-11~表2-3-18给出了在选照明器时的一些参考数据。

**照明器按光通量分类及特点**　　　　　　　　　　　　　　表2-3-11

| 类别 | 光通量分布特性(%) | | 特 点 |
|---|---|---|---|
| | 上半球 | 下半球 | |
| 直接型 | 0~10 | 100~90 | 光线集中、工作面上可获得充分照度 |
| 半直接型 | 10~40 | 90~60 | 光线集中在工作面上,空间环境有适当照度比,直接型眩光小 |
| 漫射型 | 40~60 | 60~40 | 空间各方向光通量基本一致,无眩光 |
| 半间接型 | 60~90 | 40~10 | 增加反射光的作用,使光线比较均匀、柔和 |
| 间接型 | 90~100 | 10~0 | 扩散性好,光线柔和均匀,避免眩光,但光的利用率低 |

**照明器的防触电保护分类**　　　　　　　　　　　　　　表2-3-12

| 照明器等级 | 照明器主要性能 | 应用说明 |
|---|---|---|
| 0类 | 依赖基本绝缘防止触电,一旦绝缘失败,靠周围环境提供保护,否则,易触及的部分和外壳会带电 | 安全程度不高,适用于安全程度好的场合,如空气干燥、尘埃少、木地板等条件下的吊灯、吸顶灯 |
| Ⅰ类 | 除基本绝缘外,易触及的部分和外壳有接地装置,一旦基本绝缘失效时,不致有危险 | 用于金属外壳的照明器,如投光灯、路灯、庭院灯等 |
| Ⅱ类 | 采用双重绝缘或加强绝缘作为安全防护,无保护导线(地线) | 绝缘性好,安全程度高,适用于环境差、人经常触摸的照明器,如台灯、手提灯等 |
| Ⅲ类 | 采用安全电压(交流有效值不超过50V),灯内不会产生高于此值的电压 | 安全程度最高,可用于恶劣环境,如机床工作灯、儿童用灯等 |

### 防护等级特征字母 IP 后面第一位数字的意义   表2-3-13

| 第一位特征数字 | 说　明 | 含　义 |
| --- | --- | --- |
| 0 | 无防护 | 没有特别的防护 |
| 1 | 防护大于50mm的固体异物 | 人体某一大面积部分，如手（但不防护有意识地接近）直径大于50mm的固体异物 |
| 2 | 防护大于12mm的固体异物 | 手指或类似物，长度不超过80mm、直径大于12mm的固体异物 |
| 3 | 防护大于2.5mm的固体异物 | 直径或厚度大于2.5mm的工具、电线等，直径大于2.5mm的固体异物 |
| 4 | 防护大于1.0mm的固体异物 | 厚度大于1.0mm的线材或条片，直径大于1.0mm的固体异物 |
| 5 | 防　尘 | 不能完全防止灰尘进入，但进入量不能达到妨碍设备正常工作程度 |
| 6 | 防尘密 | 无尘埃进入 |

### 防护等级特征字母 IP 后面第二位数字的意义   表2-3-14

| 第一位特征数字 | 说　明 | 含　义 |
| --- | --- | --- |
| 0 | 无防护 | 没有特殊的防护 |
| 1 | 防水滴 | 滴水（垂直滴水）无有害影响 |
| 2 | 防倾斜15°滴水 | 当外壳从正常位置倾斜不大于15°以内时，垂直滴水无有害影响 |
| 3 | 防淋水 | 与垂直线成60°范围内的淋水无有害影响 |
| 4 | 防溅水 | 任何方向上的溅水无有害影响 |
| 5 | 防喷水 | 任何方向上的喷水无有害影响 |
| 6 | 防猛烈海浪 | 猛烈海浪或猛烈喷水后进入外壳的水量不致达到有害程度 |
| 7 | 防浸水 | 浸入规定水压的水中，经过规定的时间后，进入外壳的水量不会达到有害程度 |
| 8 | 防潜水 | 能按制造厂规定的要求长期潜水 |

### IP 后两数字可能的配合   表2-3-15

| 可能配合的组合 | | 第二位特征数字 | | | | | | | | |
| --- | --- | --- | --- | --- | --- | --- | --- | --- | --- | --- |
| | | 0 | 1 | 2 | 3 | 4 | 5 | 6 | 7 | 8 |
| 第一位特征数字 | 0 | IP00 | IP01 | IP02 | | | | | | |
| | 1 | IP10 | IP11 | IP12 | | | | | | |
| | 2 | IP20 | IP21 | IP22 | IP23 | | | | | |
| | 3 | IP30 | IP31 | IP32 | IP33 | IP34 | | | | |
| | 4 | IP40 | IP41 | IP42 | IP43 | IP44 | | | | |
| | 5 | IP50 | | | | IP54 | IP55 | | | |
| | 6 | IP60 | | | | | IP65 | IP66 | IP67 | IP68 |

说明：根据我国国家标准《灯具外壳防护等级分类》（GB7001—1986）的规定，灯具的外壳防护等级由特征字母 IP 和两个特征数字组成，IP 后的第一位特征数字是指防止人体触及或接近外壳内部的带电部分，防止固体异物进入外壳内部的防护等级，IP 后的第二位特征数字是指防止水进入灯具外壳内部的防护等级。

### 照明器按配光曲线分类 表2-3-16

| 类别 | 特点 |
|---|---|
| 正弦分布型 | 光强是角度的函数,在 $\theta=90°$ 时,光强最大 |
| 广照型 | 最大的光强分布在较大的角度处,可在较为宽广的面积上形成均匀的照度 |
| 均匀配照型 | 各个角度的光强基本一致 |
| 配照型 | 光强是角度的余弦函数,在 $\theta=0°$ 时,光强最大 |
| 深照型 | 光通量和最大光强值集中在 $\theta=0°\sim30°$ 所对应的立体角内 |
| 特深照型 | 光通量和最大光强值集中在 $\theta=0°\sim15°$ 所对应的立体角内 |

### 照明器按结构特点分类 表2-3-17

| 结构 | 特点 |
|---|---|
| 开启型 | 光源与外界空间直接接触(无罩) |
| 闭合型 | 透明罩将光源包合起来,但内外空气仍能自然流通 |
| 密闭型 | 透明罩固定处加严密封闭,与外界隔绝相当可靠,内外空气不能流通 |
| 防爆型 | 符合《防爆电气设备制造检验规程》的要求,能安全地在有爆炸危险性介质的场所使用,有安全型和隔爆型。安全型在正常运行时不产生火花电弧;或把正常运行时产生的火花电弧的部件放在独立的隔爆室内。隔爆型在照明器内部产生爆炸时,火焰通过一定间隙的防爆面后,不会引起照明器外部的爆炸 |
| 防震型 | 照明器采取防震措施,安装在有震动的设施上 |

### 照明器按安装方式分类 表2-3-18

| 安装方式 | 特点 |
|---|---|
| 壁灯 | 安装在墙壁上、庭柱上,用于局部照明或没有顶棚的场所 |
| 吸顶灯 | 将照明器吸附在顶棚面上,主要用于没有吊顶的房间。吸顶式的光带适用于计算机房、变电站等 |
| 嵌入式 | 适用于有吊顶的房间,照明器是嵌入在吊顶内安装的,可以有效消除眩光,与吊顶结合能形成美观的装饰艺术效果 |
| 半嵌入式 | 将照明器的一半或一部分嵌入顶棚,其余部分露在顶棚外,介于吸顶式和嵌入式之间,适用于顶棚吊顶深度不够的场所,在走廊处应用较多 |
| 吊灯 | 最普通的一种照明器安装型式,主要利用吊杆、吊链、吊管、吊灯线来吊装照明器 |
| 地脚灯 | 主要作用是照明走廊,便于人员行走,用在医院病房、公共走廊、宾馆客房、卧室等 |
| 台灯 | 主要放在写字台上、工作台上、阅览桌上,作为书写阅读使用 |
| 落地灯 | 主要用于高级客房、宾馆、带茶几沙发的房间以及家庭的床头或书架旁 |
| 庭院灯 | 灯头或灯罩多数向上安装,灯管和灯架多数安装在庭、院地坛上,特别适于公园、街心花园、宾馆以及机关、学校的庭院内 |
| 道路广场灯 | 主要用于夜间的通行照明。广场灯用于车站前广场、机场前广场、港口、码头、公共汽车站广场、立交桥、停车场、集合广场、室外体育场等 |
| 移动式灯 | 用于室内、外移动性的工作场所以及室外电视、电影的摄影等场所 |
| 自动应急照明灯 | 适用于宾馆、饭店、医院、影剧院、商场、银行、邮电、地下室、会议室、动力站房、人防工程、隧道等公共场所,可以作为应急照明、紧急疏散照明、安全防火照明灯 |

# 第三节 灯具的布置

灯具的布置包括高度布置和平面布置两个方面。高度布置指确定灯具的悬挂高度；平面布置是指确定灯与灯之间、灯与墙之间的距离。

## 一、一般照明灯具的布置

### （一）悬挂高度

选择适合的灯具悬挂高度是光照设计的主要内容，若灯具悬挂过高，则会降低工作面的照度从而必须加大光源的功率，不经济，同时也不便于维护和修理；若悬挂过低，则容易碰撞，不安全，且容易产生眩光，影响视觉工作。

我国《建筑照明设计标准》（GB50034—2004）中，综合考虑了使用安全、无机械损坏、限制眩光、提高灯具的利用系数、便于安装维护、与建筑物协调美观等因素，规定了室内一般照明灯具的最低悬挂高度（表2-3-19），供设计人员参考。

### （二）布置方案

室内灯具的布置方案与照明方式有关，一般照明的灯具通常采用下面两种布置方案。

均匀布置：是指灯具之间按照一定规律进行布置的方式，在采用一般照明或分区一般照明方式的场所，大多选择这种布灯方法。其特点是在整个工作面上都可以获得较均匀的照度。其具体的布置形式为：直线型、正方型、矩型、菱型、角型、满天星型等。

选择布置：是一种满足局部照明要求的灯具布置方案。对于局部照明（或定向照明）方式，当采用均匀布置达不到所需求的照度分布时，多采用这种布灯方案。某特点是可以加强某个局部的照度，或突出某一部位。

工业企业室内一般照明灯具的最低悬挂高度　　　　表2-3-19

| 光源种类 | 灯具型式 | 灯具遮光角（°） | 光源功率（W） | 最低悬挂高度（m） |
| --- | --- | --- | --- | --- |
| 白炽灯 | 有反射罩 | 10~30 | ≤100 | 2.5 |
|  |  |  | 150~200 | 3.0 |
|  |  |  | 300~500 | 3.5 |
|  | 乳白玻璃漫射罩 | — | ≤100 | 2.5 |
|  |  |  | 150~200 | 3.0 |
|  |  |  | 300~500 | 3.5 |
| 荧光灯 | 无反射罩 | — | ≤40 | 2.0 |
|  |  |  | >40 | 3.0 |
|  | 无反射罩 | — | ≤40 | 2.0 |
|  |  |  | >40 | 2.0 |

续表

| 光源种类 | 灯具型式 | 灯具遮光角(°) | 光源功率(W) | 最低悬挂高度(m) |
|---|---|---|---|---|
| 荧光高压汞灯 | 有反射罩 | 10~30 | <125 | 3.5 |
| | | | 125~250 | 5.0 |
| | | | ≥400 | 6.0 |
| | 有反射罩带格栅 | >30 | <125 | 3.0 |
| | | | 125~250 | 4.0 |
| | | | ≥400 | 5.0 |
| 金属卤化物灯、高压钠灯、混光光源 | 有反射罩 | 10~30 | <150 | 4.5 |
| | | | 150~250 | 5.5 |
| | | | 250~400 | 6.5 |
| | | | >400 | 7.5 |
| | 有反射罩带格栅 | >30 | <150 | 4.0 |
| | | | 150~250 | 4.5 |
| | | | 250~400 | 5.5 |
| | | | >400 | 6.5 |

### (三) 距高比 s/h 的确定

均匀对称布置是室内照明最常用的布灯方案。在这种布灯形式中，若整个房间或区域内要获得均匀的照度，灯具布置的实际距高比应小于或等于灯具的最大允许距高比。

1. 确定计算高度 $h$

$h$ = 建筑物层高 - 吊顶高度 - 灯具高度 - 工作面高度

或  $h$ = 灯具最低悬挂高度 - 工作面高度

2. 确定灯具之间距离 $s$

$s$ 除了应满足最大允许距高比的要求外，还应考虑以下两种情况：

(1) 若采用反射光或漫射光灯具时，灯具与顶棚之间的距离 = (1/5~1/4) 顶棚至工作面的距离，以保证顶棚上有适当的均匀照度。

(2) 最边缘一列灯具与墙壁的距离 $s'$ 的确定应考虑靠墙有无放置工作面，若工作面靠近墙壁时，$s' = (0.25 \sim 0.3) s$；工作面远离墙壁时，$s' = (0.4 \sim 0.5) s$。注意灯具间的距离 $s$ 与布灯形式有关。图 2-3-6 给出了点光源的几种均匀布灯方式，图 2-3-7 给出了线光源的布灯方式。

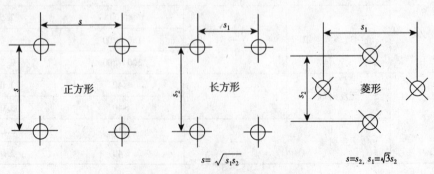

图 2-3-6 点光源的均匀布置

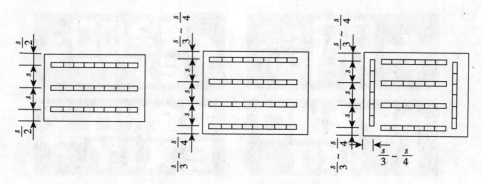

图 2-3-7 线光源的均匀布置

## 二、应急照明的设置及灯具布置

### (一) 疏散照明

**1. 需要装设的场所**

一、二类建筑的疏散通道和公共出口应设置疏散指示标志,如疏散楼梯、防烟楼梯间前室、消防楼梯及其前室、疏散走道等。人员密集的公共建筑,如礼堂、会场、影剧院、体育馆、饭店、旅馆、展览馆、博物馆、大型图书馆、候车、候机楼等通向疏散走道和楼梯的出口,以及通向室外的出口均应设出口标志;较长的疏散通道和公共出口应设置疏散指示标志;疏散通道应设置疏散照明。地下室和无天然采光房间的主要通道、出口等应设疏散指示标志和疏散照明。

**2. 疏散照明的布置及装设要求**

疏散照明所用的灯具有出口标志灯、疏散标志灯和疏散照明灯三种,其布置和设置要求分述如下:

(1) 出口标志灯:如图 2-3-8 所示。

图 2-3-8 出口标志灯示意图

装设部位:建筑物通向室外的出口和应急出口处;多层、高层建筑的各楼层通向楼梯间、消防电梯前室的出口处;公共建筑中人员聚集的观众厅、会堂、比赛馆、展览厅等通向疏散通道或前厅、侧厅、休息厅的出口处。

装设要求:应装设在上述出口的内侧,标志面应朝向内疏散通道,而不应朝向室外、楼梯间那一侧。通常装设在出口门的上方,若门上太高,宜装设在门侧边,离地面高度 2.2~2.5m 为宜,不能低于 2m。出口标志灯的标示面的法线应与沿疏散通道行进的人员的视线平行。疏散通道上的出口标志灯可明装,而厅室内宜采用暗装。

(2) 指向标志灯:如图 2-3-9 所示。

图2-3-9 指示标志灯示意图

装设部位：通常安装在疏散通道的拐弯处或交叉处，较长的疏散通道中间以及高层建筑的楼梯间墙面上。

装设要求：安装高度离地面1m以下，必要时可安装在离地面2.2~2.5m的高处。安装在1m以下时，灯具外壳应有防机械损伤措施和防触电措施；标志灯应嵌墙安装，突出墙面不宜超过50mm，并应有圆角。疏散通道中间安装的指示灯，其间距应不大于20m（图2-3-10）。

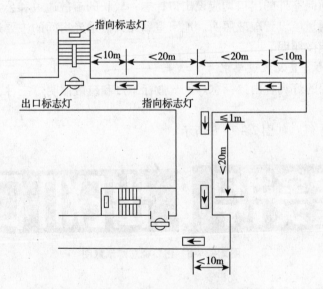

图2-3-10 疏散标志灯设置示意图

（3）疏散照明灯：应与正常照明结合，可以从正常照明中分出一部分以至全部作为疏散照明；疏散照明的通道上的照度应有一定的均匀度，通常要求沿中心线的最大照度不超过最小照度的40倍。为此，应选用较小功率的光源和纵向宽配光的灯具，适当减小灯具间距。

装设部位：通常安装在顶棚下，需要时也可安装在墙上。

装设要求：灯离地面高度宜大于或等于2.3m，灯的装设位置要注意能使人们看到疏散通道侧的火警呼叫按钮和消防设施；疏散楼梯和消防电梯的疏散照明灯也应安装在顶棚下，并应保持各部位的最小照度。

**（二）安全照明**

需要设置的场所：照明熄灭，可能危及操作人员或其他人员安全的生产场地或设备的场所；医院的手术室、抢救危重病人的急救室；高层公共建筑的电梯内等场所。

装设要求：一般不要求整个房间或场所具有均匀照明，而是重点照亮某个或几个设备，或工作区域。根据情况，可利用正常照明的一部分或专为某个设备单独装设。

**（三）备用照明**

需要设置的场所：由于照明熄灭而不能进行正常生产操作，或不能立即进行必要的处置，可能导致火灾、爆炸或中毒等事故或使生产设备、材料损坏的生产场所；照明熄灭后影响正常视看和操作，将造成重大政治、经济损失的场所，如：广播电台、通信中心、航运、空运等交通枢纽；照明熄灭将影响消防工作进行的场所，如：消防控制室、消防泵房等；照明熄灭将可能造成较大量现金、贵重物品被窃的场所，如：银行、储蓄所的收款处等；需要继续进行和暂时进行生产或工作的其他重要场所，如：变配电室、计算机房等。

装设要求：利用正常照明的一部分以至全部作为备用照明，对于特别重要的场所，要求备用照明的照度等于或接近正常照明的照度，应利用全部正常照明灯具作备用照明，正常电源故障时能自动转换到应急电源供电。对于某些重要部位、某个生产或操作地点需要备用照明的，通常不要求全部均匀照明，只要求照亮这些需要备用照明的部位，则宜从正常照明中分出一部分灯具，有应急电源供电，或电源故障时转换到应急电源上。

## 第四节 照度计算

照明计算是照明设计的主要内容之一，包括照度计算、亮度计算、眩光计算等，通常情况下，只需进行照度计算。

照度计算的基本方法：

点照度计算——以被照面上一点为对象，用于局部照明计算。

平均照度计算——以整个被照面为对象，用于一般照明计算。

平均照度计算方法主要有：利用系数法、单位容量法、灯数概算法等。本节将对各种方法作详细介绍。

### 一、利用系数法

**（一）基本公式及相关概念**

1. 基本公式：

$$E_{av} = \frac{\phi_s NUK}{A}$$

其中 $E_{av}$——工作面的平均照度（lx）；

$N$——灯具数；

$\phi_s$——每个灯具中光源额定总光通量（lm）；
$U$——利用系数；
$K$——维护系数；
$A$——工作面面积（m²）。

2. 相关概念

（1）利用系数

由光源发出的额定光通量与最后落到工作面上的光通量之比。它表示照明光源光通量被利用的程度。

利用系数与房间形状、装饰材料性质、灯罩型式及使用材料等因素有关，其求法是进行照度计算的关键。

（2）维护系数（又称减光系数）

考虑到灯具在使用的过程中，因光源光通量衰减、灯具房间的污染等因素而引起照度下降，从而引入维护系数的概念。其公式如下：

$$K = \frac{某光源规定时间产生照度}{初始照度}$$

维护系数由光源光通量衰减系数 $K_1$、灯具积尘减光系数 $K_2$ 和房间积尘减光系数 $K_3$ 决定，即：

$$K = K_1 \cdot K_2 \cdot K_3$$

各减光系数值可查表 2-3-20 ～ 表 2-3-23。

光源光通量的衰减程度系数（$K_1$）　　　表 2-3-20

| 光源类型 | 白炽灯 | 荧光灯 | 卤钨灯 | 高压钠灯 | 高压汞灯 |
|---|---|---|---|---|---|
| $K_1$ | 0.85 | 0.8 | 0.9 | 0.75 | 0.87 |

照明器表面灰尘造成的光通量衰减系数（$K_2$）　　　表 2-3-21

| 房间清洁程度 | 照明器清洁次数（次/年） | $K_2$ | | |
|---|---|---|---|---|
| | | 直接式照明器 | 半间接式照明器 | 间接式照明器 |
| 比较清洁 | 2 | 0.95 | 0.87 | 0.85 |
| 一般清洁 | 2 | 0.86 | 0.76 | 0.60 |
| 不清洁 | 3 | 0.75 | 0.65 | 0.50 |

房间的灰尘造成的反射光通量衰减系数（$K_3$）　　　表 2-3-22

| 房间清洁程度 | $K_3$ | | |
|---|---|---|---|
| | 直接式照明器 | 半间接式照明器 | 间接式照明器 |
| 比较清洁 | 0.95 | 0.9 | 0.85 |
| 一般清洁 | 0.92 | 0.8 | 0.73 |
| 不清洁 | 0.9 | 0.75 | 0.55 |

维护系数 K                                                                表 2-3-23

| 环境污染特征 | 工作房间或场所 | 维护系数 | 灯具擦洗次数（次/年） |
|---|---|---|---|
| 清 洁 | 办公室、阅览室、仪器仪表装配车间等 | 0.8 | 2 |
| 一 般 | 商店营业厅、影剧院观众厅、机加工车间 | 0.7 | 2 |
| 污染严重 | 铸工、锻工车间、厨房 | 0.6 | 3 |
| 室 外 | 道路和广场 | 0.65 | 2 |

## 二、平均照度的计算

步骤：（1）确定房间各特征量；
（2）确定顶棚空间有效反射比；
（3）确定墙面的平均反射比；
（4）确定利用系数；
（5）确定地板空间有效反射比；
（6）确定利用系数的修正值；
（7）确定室内平均照度。

### （一）确定房间各特征量

房间的空间划分和各参量如图 2-3-11 所示。

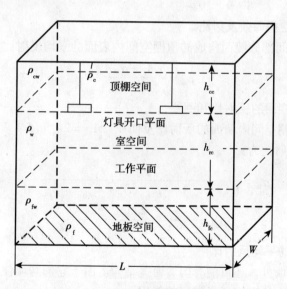

图 2-3-11 房间的空间特征

$L$——房间的长（m）；　　　$\rho_c$——顶棚反射比；
$W$——房间的宽（m）；　　　$\rho_{cw}$——顶棚空间墙面反射比；
$h_{cc}$——顶棚空间高度（m）；　$\rho_w$——室空间墙面反射比；
$h_{rc}$——室空间高度（m）；　　$\rho_f$——地板反射比；
$h_{fc}$——地板空间高度（m）；　$\rho_{fw}$——地板空间墙面反射比

1. 室形指数 $RI$

用以表示照明房间的几何特征。

$$室形指数 = \frac{等效地面面积 + 等效顶棚面积}{室空间部分墙面面积}$$

对长方形房间：$RI = \frac{2LW}{2(L+W) \cdot h_{rc}} = \frac{LW}{(L+W) \cdot h_{rc}}$

为了便于计算，一般将室形指数划分为 0.6、0.8、1.0、1.25、1.5、2.0、2.5、3.0、4.0、5.0 十个等级。

2. 室空间比

用以表示房间的空间特征。

如图 2-3-11 所示，将室内划分为三个空间：顶棚空间、地面空间、室空间。

顶棚空间比：$CCR = \frac{5h_{cc}(L+W)}{LW}$

室空间比：$RCR = \frac{5h_{rc}(L+W)}{LW}$

地板空间比：$FCR = \frac{5h_{fc}(L+W)}{LW}$

在这三个参数中，$RCR$ 是最重要的，是查利用系数的依据。$RCR$ 共有十个等级。分别为 1、2、3、4、5、6、7、8、9、10。

(二) 确定顶棚空间等效反射比

由顶棚和顶棚空间部分墙面构成的顶棚空间内表面的平均反射比为：

$$\rho_{ca} = \frac{\rho_c A_c + \rho_{wc} A_{wc}}{A_c + A_{wc}}$$

式中 $\rho_c$、$A_c$——顶棚面的反射比和面积，$A_c = LW$；

$\rho_{wc}$、$A_{wc}$——顶棚空间内墙面的反射比及面积，$A_{wc} = 2h_{cc}(L+W)$。

顶棚空间等效反射比为：

$$\rho_{cc} = \frac{\rho_{ca} \cdot A_c}{(A_c + A_{wc}) - \rho_{ca}(A_c + A_{wc}) + \rho_{ca} \cdot A_c}$$

或

$$\rho_{cc} = \frac{2.5\rho_{ca}}{2.5 + (1-\rho_{ca}) \cdot CCR}$$

(三) 确定墙面的平均反射比

室空间的墙面除墙外，还可能有门、窗等结构。由于它们与墙使用的材料不同，因此对光的反射能力不同，所以应考虑它们的作用。

一般情况下，只考虑窗（玻璃）的影响。

墙的平均反射比为：$\rho_{wa} = \frac{\rho_w(A_w - A_g) + \rho_g A_g}{A_w}$

式中 $\rho_w$、$\rho_g$——墙体、窗的反射比，一般 $\rho_g = 0.1$；

$A_w$——室空间部分墙的总面积（$m^2$），$A_w = 2h_{rc}(L+W)$；

$A_g$——窗的总面积（$m^2$）。

可见，当室空间墙面有多种材料组成时，其平均反射比的计算公式是：

$$\rho_{wa} = \frac{\sum \rho_i A_i}{\sum A_i}$$

式中 $\rho_i$——第 $i$ 块面积的反射比;

$A_i$——第 $i$ 块面积值。

(四) 确定利用系数

由以上求出 $RCR$、$\rho_{cc}$、$\rho_{wa}$ 的值,按灯具型式查利用系数表求出利用系数 $U$ 的值(利用系数表详见表 2-3-24)。

利用系数 $U$ 表(YG1-1 型 40W 荧光灯,$s/h=1.0$)    表 2-3-24

| 有效顶棚反射系数 $\rho_{cc}$ | 0.70 | | | | 0.50 | | | | 0.30 | | | | 0.10 | | | |
|---|---|---|---|---|---|---|---|---|---|---|---|---|---|---|---|---|
| 墙反射系数 $\rho_w$ | 0.70 | 0.50 | 0.30 | 0.10 | 0.70 | 0.50 | 0.30 | 0.10 | 0.70 | 0.50 | 0.30 | 0.10 | 0.70 | 0.50 | 0.30 | 0.10 |
| 室空间比 RCR  1 | 0.75 | 0.71 | 0.67 | 0.63 | 0.67 | 0.63 | 0.60 | 0.57 | 0.59 | 0.56 | 0.54 | 0.52 | 0.52 | 0.50 | 0.48 | 0.46 |
| 2 | 0.68 | 0.61 | 0.55 | 0.50 | 0.60 | 0.54 | 0.50 | 0.46 | 0.53 | 0.48 | 0.45 | 0.41 | 0.46 | 0.43 | 0.40 | 0.37 |
| 3 | 0.61 | 0.53 | 0.46 | 0.41 | 0.54 | 0.47 | 0.42 | 0.38 | 0.47 | 0.42 | 0.38 | 0.34 | 0.41 | 0.37 | 0.34 | 0.31 |
| 4 | 0.56 | 0.46 | 0.39 | 0.34 | 0.49 | 0.41 | 0.36 | 0.31 | 0.43 | 0.37 | 0.32 | 0.28 | 0.37 | 0.33 | 0.29 | 0.26 |
| 5 | 0.51 | 0.41 | 0.34 | 0.29 | 0.45 | 0.37 | 0.31 | 0.26 | 0.39 | 0.33 | 0.28 | 0.24 | 0.34 | 0.29 | 0.25 | 0.22 |
| 6 | 0.47 | 0.37 | 0.30 | 0.25 | 0.41 | 0.33 | 0.27 | 0.23 | 0.36 | 0.29 | 0.25 | 0.21 | 0.32 | 0.26 | 0.22 | 0.19 |
| 7 | 0.43 | 0.33 | 0.26 | 0.21 | 0.38 | 0.30 | 0.24 | 0.20 | 0.33 | 0.26 | 0.22 | 0.18 | 0.29 | 0.24 | 0.19 | 0.16 |
| 8 | 0.40 | 0.29 | 0.23 | 0.18 | 0.35 | 0.27 | 0.21 | 0.17 | 0.31 | 0.24 | 0.19 | 0.16 | 0.27 | 0.21 | 0.17 | 0.14 |
| 9 | 0.37 | 0.27 | 0.20 | 0.16 | 0.33 | 0.24 | 0.19 | 0.15 | 0.29 | 0.22 | 0.17 | 0.14 | 0.25 | 0.19 | 0.15 | 0.12 |
| 10 | 0.34 | 0.24 | 0.17 | 0.13 | 0.30 | 0.21 | 0.16 | 0.12 | 0.26 | 0.19 | 0.15 | 0.11 | 0.23 | 0.17 | 0.13 | 0.10 |

若 $RCR$ 不为整数,且 $RCR_1 < RCR < RCR_2$($RCR_1$、$RCR_2$ 为两个相邻的值),则查出对应的两组数 ($RCR_1$,$U_1$) 和 ($RCR_2$,$U_2$),再按插入法求出对应于实际 $RCR$ 值的利用系数。插入法公式如下:

$$U = U_1 + \frac{U_2 - U_1}{RCR_2 - RCR_1}(RCR - RCR_1)$$

在确定利用系数时,应注意以下几个问题:

(1) 利用系数在利用系数表中查取,条件是已知灯具的型号,并求出有效顶棚反射比 $\rho_{cc}$、墙面平均反射比 $\rho_{wa}$ 和室空间比 $RCR$。

(2) 在灯具的利用系数表中,$RCR$ 都是 1~10 之间的整数,若实际计算的 $RCR$ 不是整数,可以用直线内插入值进行计算。

(3) 在灯具的利用系数表中,$\rho_{cc}$、$\rho_{wa}$ 均为 10 的倍数,若实际计算的 $\rho_{cc}$、$\rho_{wa}$ 不是 10 的整数倍,可采用四舍五入的方法。

(4) 灯具的利用系数表是按地板空间等效反射比(下面讲)$\rho_{fc}=20\%$ 编制的,若实际计算的 $\rho_{fc} \neq 20\%$,则应用适当的修正值进行修正。

(5) 灯具利用系数表中 $\rho_{cc}$、$\rho_{wa}$ 的为 0 的利用系数,用于室外照明设计。

(五) 确定地板空间等效反射比

地板空间内表面平均反射比公式:

$$\rho_{fa} = \frac{\rho_f A_f + \rho_{wf} A_{wf}}{A_f + A_{wf}}$$

式中 $\rho_f$、$A_f$——地板面的反射比和面积；

$\rho_{wf}$、$A_{wf}$——地板空间内墙面的反射比和面积。

地板空间等效反射比为：

$$\rho_{fc} = \frac{\rho_{fa} \cdot A_f}{(A_f + A_{wf}) - \rho_{fa}(A_f + A_{wf}) + \rho_{fa} \cdot A_f}$$

或

$$\rho_{fc} = \frac{2.5 \rho_{fa}}{2.5 + (1 - \rho_{fa}) \cdot FCR}$$

### （六）确定利用系数的修正系数

当 $RCR$、$\rho_{fc}$、$\rho_{wa}$ 不是表 2-3-25 中分级的整数时，可以从修正系数表中查接近 $\rho_{fc}$（30%、10%、0%）、表 2-3-25 中接近 $RCR$ 的两组数（$RCR_1$、$\gamma_1$）和（$RCR_2$、$\gamma_2$），然后再用下列插入法求出对应于实际 $RCR$ 的修正值 $\gamma$，修正系数表详见表 2-3-25。

$$\gamma = \gamma_1 + \frac{\gamma_2 - \gamma_1}{RCR_2 - RCR_1}(RCR - RCR_1)$$

式中 $\gamma$——修正系数，$\gamma_1$ 和 $\gamma_2$ 是接近于 $\gamma$ 的两个值，且 $\gamma_1 < \gamma < \gamma_2$；

$RCR$——室空间比，$RCR_1$ 和 $RCR_2$ 是接近于 $RCR$ 的两个值，且 $RCR_1 < RCR < RCR_2$。

### （七）确定室内平均照度

做完以上各步骤后再按公式 $Eav = \frac{N\phi_s K(\gamma \cdot U)}{A}$ 来求室内平均照度。如果是已知平均照度，可以用公式 $N = \frac{E_{av} \cdot A}{\phi_s K(\gamma \cdot U)}$ 来确定所需灯具的数量，进而进行灯具的布置。

### （八）平均照度的计算示例

**【例题 2-3-1】** 某教室长度为 9m，宽度为 6m，房间高度为 3m，工作面距地高为 0.75m。当采用单管筒式 40W 的荧光灯作照明时，若要满足照度的值不低于 250lx，试确定照明器的只数（顶棚反射系数为 0.7，墙面的平均反射系数为 0.7，地面反射系数为 0.3）。

**解**：1. 求 $RCR$

取 $h_{cc} = 0.5m$ 则 $h_{rc} = 3 - 0.75 - 0.5 = 1.75m$

$$RCR = \frac{5h_{rc}(L+W)}{LW} = \frac{5 \times 1.75 \times (9+6)}{9 \times 6} = 2.43$$

2. 求 $\rho_{cc}$

$$\rho_{ca} = \frac{\rho_c A_c + \rho_{wc} A_{wc}}{A_c + A_{wc}} = \frac{0.7 \times 9 \times 6 + 0.7 \times (15 \times 2 \times 0.5)}{(15 \times 2 \times 0.5) + 9 \times 6} = 0.7$$

$$\rho_{cc} = \frac{\rho_{ca} \cdot A_c}{(A_c + A_{wc}) - \rho_{ca}(A_c + A_{wc}) + \rho_{ca} \cdot AC}$$

$$= \frac{0.7 \times 54}{(15 \times 2 \times 0.5 + 54)(1 - 0.7) + 0.7 \times 54} = 0.646 \quad 取 0.7$$

3. 求 $\rho_{wa}$

由题目已知条件知：$\rho_{wa} = 0.7$

关于地板空间有效反射系数不等于 0.20 时对利用系数的修正表
（地板空间有效反射系数 $\rho_{fc}$ 为 0.20 时的修正系数为 1.00）

表 2-3-25

| 有效顶棚反射系数 $\rho_{cc}$ | 0.80 | | | 0.70 | | | 0.50 | | | 0.30 | | | 0.10 | | |
|---|---|---|---|---|---|---|---|---|---|---|---|---|---|---|---|
| 墙壁反射系数 $\rho_{wa}$ | 0.70 | 0.50 | 0.30 | 0.10 | 0.70 | 0.50 | 0.30 | 0.10 | 0.50 | 0.30 | 0.10 | 0.50 | 0.30 | 0.10 | 0.50 | 0.30 | 0.10 |

地板空间有效反射系数 $\rho_{fc}$ 为 0.30 时的修正系数

| 室空间比 RCR | | | | | | | | | | | | | | | | | |
|---|---|---|---|---|---|---|---|---|---|---|---|---|---|---|---|---|---|
| 1 | 1.092 | 1.082 | 1.075 | 1.068 | 1.077 | 1.070 | 1.064 | 1.059 | 1.049 | 1.044 | 1.040 | 1.028 | 1.026 | 1.023 | 1.012 | 1.010 | 1.008 |
| 2 | 1.079 | 1.066 | 1.055 | 1.047 | 1.068 | 1.057 | 1.048 | 1.039 | 1.041 | 1.033 | 1.027 | 1.026 | 1.021 | 1.017 | 1.013 | 1.010 | 1.006 |
| 3 | 1.070 | 1.054 | 1.042 | 1.033 | 1.061 | 1.048 | 1.037 | 1.028 | 1.034 | 1.027 | 1.020 | 1.024 | 1.017 | 1.012 | 1.014 | 1.009 | 1.005 |
| 4 | 1.062 | 1.045 | 1.033 | 1.024 | 1.055 | 1.040 | 1.029 | 1.021 | 1.030 | 1.022 | 1.015 | 1.022 | 1.015 | 1.010 | 1.014 | 1.009 | 1.004 |
| 5 | 1.056 | 1.038 | 1.026 | 1.018 | 1.050 | 1.034 | 1.024 | 1.015 | 1.027 | 1.018 | 1.012 | 1.020 | 1.013 | 1.008 | 1.014 | 1.008 | 1.004 |
| 6 | 1.052 | 1.033 | 1.021 | 1.014 | 1.047 | 1.030 | 1.020 | 1.012 | 1.024 | 1.015 | 1.009 | 1.019 | 1.012 | 1.006 | 1.014 | 1.008 | 1.003 |
| 7 | 1.047 | 1.029 | 1.018 | 1.011 | 1.043 | 1.026 | 1.017 | 1.009 | 1.022 | 1.013 | 1.007 | 1.018 | 1.019 | 1.005 | 1.014 | 1.008 | 1.003 |
| 8 | 1.044 | 1.026 | 1.015 | 1.009 | 1.040 | 1.024 | 1.015 | 1.007 | 1.020 | 1.012 | 1.006 | 1.017 | 1.009 | 1.004 | 1.013 | 1.007 | 1.003 |
| 9 | 1.040 | 1.024 | 1.014 | 1.007 | 1.037 | 1.022 | 1.014 | 1.006 | 1.019 | 1.011 | 1.005 | 1.016 | 1.009 | 1.004 | 1.013 | 1.007 | 1.002 |
| 10 | 1.037 | 1.022 | 1.012 | 1.006 | 1.034 | 1.020 | 1.012 | 1.005 | 1.017 | 1.010 | 1.004 | 1.015 | 1.009 | 1.003 | 1.013 | 1.007 | 1.002 |

地板空间有效反射系数 $\rho_{fc}$ 为 0.10 时的修正系数

| 室空间比 RCR | | | | | | | | | | | | | | | | | |
|---|---|---|---|---|---|---|---|---|---|---|---|---|---|---|---|---|---|
| 1 | 0.923 | 0.929 | 0.935 | 0.940 | 0.933 | 0.939 | 0.943 | 0.948 | 0.956 | 0.960 | 0.963 | 0.973 | 0.976 | 0.979 | 0.989 | 0.991 | 0.993 |
| 2 | 0.931 | 0.942 | 0.950 | 0.958 | 0.940 | 0.949 | 0.957 | 0.963 | 0.962 | 0.968 | 0.974 | 0.976 | 0.980 | 0.985 | 0.988 | 0.991 | 0.995 |
| 3 | 0.939 | 0.951 | 0.961 | 0.969 | 0.945 | 0.957 | 0.966 | 0.973 | 0.967 | 0.975 | 0.981 | 0.978 | 0.983 | 0.988 | 0.988 | 0.992 | 0.996 |
| 4 | 0.944 | 0.958 | 0.969 | 0.978 | 0.950 | 0.963 | 0.973 | 0.980 | 0.972 | 0.980 | 0.986 | 0.980 | 0.986 | 0.991 | 0.987 | 0.992 | 0.996 |
| 5 | 0.949 | 0.964 | 0.976 | 0.983 | 0.954 | 0.968 | 0.978 | 0.985 | 0.975 | 0.983 | 0.989 | 0.981 | 0.988 | 0.993 | 0.987 | 0.992 | 0.997 |
| 6 | 0.953 | 0.969 | 0.980 | 0.986 | 0.958 | 0.972 | 0.982 | 0.989 | 0.979 | 0.985 | 0.992 | 0.982 | 0.989 | 0.995 | 0.987 | 0.993 | 0.997 |
| 7 | 0.957 | 0.973 | 0.983 | 0.991 | 0.961 | 0.975 | 0.985 | 0.991 | 0.979 | 0.987 | 0.994 | 0.983 | 0.990 | 0.996 | 0.987 | 0.993 | 0.998 |
| 8 | 0.960 | 0.976 | 0.986 | 0.993 | 0.963 | 0.977 | 0.987 | 0.993 | 0.981 | 0.988 | 0.995 | 0.984 | 0.991 | 0.997 | 0.987 | 0.994 | 0.998 |
| 9 | 0.963 | 0.978 | 0.987 | 0.994 | 0.965 | 0.979 | 0.989 | 0.994 | 0.983 | 0.990 | 0.996 | 0.985 | 0.992 | 0.998 | 0.988 | 0.994 | 0.999 |
| 10 | 0.965 | 0.980 | 0.989 | 0.995 | 0.967 | 0.981 | 0.990 | 0.995 | 0.984 | 0.991 | 0.997 | 0.986 | 0.993 | 0.998 | 0.988 | 0.994 | 0.999 |

地板空间有效反射系数 $\rho_{fc}$ 为 0.00 时的修正系数

| 室空间比 RCR | | | | | | | | | | | | | | | | | |
|---|---|---|---|---|---|---|---|---|---|---|---|---|---|---|---|---|---|
| 1 | 0.859 | 0.870 | 0.879 | 0.886 | 0.873 | 0.884 | 0.893 | 0.901 | 0.916 | 0.923 | 0.929 | 0.948 | 0.954 | 0.960 | 0.979 | 0.983 | 0.987 |
| 2 | 0.871 | 0.887 | 0.903 | 0.919 | 0.886 | 0.902 | 0.916 | 0.928 | 0.926 | 0.938 | 0.949 | 0.954 | 0.963 | 0.971 | 0.978 | 0.983 | 0.991 |
| 3 | 0.882 | 0.904 | 0.915 | 0.942 | 0.898 | 0.918 | 0.934 | 0.947 | 0.936 | 0.950 | 0.964 | 0.958 | 0.969 | 0.979 | 0.976 | 0.984 | 0.993 |
| 4 | 0.893 | 0.919 | 0.941 | 0.958 | 0.908 | 0.930 | 0.948 | 0.961 | 0.945 | 0.961 | 0.974 | 0.961 | 0.974 | 0.984 | 0.975 | 0.985 | 0.994 |
| 5 | 0.903 | 0.931 | 0.953 | 0.969 | 0.914 | 0.939 | 0.958 | 0.970 | 0.951 | 0.967 | 0.980 | 0.964 | 0.977 | 0.988 | 0.975 | 0.986 | 0.995 |
| 6 | 0.911 | 0.940 | 0.961 | 0.976 | 0.920 | 0.945 | 0.965 | 0.977 | 0.955 | 0.972 | 0.985 | 0.966 | 0.979 | 0.991 | 0.975 | 0.987 | 0.996 |
| 7 | 0.917 | 0.947 | 0.967 | 0.981 | 0.924 | 0.950 | 0.970 | 0.982 | 0.959 | 0.975 | 0.988 | 0.968 | 0.981 | 0.993 | 0.976 | 0.988 | 0.997 |
| 8 | 0.922 | 0.953 | 0.971 | 0.985 | 0.929 | 0.955 | 0.975 | 0.986 | 0.963 | 0.978 | 0.991 | 0.970 | 0.983 | 0.995 | 0.976 | 0.988 | 0.998 |
| 9 | 0.928 | 0.958 | 0.975 | 0.988 | 0.933 | 0.959 | 0.980 | 0.989 | 0.966 | 0.980 | 0.993 | 0.971 | 0.985 | 0.996 | 0.976 | 0.988 | 0.998 |
| 10 | 0.933 | 0.962 | 0.979 | 0.991 | 0.937 | 0.963 | 0.983 | 0.992 | 0.969 | 0.982 | 0.995 | 0.973 | 0.987 | 0.997 | 0.977 | 0.989 | 0.999 |

4. 求利用系数 $U$

经查表得：$(RCR_1, U_1) = (2, 0.85)$，$(RCR_2, U_2) = (3, 0.78)$

用插入法求 $U$：

$$U = U_1 + \frac{U_2 - U_1}{RCR_2 - RCR_1}(RCR - RCR_1)$$

$$= 0.85 + \frac{0.78 - 0.85}{3 - 2}(2.43 - 2) = 0.82$$

5. 求 $\rho_{fc}$

$$\rho_{fc} = \frac{\rho_f A_f + \rho_{wf} A_{wf}}{A_f + A_{wf}} = \frac{0.3 \times 54 \times 0.7 \times (15 \times 2 \times 0.75)}{15 \times 2 \times 0.75 + 54} = 0.42$$

$$\rho_{fc} = \frac{\rho_{fa} \cdot A_f}{(A_f + A_{wf}) - \rho_{fa}(A_f + A_{wf}) + \rho_{fa} \cdot A_f}$$

$$= \frac{0.42 \times 54}{(15 \times 2 \times 0.75 + 54)(1 - 0.42) + 0.42 \times 54} = 0.34 \quad 取\ 0.3$$

6. 求 $\gamma$

经查表得：$(RCR_1, \gamma_1) = (2, 1.068)$，$(RCR_2, \gamma_2) = (3, 1.061)$

用插入法求 $\gamma$：$\gamma = \gamma_1 + \frac{\gamma_2 - \gamma_1}{RCR_2 - RCR_1}(RCR - RCR_1)$

$$= 1.068 + \frac{1.061 - 1.068}{3 - 2}(2.43 - 2) = 1.065$$

7. 求 $N$

查维护系数表得 $k_1 = 0.8$，$k_2 = k_3 = 0.95$，则 $k = k_1 \cdot k_2 \cdot k_3 = 0.722$。

$$N = \frac{E_{av} \cdot LW}{\phi \cdot (\gamma u) k} = \frac{250 \times 54}{2000 \times (1.065 \times 0.82) \times 0.722} = 10.7\ （盏）$$

为了布灯方便，取 $N = 12$ 盏。

### 三、单位容量法

实际照明设计中，常采用"单位容量法"对照明用电量进行估算，即根据不同类型灯具、不同室空间条件，列出"单位面积安装电功率（W/m²）的表格，以便查用，如表 2-3-26 所示。

**YG1-1 型荧光灯的比功率** 表 2-3-26

| 计算高度（m） | 房间面积（m²） | 平均照度（lx） | | | | | |
|---|---|---|---|---|---|---|---|
| | | 30 | 50 | 75 | 100 | 150 | 200 |
| 2~3 | 10~15 | 3.2 | 5.2 | 7.8 | 10.4 | 15.6 | 21 |
| | 15~25 | 2.7 | 4.5 | 6.7 | 8.9 | 13.4 | 18 |
| | 25~50 | 2.4 | 3.9 | 5.8 | 7.7 | 11.6 | 15.4 |
| | 50~150 | 2.1 | 3.4 | 5.1 | 6.8 | 10.2 | 13.6 |
| | 150~300 | 1.9 | 3.2 | 4.7 | 6.3 | 9.4 | 12.5 |
| | 300 以上 | 1.8 | 3.0 | 4.5 | 5.9 | 8.9 | 11.8 |

续表

| 计算高度（m） | 房间面积（m²） | 平均照度（lx） | | | | | |
|---|---|---|---|---|---|---|---|
| | | 30 | 50 | 75 | 100 | 150 | 200 |
| 3~4 | 10~15 | 4.5 | 7.5 | 11.3 | 15 | 23 | 30 |
| | 15~20 | 3.8 | 6.2 | 9.3 | 12.4 | 19 | 25 |
| | 20~30 | 3.2 | 5.3 | 8.0 | 10.8 | 15.9 | 21.2 |
| | 30~50 | 2.7 | 4.5 | 6.8 | 9.0 | 13.6 | 18.1 |
| | 50~120 | 2.4 | 3.9 | 5.8 | 7.7 | 11.6 | 15.4 |
| | 120~300 | 2.1 | 3.4 | 5.1 | 6.8 | 10.2 | 13.5 |
| | 300以上 | 1.9 | 3.2 | 4.9 | 6.3 | 9.5 | 12.6 |

单位容量法的依据也是利用系数法，只是进一步简化了。单位容量法是一种估算方法。

1. 单位容量计算表的编制条件

是在比较各类常用灯具效率与利用系数关系的基础上，按照下列条件编制的。

（1）室内顶棚反射比为70%；墙面反射比为50%；地板反射比为20%。由于是近似计算，一般不必详细计算各面的等效反射比，而是用实际反射比进行计算。

（2）计算平均照度 $E$ 为100lx，维护系数 $K$ 为0.7。

（3）白炽灯的光效为12.5 lm/W（220V，100W），荧光灯的光效为60 lm/W（220V，40W）。

（4）灯具效率不小于70%，当装有遮光格栅时不小于55%。

（5）灯具配光分类符合国际照明委员会的规定，见表2-3-27。

常用灯具配光分类表（符合CIE规定）　　　表2-3-27

| 灯具配光分类 | 直接型 | | 半直接型 | 均匀漫射型 | 半间接型 | 间接型 |
|---|---|---|---|---|---|---|
| | 上射光通量0%~10% 下射光通量100%~90% $s \leq 0.9h$ | | 上射光通量10%~40% 下射光通量90%~60% $s \leq 1.3h$ | 上射光通量60%~40% 下射光通量40%~60% | 上射光通量60%~90% 下射光通量40%~10% | 上射光通量90%~100% 下射光通量10%~0% |
| 所属灯具举例 | 嵌入式隔栅荧光灯、圆隔栅吸顶灯、广照型防水防尘灯、防潮吸顶灯 | 深照式荧光灯、搪瓷深照灯、镜面深照灯、探照型防震灯、配照型工厂灯、防震灯 | 简式荧光灯、纱罩单吊灯、塑料碗吊灯、尖扁圆吸顶灯、方形吸顶灯 | 平口橄榄罩吊灯、束腰单吊灯、圆球单吊灯、枫叶罩单吊灯、彩灯 | 伞型罩单吊灯 |

2. 基本公式

单位容量法的基本公式为：

$$\sum p = p_0 A$$

式中　$\sum p$——受照房间的光源总功率（W）；

　　　$p_0$——光源的比功率即单位面积安装功率（W/m²）；

　　　$A$——受照房间总面积（m²）。

由已知条件（计算高度、房间面积、所需平均照度、光源类型）查出相应光源的比功率 $p_0$，然后再求出受照房间总安装功率。

如果已知每盏灯的功率 $p_N$，还可以用公式 $N = \dfrac{\sum p}{p_N}$ 来确定灯具数量。

应注意的是，实际的环境条件与单位容量计算表的编制条件一般不符，因此需将查得的单位面积安装功率的数值加以修正。这时有：

$$\sum p = p_0 A \cdot C$$

式中　$C$——修正系数；$C = C_1 \cdot C_2 \cdot C_3$

$C_1$——当房间内各部分的光反射比不同时的修正系数，详见表 2-3-28。

$C_2$——当光源不足 100W 的白炽灯或 40W 的荧光灯时的调整系数，详见表 2-3-29。

$C_3$——当灯具的效率不足 70% 时的修正系数，当 $\eta = 60\%$ 时，$C_3 = 1.22$；$\eta = 50\%$ 时，$C_3 = 1.47$。

房间内各部分的光反射比不同时的修正系数 $C_1$　　　　表 2-3-28

| 反射比 | 顶棚 $\rho_c$ | 0.7 | 0.6 | 0.4 |
|---|---|---|---|---|
| | 地面 $\rho_w$ | 0.4 | 0.4 | 0.3 |
| | 地板 $\rho_f$ | 0.2 | 0.2 | 0.2 |
| 修正系数 $C_1$ | | 1 | 1.08 | 1.27 |

当光源不是 100W 的白炽灯或 40W 的荧光灯时的调整系数 $C_2$　　　表 2-3-29

| 光源类型及额定功率（W） | 白炽灯（220V） | | | | | | | | | | |
|---|---|---|---|---|---|---|---|---|---|---|---|
| | 15 | 25 | 40 | 60 | 75 | 100 | 150 | 200 | 300 | 500 | 1000 |
| 调整系数 $C_2$ | 1.7 | 1.43 | 1.34 | 1.19 | 1.1 | 1 | 0.9 | 0.86 | 0.82 | 0.73 | 0.68 |
| 额定光通量（lm） | 110 | 220 | 350 | 630 | 850 | 1250 | 2090 | 2920 | 4610 | 8300 | 18600 |

| 光源类型及额定功率（W） | 卤钨灯 | | | 荧光灯 | | | |
|---|---|---|---|---|---|---|---|
| | 500 | 1000 | 2000 | 15 | 20 | 30 | 40 |
| 调整系数 $C_2$ | 0.64 | 0.6 | 0.6 | 1.55 | 1.24 | 1.65 | 1 |
| 额定光通量（lm） | 9750 | 21000 | 42000 | 580 | 970 | 1550 | 2400 |

| 光源类型及额定功率（W） | 自镇式荧光高压汞灯 | | | 荧光高压汞灯 | | | | | |
|---|---|---|---|---|---|---|---|---|---|
| | 250 | 450 | 750 | 125 | 175 | 250 | 400 | 700 | 1000 |
| 调整系数 $C_2$ | 2.73 | 2.08 | 2 | 1.58 | 1.5 | 1.43 | 1.2 | 1.2 | 1.2 |
| 额定光通量（lm） | 5500 | 13000 | 22500 | 4750 | 7000 | 10500 | 20000 | 35000 | 50000 |

| 光源类型及额定功率（W） | 镝灯 | 钠铊铟灯 | | 高压钠灯 | | | | | |
|---|---|---|---|---|---|---|---|---|---|
| | 400 | 400 | 1000 | 110 | 215 | 250 | 360 | 400 | 1000 |
| 调整系数 $C_2$ | 0.67 | 0.86 | 0.92 | 0.825 | 0.8 | 0.75 | 0.67 | 0.63 | 0.6 |
| 额定光通量（lm） | 36000 | 28000 | 65000 | 8000 | 16125 | 20000 | 32400 | 38000 | 100000 |

3. 单位容量法举例

【例题2-3-2】有一教室面积 $A$ 为 $9\times6=54$ （$m^2$），房间高度为3.6m。已知室内顶棚反射比为70%，墙面反射比为50%，地板反射比为20%，$K=0.7$，拟选用40W普通单管荧光吊链灯具（简式荧光灯具），$h_{cc}=0.6m$，要求设计照度为150 lx，试确定照明灯具数量。

**解**：由题：$h_{rc}=h-h_{cc}-h_{fc}=3.6-0.6-0.75=2.25$（m）

由 $h_{rc}=2.25m$，$E_{av}=150lx$，及 $A=54m^2$，查表2-3-26得：$p_o=10.2W/m^2$，

所以总的安装功率为：

$$\sum p = p_o A = 10.2 \times 54 = 550.8 \text{（W）}$$

需要装设灯的数量为：

$$N = \frac{\sum p}{p_N} = \frac{550.8}{40} = 13.77 \text{（盏）}$$

为了便于布置可取14盏。

## 四、灯具概算曲线法

为了简化计算，把利用系数法计算的结果制成曲线，并假设受照面上的平均照度为100lx，求出房间面积与所用灯具数量的关系曲线，该曲线称为概算曲线。它适用于一般均匀照明的照度计算。

应用概算曲线进行平均照度计算时，应已知以下条件：

（1）灯具类型及光源的种类和容量（不同的灯具有不同的概算曲线）；
（2）计算高度；
（3）房间的面积；
（4）房间的顶棚、墙壁、地面的反射比。

1. 换算公式

根据以上条件，就可以从概算曲线上查得所需灯具的数量 $N$。

概算曲线是在假设受照面上的平均照度为100lx、维护系数 $k'$ 的条件下绘制的。因此，如果实际需要的平均照度为 $E$、实际采用的维护系数为 $k$，那么实际采用的灯具数量 $n$ 可按下列公式进行换算：

$$n = \frac{E \cdot k' \cdot N}{100k}$$

或

$$E = \frac{100k \cdot n}{k' \cdot N}$$

式中 $n$——实际采用的灯具数量；
$N$——根据曲线查得的灯具数量；
$k$——实际采用的维护系数；
$k'$——概算曲线上假设的维护系数（常取0.7）；
$E$——设计需要的平均照度（lx）。

2. 确定平均照度的步骤

各种灯具的概算曲线是由灯具生产厂商提供的，图2-3-12所示的是YG1-1 40W荧光灯的概算曲线图。根据概算曲线，对室内灯具数量的计算，就显得十分方便。其计算

步骤如下:

(1) 确定灯具的计算高度 $h_{rc}$;

(2) 求室内的面积 $A$;

(3) 根据室内面积 $A$、灯具计算高度 $h_{rc}$,在灯具概算曲线上查出灯具的数量。如果计算高度 $h_{rc}$ 处于图中 $h_1$ 与 $h_2$ 之间,则采用内插法进行计算。

(4) 通过 $n = \dfrac{E \cdot k' \cdot N}{100k}$ 或 $E = \dfrac{100k \cdot n}{k' \cdot N}$ 即可计算出所需灯具的数量 $n$ 或所要求的平均照度 $E$。

3. 灯具概算曲线法举例

【例题 2-3-3】某教室面积为 $54m^2$,安装了 9 盏 YG1-1 40W 荧光灯,安装高度为 3.1m,课桌高度为 0.8m,已知室内顶棚反射比为 70%,墙面反射比为 50%,地板反射比为 20%,$k = 0.7$,若要求教室设计照度为 150lx,试确定灯具数。

**解:** 1. 选定光源和灯具(已知给定),确定相应的概算曲线,见图 2-3-12。

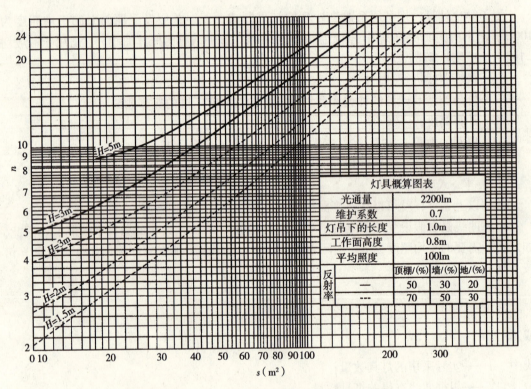

图 2-3-12 YG1-1 40W 荧光灯的概算曲线图

2. 确定计算高度 $h_{rc} = 3.1 - 0.8 = 2.3m$。

3. 计算房间面积 $A = 54m^2$。

4. 根据 $A = 54m^2$、$\rho_c = 70\%$、$\rho_w = 50\%$、$\rho_f = 20\%$,查图 2-3-12,得 $n = 7.6$。

5. 求灯具数量 $n = \dfrac{E \cdot k' \cdot N}{100k} = \dfrac{150 \times 0.7 \times 7.6}{100 \times 0.7} = 11.4$(盏),可取 12 盏。

## 第五节 照明负荷计算

照明负荷计算的目的就是为了合理选择照明供电系统的变压器、导线和开关设备,同时也是用来计算电压损失的基础。

照明负荷计算的方法有需要系数法和负荷密度法。《民用建筑电气设计规范》(JGJ/T16—2008)中指出:在初步设计及施工图设计阶段,照明负荷宜采用需要系数法计算。

### 一、需要系数法

采用需要系数法进行照明负荷计算时,应首先统计出各分支线路中照明设备的总安装容量,然后求出各照明分支线的计算负荷,最后再依次求照明干线、低压总干线、进户线的计算负荷。

关于需要系数法的相关介绍详见第二部分第二章第二节。

**(一)仅存在同一类光源的情况**

1. 确定照明分支线路的设备容量 $P_e$

(1) 对于热辐射光源,如白炽灯、卤钨灯和电子镇流器的气体放电光源,照明分支线路上设备总容量为各设备额定功率之和,即:

$$P_e = \Sigma P_N$$

(2) 有电感镇流器、触发器、变压器等附件的气体放电光源,总设备容量等于灯管(泡)的额定功率 $P_N$ 与附件功率损耗之和,即:

$$P_e = \Sigma (1+\alpha) P_N$$

式中 $\alpha$——镇流器等电器附件的功率损耗系数,见表2-3-30。

气体放电光源镇流器的功率损耗系数　　　　表2-3-30

| 光源种类 | 损耗系数 α | 光源种类 | 损耗系数 α |
| --- | --- | --- | --- |
| 荧光灯 | 0.2 | 涂荧光质的金属卤化物灯 | 0.14 |
| 高压荧光灯 | 0.07~0.3 | 低压钠灯 | 0.2~0.8 |
| 自镇流高压荧光汞灯 | — | 高压钠灯 | 0.12~0.2 |
| 金属卤化物灯 | 0.14~0.22 | | |

(3) 对于民用建筑内的插座,当未明确接入设备时,每组(一个标准75或86系列面板上有2孔和3孔插座各一个)插座按100W计算。

2. 分支线路的计算负荷 $P_c$

分支线路的计算负荷就等于接在线路上照明设备的总容量,即 $P_c = P_e$。

3. 照明干线上的计算负荷 $P_{c(L)}$

照明负荷一般都属于单相用电设备,设计时,首先应当考虑尽可能将它们均匀地分接到三相线路上,当计算范围内的单相设备容量的和小于总设备容量的15%时,按三相平衡负荷确定干线上的计算负荷。此时干线上的计算负荷:

$$P_{c(L)} = K_{n(L)} \times \sum P_e = K_{n(L)} \times (P_{eA} + P_{eB} + P_{eC})$$

式中　$P_{eA}$、$P_{eB}$、$P_{eC}$——分别为三个相的总设备功率；

　　　$K_{n(L)}$——需要系数，见表2-3-31。

**照明干线回路的需要系数**　　　　　表2-3-31

| 建筑物类别 | 需要系数 $Kn$ | 建筑物类别 | 需要系数 $Kn$ |
|---|---|---|---|
| 应急照明 | 1 | 机　房 | 0.9 |
| 生产建筑 | 0.95 | 厂区照明 | 0.8 |
| 图 书 馆 | 0.9 | 教 学 楼 | 0.8~0.9 |
| 多跨厂房 | 0.85 | 实 验 楼 | 0.7~0.8 |
| 大型仓库 | 0.6 | 生 活 区 | 0.6~0.8 |
| 锅 炉 房 | 0.9 | 道路照明 | 1 |

在实际照明工程中要做到三相负荷平衡是很困难的，即上述条件较难满足，这时照明干线的计算负荷应按三相负荷中负荷最大的一相进行计算，即认为三相等效负荷为最大相单相负荷的三倍，即此时干线上计算负荷：

$$P_{C(L)} = 3Kn_{(L)} \cdot P_{em}$$

式中　$P_{em}$——为$P_{eA}$、$P_{eB}$、$P_{eC}$中的最大值。

"三相平衡"和"三相不平衡"也可用"相不平衡率$\eta$"来衡量，即

$$\eta = \frac{P_{max} - P_{min}}{P_{av}}$$

式中　$P_{max}$、$P_{min}$——三相中最大的和最小的设备功率；

　　　$P_{av}$——三相平均单相设备功率，即 $P_{av} = (P_{eA} + P_{eB} + P_{eC})/3$

当$\eta \leq 15\%$时，按三相平衡计算，即　$P_{c(L)} = K_{n(L)} \times (P_{eA} + P_{eB} + P_{eC})$

当$\eta > 15\%$时，按三相不平衡计算，即　$P_{c(L)} = 3K_{n(L)} \times P_{em}$

若欲求$Q_C$、$S_C$、$I_C$可用下面公式：

$$Q_{c(L)} = P_{c(L)} \cdot \tan\varphi$$

$$S_{c(L)} = \sqrt{P_{C(L)}^2 + Q_{C(L)}^2}$$

$$I_{C(L)} = \frac{P_{C(L)}}{\sqrt{3} \cdot U_N \cdot \cos\varphi}$$

**4. 进户线、低压总干线的计算负荷 $P_c$**

$$P_C = K_n \sum_{i=1}^{n} P_{C(Li)}$$

式中　$P_{c(Li)}$——各干线的计算负荷（kW）；

　　　$n$——干线的数量；

　　　$K_n$——进户线、低压总干线的需要系数，见表2-3-32。

民用建筑照明负荷需要系数　　　　　表2-3-32

| 建筑种类 | 需要系数 | 备　注 |
|---|---|---|
| 住宅楼 | 0.40~0.60 | 单元式住宅，每户两室6~8组插座，户装电能表 |
| 单身宿舍楼 | 0.60~0.70 | 标准单间，1~2盏灯，2~3组插座 |
| 办公楼 | 0.70~0.80 | 标准单间，2~4盏灯，2~3组插座 |
| 科研楼 | 0.80~0.90 | 标准单间，2~4盏灯，2~3组插座 |
| 教学楼 | 0.80~0.90 | 标准教室，6~10盏灯，1~2组插座 |
| 商店 | 0.85~0.95 | 有举办展销会可能时 |
| 餐厅 | 0.80~0.90 |  |
| 门诊楼 | 0.35~0.45 |  |
| 旅游旅店 | 0.70~0.80 | 标准单间客房，8~10盏灯，5~6组插座 |
| 病房楼 | 0.50~0.60 |  |
| 影院 | 0.60~0.70 |  |
| 体育馆 | 0.65~0.70 |  |
| 博展馆 | 0.80~0.90 |  |

注：1. 每组（一个标准75或86系列面板上有2孔和3孔插座各1个）插座按100W计。
　　2. 采用气体放电光源时，需计算镇流器的功率损耗。
　　3. 住宅楼的需要系数可根据各相电源上的户数选定：
　　① 25户以下取0.45~0.5；② 25~100户取0.40~0.45；③ 超过100户取0.30~0.35。

## （二）多种光源混合的情况

若照明线路中同时存在热辐射光源（$\cos\varphi=1$）和气体放电光源（$\cos\varphi<1$），在求照明系统的计算电流时，必须考虑到不同光源的$\cos\varphi$值不同这一因素，不能将各类照明设备的电流（或功率）直接相加作为总电流（或总功率），只能进行矢量相加，具体方法是：

第一步：求出每种光源的$I_c$值（方法同前）；

第二步：求出每种光源的$I_c$的有功分量$I_{cp}$和无功分量$I_{cq}$；

其中

$$I_{cp} = I_c \cdot \cos\varphi = \frac{P_c}{U_p}$$

$$I_{cq} = I_c \cdot \sin\varphi = I_{cp} \cdot \tan\varphi$$

第三步：求总计算电流：

$$I_c = \sqrt{(\sum I_{cp})^2 + (\sum I_{cq})^2}$$

【例题2-3-4】某生产建筑物中的三相供电线路上接有250W荧光高压汞灯和白炽灯两种光源，各相负荷分配见下表：

| 相　序 | 250W高压汞灯 | 白炽灯 |
|---|---|---|
| L1（A相） | 4盏1kW | 2kW |
| L2（B相） | 8盏2kW | 1kW |
| L3（C相） | 2盏0.5kW | 3kW |

试求：线路的计算电流。

**解**：查表得：$Kn = 0.95$，$\cos\varphi = 0.56$，$\tan\varphi = 1.48$

1. 求每相高压汞灯的有功计算功率：

A 相：$1000 \times (1 + 0.2) = 1200\text{W}$

B 相：$2000 \times (1 + 0.2) = 2400\text{W}$

C 相：$500 \times (1 + 0.2) = 600\text{W}$

2. 求每相白炽灯的有功计算功率：

A 相：2000W

B 相：1000W

C 相：3000W

3. 求每相高压汞灯的有功计算电流：

A 相：$1200/220 = 5.45\text{A}$

B 相：$2400/220 = 10.91\text{A}$

C 相：$600/220 = 2.73\text{A}$

4. 求每相高压汞灯的无功计算电流：

A 相：$5.45 \times 1.48 = 8.07\text{A}$

B 相：$10.91 \times 1.48 = 16.15\text{A}$

C 相：$2.73 \times 1.48 = 4.04\text{A}$

5. 求每相白炽灯的计算电流：

A 相：$2000/220 = 9.09\text{A}$

B 相：$1000/220 = 4.55\text{A}$

C 相：$3000/220 = 13.64\text{A}$

6. 求线路总的计算电流：

$$I_{CA} = \sqrt{(5.45 + 9.09)^2 + 8.07^2} = 16.63\text{A}$$

$$I_{CB} = \sqrt{(10.91 + 4.55)^2 + 16.15^2} = 22.36\text{A}$$

$$I_{CC} = \sqrt{(2.73 + 13.64)^2 + 4.04^2} = 16.86\text{A}$$

## 二、负荷密度法

负荷密度法定义为单位面积上的负荷需求量与建筑面积的乘积，即：

$$P_c = \frac{KA}{1000}$$

式中　$P_c$——建筑物的总计算负荷（kW）；

$K$——单位面积上的负荷需求量（W/m²）；

$A$——建筑面积（m²）。

# 第六节 照明质量的评价

光照设计的优劣主要是用照明质量来衡量,在进行光照设计时,应该全面考虑和适当处理照度、亮度分布、照度的均匀度、照度的稳定性、眩光、光的颜色、阴影等主要的照明质量指标。

## 一、照度水平

照度是决定物体明亮程度的直接指标。在一定的范围内,照度增加可使视觉能力得到提高。合适的照度有利于保护人的视力,提高劳动生产率。

各场所的照度标准可参考我国行业标准《民用建筑电气设计规范》(JGJ/T16—2008)。"照度标准"中给出的照度值是指各种场所参考工作面的平均照度值(若未加说明,该参考平面指距地面 0.75m 的水平面)。

## 二、亮度分布

作业环境中各表面上的亮度分布是照度设计的补充,是决定物体可见度的重要因素之一。相近环境的亮度应当尽可能低于被观察物体的亮度,CIE 推荐被观察物的亮度为它相近环境的 3 倍时,视觉清晰度较好,即相近环境与被观察物本身的反射比之比最好控制在 0.3~0.5 的范围内。

在工作房间,为了减弱灯具与周围及顶棚之间的亮度对比,特别是采用嵌入式安装灯具时,因为顶棚上的亮度来自室内多次反射,顶棚的反射比要尽量高(不低于 0.6);为避免顶棚显得太暗,顶棚照度不应低于作业面照度的 1/10;工作房间内的墙壁或隔断的反射比最好在 0.5~0.7 之间,地板的反射比在 0.2~0.4 之间。因而在大多数情况下,要求采用浅色的家具和浅色的地面。

此外,适当增加作业对象与作业背景的亮度之比,较之单纯提高工作面上的照度能更有效地提高视觉功能,而且比较经济。

## 三、照度均匀度

照度均匀度的不良会导致视觉的疲劳。照明的均匀度包含两个方面,一是工作面上照明的均匀性;二是工作面与周围环境的亮度差别。根据我国国标,照明均匀度常用给定工作面上的最低照度与平均照度之比来衡量,即 $E_{min}/E_{av}$,我国《民用建筑照明设计标准》规定:工作区域内一般照明的均匀度应不低于 0.7,CIE 推荐的值为 0.8,工作房间内交通区的照度不宜低于工作面照度的 1/5。

为了获得满意的照度均匀度,一般照明方式中,灯具均采用均匀布置,并且实际布灯的距高比不应大于所选灯具的允许距高比。

## 四、照度的稳定性

为了提高照明的稳定性,从照明供电方面考虑,可采取以下措施:

（1）照明供电线路与负荷经常变化大的电力供电线路分开，以减少负荷变化引起的电压波动，必要时可采用稳压措施。

（2）灯具安装注意避开工业气流或自然气流引起的摆动。吊挂长度超过 1.5m 的灯具宜采用管吊式。

（3）被照物体处于转动状态的场合，避免使用有频闪效应的光源，可将单相供电的两根灯管采用移相接法，或以三相电源分相接三根灯管来达到降低闪烁效应的目的。

### 五、限制眩光

一般来说，被视物与背景的亮度比超过 1:100 就容易产生眩光；当被视物亮度超过 $16cd/m^2$ 时，在任何条件下都会产生眩光。

我国规定民用建筑照明对直接眩光限制的质量等级分为三级，其相应的眩光程度和应用场所如表 2-3-33 所示。工业照明眩光限制等级分为五级。

直接眩光限制的质量等级　　　　表 2-3-33

| 眩光限制质量等级 | 眩光程度 | 视觉要求 | 场所示例 |
| --- | --- | --- | --- |
| Ⅰ | 高质量 | 无眩光感 | 视觉要求特殊的高质量照明房间 | 手术室、计算机房、绘图室等 |
| Ⅱ | 中等质量 | 有轻微眩光感 | 视觉要求一般的作业，且工作人员有一定程度的流动性或要求注意力集中 | 会议室、办公室、营业厅、餐厅、观众厅、候车厅、厨房、普通教室、阅览室等 |
| Ⅲ | 低质量 | 有眩光感 | 视觉要求和注意力集中程度不高的作业，工作人员在有限的区域内频繁走动或不由同一批人连续使用的照明场所 | 室内通道、仓库等 |

为了限制眩光，可采用如下措施：

（1）限制光源的亮度、降低灯具的表面亮度。如采用磨砂玻璃等。

（2）局部照明的灯具应采用不透明的反射罩，且灯具的保护角（遮光角）$\gamma \geq 30°$；若灯具的安装高度低于工作者的水平视线时，$\gamma$ 应限制在 $10° \sim 30°$ 之间。

（3）选择好灯具的悬挂高度。

（4）采用各种玻璃水晶灯。

（5）选择合适的亮度分布等。

### 六、光源的颜色和显色性

不同的场所对光源的颜色和显色性各自有要求。

在需要正确辨色的场所，应采用显色指数较高的光源，也可以采用两种光源混合照明的办法。表 2-3-34 和表 2-3-35 分别列出了各种场所对光源的色温和显色指数的选择要求。

### 七、绿色照明

绿色照明的概念是 1991 年提出的，绿色照明的主要内容包括以下两个方面：

1. 照明节能

指使用高效的光源和灯具，合理控制照明用电，推广节能灯等。

## 2. 环境保护

推广新型无噪声、无污染的光源和照明器，尽量降低汞等有毒物质对环境的影响和破坏，大力回收废、旧灯管。

**不同色温光源的应用场所** 表 2-3-34

| 光源颜色分类 | 相关色温/K | 颜色特征 | 适用场所示例 |
|---|---|---|---|
| I | <3300 | 暖 | 居室、餐厅、宴会厅、多功能厅、四季厅（室内花园）、酒吧、陈列厅 |
| II | 3300~5300 | 中间 | 教室、办公室、会议室、阅览室、营业厅、休息厅、洗衣房 |
| III | >5300 | 冷 | 设计室、计算机房 |

**不同显色指数光源的应用场所** 表 2-3-35

| 显色分组 | 一般显色指标 | 类属光源示例 | 适用场所示例 |
|---|---|---|---|
| I | $Ra \geq 80$ | 白炽灯、卤钨灯、稀土节能灯和三基色荧光灯、高显色高压钠灯 | 美术展厅、化妆室、客室、餐厅、宴会厅、多功能厅、酒吧、高级酒店、营业厅、手术室 |
| II | $60 \leq Ra < 80$ | 荧光灯、金属卤化物灯 | 办公室、休息室、厨房、报告厅、教室、阅览室、自选商店、候车室、室外比赛场地 |
| III | $40 \leq Ra < 60$ | 荧光高压汞灯 | 行李房、库房、室外门廊 |
| IV | $Ra < 40$ | 高压钠灯 | 辨色要求不高的库房、室外道路照明 |

# 第七节 电气照明施工图设计

## 一、建筑电气照明工程图的绘制标准

### 1. 图幅

设计图纸的图幅尺寸有五种规格。特殊情况下，允许加长 1~3 号图纸的长度和宽度，加长后的边长不得超过 1931mm；零号图纸只能加长长边，不得加宽；4 号和 5 号图纸不得加长或加宽。图纸增加的长和宽应以图纸幅面的 1/8 为一个单位。

### 2. 图标

0~4 号图标，无论采用横式或竖式图幅，工程设计图标均应设置在图纸的右下方，紧靠图框线。图标中的项目有"设计单位名称"、"工程名称"、"图纸名称"、"设计人"、"审核人"等，均应填写。

### 3. 比例

电气设计图纸的图形比例均应遵守国家标准绘制。普通照明平面图、电力平面图多采用 1:100 的比例，特殊情况下，可使用 1:50 或 1:200。大样图可适当放大比例。电气接线图图例可不按比例绘制。复制图纸不得改变原样比例。

### 4. 图线

图纸中的各种线条，标准实线宽度应在 0.4~1.6mm 范围内选择，其余各种图形的线宽按图形的大小比例和复杂程度来选择配线的规格。比例大的用线粗一些。一个工程项目或同一图纸、同一组视图内的各种同类线型应保持同一线宽。

### 5. 字体

应采取直体仿宋字。字母和数字可采用向右倾斜与水平成 75° 的斜体字。

## 二、建筑电气照明施工图组成

### (一) 照明施工图目录

目录主要为了说明电气照明施工图纸的名称、数量、图号的顺序等，便于查找图纸。

### (二) 照明施工图设计说明

施工图说明解决在施工过程中，难以用图纸说明的问题和共性问题。其主要是由工程概况和要求的文字说明组成，用文字来补充图纸的不足。施工设计说明主要有以下几部分构成：

1. 设计依据

(1) 列出设计的依据资料（国家标准、法规、规范等）和批准文件。

(2) 与本专业设计有关的条款（当地供电部门的技术规定）。

(3) 其他专业提供的设计资料及建筑部门提出的技术条件等。

2. 设计范围

根据设计任务要求和有关设计资料，说明本设计的内容和工程范围。

3. 照明系统设计说明

(1) 照明电源及进户线安装方式、负荷等级、工作班制、供电电压和负荷容量。

(2) 配电系统供电方式、敷设方式、采用导线、敷设管材规格和型号。

(3) 照度标准、光源及照明器的选择、装饰照明器、应急照明、障碍照明及特殊照明装饰的安装方式和控制器类别、照明器的安装高度及控制方法。

(4) 配电设备中配电箱（盘）的选择及安装方式、安装高度及加工技术要求和注意事项。

(5) 照明设备的接地保护装置、保护范围、材料选择、接地电阻要求和措施、接地方式等。

4. 照明施工图例和序号

主要说明图纸中的图形符号所代表的内容和意义。图形符号及其标注序号，主要采用国际电工委员会（IEC）的通用标准作为我国新的国家标准符号，采用英文字头表示。

5. 设备、材料统计表

照明系统设计中说明的设备及材料的名称、型号、规格、单位和数量，有关工程设计将此项内容与4合并。

6. 照明施工总平面图

施工总平面图标明了建筑物的位置、面积和所需照明及动力设备的用电容量，标明架空线路或地下电缆的位置、电压等级及进户线的位置和高度，包括外线部分的图例及简要的做法说明。较小的工程、只有电源引入线的工程，无施工总平面图。有的工程设计无此项内容要求。

7. 照明平面图

表征建筑物各层的照明配电箱、照明器、开关、插座、线路等平面布置和线路走向，它是安装电器和敷设支路管线的依据。

(1) 标注

照明平面图中，文字标注主要表达的是照明器具的种类、安装数量、灯泡的功率、安装方式、安装高度等，具体表达式为

$$a-b\frac{c\times d}{e}f$$

各符号代号含义详见第二章第一节。照明器安装方式的标注文字符号见表2-3-36。

**照明器安装方式的标注文字符号表**　　　　　　　　　　表2-3-36

| 名　称 | 新代号 |
|---|---|
| 线吊式 | CP |
| 自在器线吊式 | CP1 |
| 固定线吊式 | CP2 |
| 防水线吊式 | CP3 |
| 线吊器或链吊式 | Ch |
| 管吊式 | P |
| 壁装式 | W |
| 吸顶式或直附式 | S |
| 嵌入式（嵌入不可进入的顶棚） | R |
| 顶棚内安装（嵌入可进入的顶棚） | CR |
| 墙壁内安装 | WR |
| 台上安装 | T |
| 支架上安装 | SP |
| 柱上安装 | CL |
| 座　装 | HM |

（2）导线数量

照明平面图中各段导线根数用短横线表示，两根线省略。如管内穿三根线，则在直线上加三道小短横线或采用数量标注法，即在直线上加一道小短线，并标注数字3，管内穿线的数量一般控制在6根以内。

编制电气预算就是根据导线根数及其长度计算导线的工程量。

各照明器的开关必须接在相线上，无论是几联开关，只送入开关一根相线。从开关出来的电线称为控制线（或称回火）。$n$联开关就有$n$条控制线，所以$n$联开关共有$(n+1)$根导线。

照明支路和插座支路应分开，插座支路导线根数由$n$联中极数最多的插座决定，如二、三孔双联插座是三根线。若是四联三极插座也是三根线。

8. 照明系统图

表示整体供电系统的配电关系或方案。在三相系统中，通常用单线条表示。从图中能够看到工程配电的规模、各级控制关系、控制设备和保护设备的规格容量、各路负荷用电容量及导线规格等。系统图是电气施工图中最重要的部分。

系统图上需要表达的内容主要有以下几项：

（1）电缆进线（或架空线路进线）回路数、电缆型号规格、导线或电缆的敷设方式以及穿管管径。

常用导线敷设方式的标注符号见表2-3-37，导线敷设的部位见表2-3-38。

导线敷设方式的标注符号　　　　　表2-3-37

| 名　　称 | 新代号 |
| --- | --- |
| 导线和电缆穿焊接钢管敷设 | SC |
| 穿电线管敷设 | TC |
| 穿水煤气管 | RC |
| 穿硬聚氯乙烯管敷设 | PC |
| 穿阻燃半硬聚氯乙烯管敷设 | FPC |
| 用塑料线槽敷设 | PR |
| 用钢线槽敷设 | SR |
| 用电缆桥架敷设 | CT |
| 用塑料夹敷设 | PLC |
| 穿蛇皮管敷设 | CP |
| 穿阻燃塑料管敷设 | PVC |

导线敷设部位的标注符号　　　　　表2-3-38

| 名　　称 | 新代号 |
| --- | --- |
| 沿钢索敷设 | SR |
| 沿屋架或跨屋架敷设 | BE |
| 沿柱或跨柱敷设 | CLE |
| 沿墙面敷设 | WE |
| 沿天棚面或顶板面敷设 | CE |
| 在能进人的吊顶内敷设 | ACE |
| 暗敷设在梁内 | BC |
| 暗敷设在柱内 | CLC |
| 暗敷设在墙内 | WC |
| 暗敷设在地面或地板内 | FC |
| 暗敷设在屋面或顶板内 | CC |
| 暗敷设在人不能进入的吊顶内 | ACC |

例如某照明系统图中标注有 BV（3×50+2×25）SC50-FC，表示该线路是采用铜芯塑料绝缘线，三根相线的截面是 $50mm^2$，N线和PE线的截面是 $25mm^2$，穿钢管敷设，管径50mm，沿地面暗设。

（2）开关及熔断器的规格型号、出线回路数量、用途、用电负荷功率及各条照明支路分相情况。

（3）用电参数。配电系统图上，还应表示出该工程总的设备容量、需要系数、计算容量、计算电流、配电方式等。

（4）配电回路参数。电气系统图中各条配电回路上，应标出该回路编号和照明设备的总容量，其中包括电风扇、插座和其他用电器具等的容量。

（5）大样图。表示照明安装工程中的局部作法明细图，例如舞台聚光灯安装大样图、灯头盒安装大样图等。

## 本章小结

本章主要介绍建筑电气照明系统设计的基本知识、设计步骤、相关计算、照明质量的评价、电气照明平面图与系统图设计分析等内容。

1. 建筑电气照明系统的设计包括：光照部分设计、电气部分设计、管网的综合、施工图的绘制、概算（预算）书的编制。

2. 光照设计主要内容：确定设计照度、选择照明方式、选择电光源和照明器、进行照明器的布置、进行照度计算等。

3. 电气设计主要内容：确定供电电源形式、确定配电系统、进行负荷计算、进行照明配电线路中设备的选择等。

4. 在工业与民用建筑中，照度计算主要是室内平均照度的计算。计算的方法有利用系数法、逐点计算法、单位容量法和灯数概算法等。平均照度计算法的关键是根据房间特征、灯具型号和室内装饰材料的条件确定出光通量的利用系数。它适用于一般照明的照度计算，用来计算平均照度以及所需灯的数量。单位容量法通常用于做方案设计或初步设计时估算照明用电量。

5. 照明负荷计算的目的就是为了合理选择照明供电系统中的变压器导线和开关设备，照明负荷的计算方法主要有需要系数法和负荷密度法。在施工图设计阶段，通常采用需要系数法。在用需要系数法进行照明线路中负荷计算时，应根据负荷情况及配电网络情况合理地选择需要系数的值，在保证满足供电要求的情况下，还要做到经济合理。

6. 照明平面图上表达的内容：配电箱、照明器、开关、插座、线路等平面布置和线路走向。

7. 照明系统图上表达的内容：进线回路、线缆型号、规格、敷设方式、穿管管径、开关及熔断器的规格型号、各线路用途、用电设备容量、用电参数等。

8. 照明质量的评价主要考虑的方面有：照度水平、照度均匀度、亮度分布、照度稳定性、眩光的限制、光源的颜色和显色性以及绿色照明等。

## 实训项目

1. 有一教室长 12m，宽 8.8m，高 3.6m，灯具距地面高度 3.1m，课桌高度 0.75m，当要求桌面的平均照度为 150lx 时，请用单位容量法确定采用 YG2 - 1 荧光灯具的数量和灯具的布置。

2. 有一实验室长 9.5m，宽 6.6m，高 3.6m，在顶棚下方 0.5m 处均匀安装 9 盏 YG1 - 1 型 40W 荧光灯（光通量 2400lm），设实验桌高度为 0.8m，实验室内各表面的反射比如

图 2-3-13 所示，试用利用系数法计算实验课桌上的平均照度。

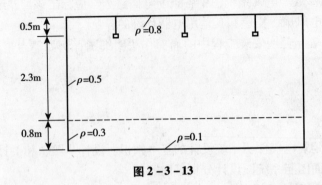

**图 2-3-13**

3. 某办公楼一层建筑平面图如图 2-3-14 所示，若各房间均采用 YG2-1 型荧光灯具，根据房间尺寸进行布灯方案的设计。

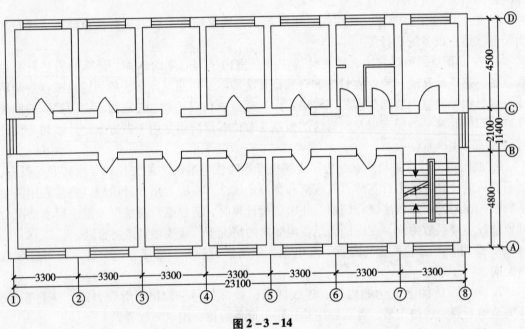

**图 2-3-14**

# 第三部分

# AutoCAD 在供电与照明工程设计中的应用

# 第一章 电气工程制图规则

电气工程图用图形符号和文字符号表示，在电气技术领域作为工程语言传递着信息，早已被广泛地应用。电气符号是构成电气图的基本单元，是电工技术文件中的"象形文字"，是组成电气"工程语言"的"词汇"和"单词"。文字符号是用于电气技术领域中技术文件的编制，表明电气设备、装置和元器件的名称、功能、状态或特征。因此，正确、熟练地理解、绘制和识别各种电气图形符号和文字符号是绘制和阅读电气图的基础。

## 第一节 电气图形符号

### 一、电气图形符号的分类

新的国家标准《电气图用图形符号》（GB4728），共分十三部分。

1. 总则

有标准内容提要、名词术语、符号的绘制、编号及其他规定。

2. 符号要素、限定符号和其他符号

内容包括轮廓和外壳、电流和电压的种类、可变性、力或运动的方向、流动方向、特性量的动作相关性、材料的类型、效应或相关性、辐射、信号波形、机械控制、操作件和操作方法、非电量控制、接地、接机壳和等电位、理想电路元件。

3. 导线和连接器件

内容有电线、屏蔽或绞合导线、同轴电缆、端子与导线连接、插头和插座、电缆终端头等。

4. 无源元件

内容有电阻器、电容器、电感器、铁氧体磁芯、压电晶体、驻极体等。

5. 半导体和电子管

如二极管、三极管、晶闸管、电子管等

6. 电能的发生和转换

内容有绕组、发电机、变压器等。

7. 开关、控制和保护装置

内容有出点、开关、开关装置、控制装置、启动器、继电器、接触器和保护器件等。

8. 测量仪表、灯和信号器件

内容有指示仪表、记录仪表、热电偶、遥测装置、传感器、灯、电铃、蜂鸣器喇叭等。

9. 电信、交换和外围设备

内容有交换系统、选择器、电话机、电报和数据处理设备、传真机等。

10. 电信、传输

内容有通信电路、天线、波导等器件、信号发生器、激光器、调制器、解调器、光纤传输线路等。

11. 电力、照明和电信布置

内容有发电站、变配电所、电力配电、照明、开关、插座音响和电视的电缆配电系统。

12. 二进制逻辑单元

内容有计数器、存储器等

13. 模拟单元

内容有放大器、函数器、电子开关等。

## 二、文字符号

文字符号分基本文字符号和辅助文字符号。

1. 基本文字符号

基本文字符号有单字母符号和双字母符号。单字母符号是用拉丁字母将各种电气设备、装置和元器件划分为 23 大类，每一大类用一个专用单字母符号表示。如"K"表示继电器、接触器类，"F"表示保护类。单字母符号应优先采用。

双字母符号是由一个表示总类的单字母符号与另一个字母组成，其组成形式应以单字母符号在前，另一个字母在后。例如："GB"表示蓄电池，"G"为电源的单字母符号。只有当单字母符号不能满足要求需要进一步划分时才采用双字母符号，以便较详细地表述电气设备、装置和元器件。如"F"表示保护类器件，而"FU"表示熔断器，"FR"表示具有延时动作的限流保护器件等。双字母符号的第一位字母只允许按单字母符号所表示的总类使用，第二位字母通常选用该类设备、装置和元器件的英文名称的首位字母，或常用缩略或约定俗成的习惯字母。

2. 辅助文字符号

辅助文字符号是用以表示电气设备、装置和元器件以及线路的功能、状态和特征的。如"SYN"表示同步，"L"表示限制。

辅助文字符号一般放在基本文字符号单字母的后边，合成双字母符号，如"Y"是表示电气操作的机械器件类的基本文字符号，"B"是表示制动的辅助文字符号，两者组合成"YB"，则成为电磁制动器的文字符号。若辅助文字符号有两个以上字母组成时，允许只采用其第一位字母进行组合，如"SYN"为同步，"M"表示电动机，"MS"表示同步电动机。辅助文字符号也可以单独使用，如"ON"表示闭合，"OFF"表示断开，"PE"表示保护接地等。

# 第二节 电气工程图的种类及规范

## 一、电气工程图的种类

一方面电气工程图可以根据功能和使用场合分为不同的类别，另一方面各种类别的电气工程图都有某种联系和共同点，不同类别的电气工程图适用于不同的场合，其所表达的工程含义的侧重点也不尽相同。在不同专业和不同的场合下，只要是按照同一用途绘制成的电气图，不仅在表达方式与方法上必须是统一的，而且在图的分类与属性上也应该一致。

电气工程图用来阐述电气工程的构成和功能，描述电气装置的工作原理，提供安装和维护使用的信息，辅助电气工程研究和指导电气工程实践施工等。电气工程的规模不同，该电气工程的电气图的种类和数量也不同。电气工程图的种类与工程的规模有关，较大规模的电气工程通常要包含更多种类的电气工程图，从不同的侧面表达不同的侧重点的工程含义。

1. 电气系统图和框图

系统图是一种简图，由符号或带注释的框图绘制而成，用来概略地表示系统、分系统、成套装置或设备的基本组成、相互关系及其主要特征，为进一步编写详细的技术文件提供依据，供操作和维修时参考。系统图是绘制较其层次低的其他各种电气图（主要指电路图）的主要依据。

系统图对布局的要求很高，强调布局清晰，以利于识别工程和信息的流向，如图3-1-1和图3-1-2所示。

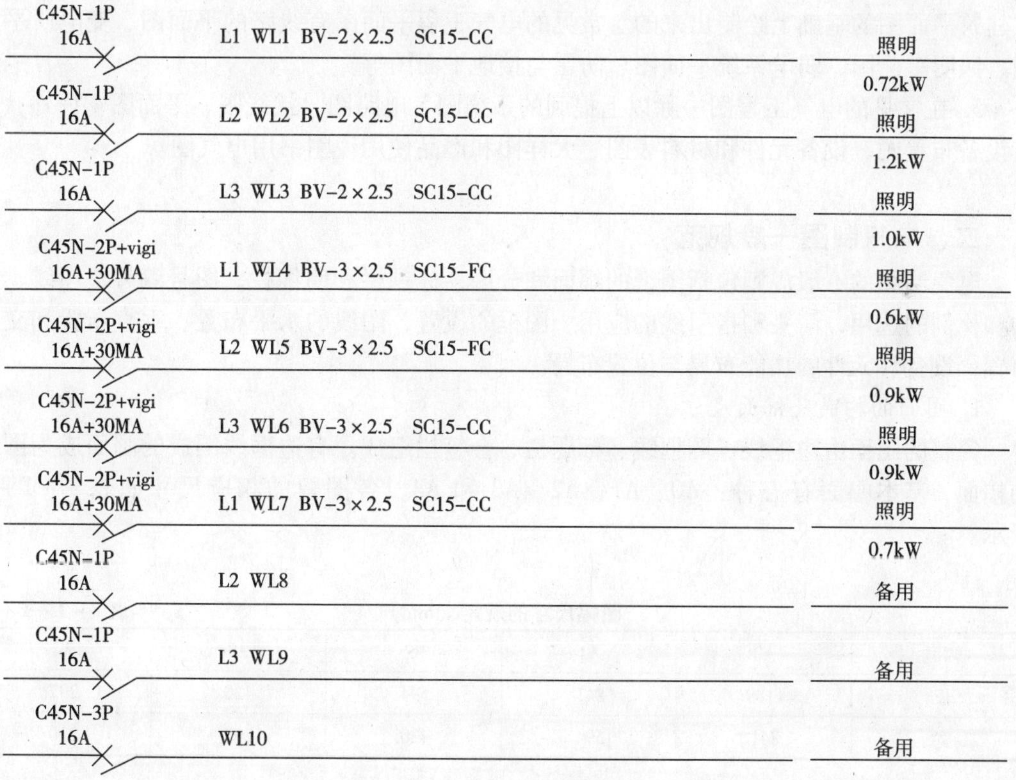

| 断路器 | 回路编号 导线规格 敷设方式 | 用途 功率 |
|---|---|---|
| C45N-1P 16A | L1 WL1 BV-2×2.5 SC15-CC | 照明 |
| C45N-1P 16A | L2 WL2 BV-2×2.5 SC15-CC | 0.72kW 照明 |
| C45N-1P 16A | L3 WL3 BV-2×2.5 SC15-CC | 1.2kW 照明 |
| C45N-2P+vigi 16A+30MA | L1 WL4 BV-3×2.5 SC15-FC | 1.0kW 照明 |
| C45N-2P+vigi 16A+30MA | L2 WL5 BV-3×2.5 SC15-FC | 0.6kW 照明 |
| C45N-2P+vigi 16A+30MA | L3 WL6 BV-3×2.5 SC15-CC | 0.9kW 照明 |
| C45N-2P+vigi 16A+30MA | L1 WL7 BV-3×2.5 SC15-CC | 0.9kW 照明 |
| C45N-1P 16A | L2 WL8 | 0.7kW 备用 |
| C45N-1P 16A | L3 WL9 | 备用 |
| C45N-3P 16A | WL10 | 备用 |

图3-1-1 照明工程系统图

2. 电路图

电路图用图形符号绘制并按工作顺序排列，详细表示电路、设备或成套装置的全部基本组成部分的连接关系,侧重表达电气工程的逻辑关系,而不考虑其实际位置。电路图的用途很广,可以详细地理解电路、设备或成套设置及其组成部分的作用原理,分析和计算电路特性,为测试和寻找故障提供信息,并作为编制接线图的依据,简单的电路图还可以直接用于接线。

电路图的布局应突出表示功能的组合和性能。每个功能级都应以适当的方式加以区分,突出信息流及各级之间的功能关系,其中使用的图形符号必须具有完整形式,元件画法简单而且符合国家规范。电路图应根据使用对象的不同需要,增注相应的各种补充信息,特别是应该尽可能考虑维修所需要的各种详细的材料。

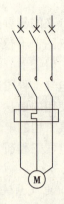

图 3-1-2 电机控制系统图

3. 电气接线图

接线图是用符号表示成套装置、设备或装置的内部、外部各种连接关系的一种简图,便于安装接线和维护。接线图中的每个端子都必须标注出元件的端子代号,连接导线的两端子必须在工程中统一编号。接线图布置时,应大体按照各个项目的相对位置进行布置。

4. 电气平面图

电气平面图主要是表示某一电气工程中电气设备、装置和线路的平面布置。它一般是在建筑平面图的基础上绘制出来的。常见的电气工程平面图有线路的平面图、变电所平面图、照明平面图、弱电系统平面图、防雷与接地平面图等。

5. 在常见的电气工程图中除以上提到的系统图、电路图、接线图、平面图 4 种外,还有设备布置图、设备元件和材料表图、大样图和产品使用说明书用电气图。

## 二、电气制图一般规范

电气制图的一般规则包括图纸的幅面和分区,标题栏和明细栏,图号编号,图线、字体和比例的选用,箭头和指引线的应用,图框的设置,图线的水平布置、垂直布置和交叉布置,设备和元件的功能布局与位置布局。

1. 图面的构成及幅面尺寸

完整的图面由边框线、图框线、标题栏、会签栏组成。有边框线围成的图面成为图纸的幅面,基本幅面有五种:A0、A1、A2、A3 和 A4,各图幅的相应尺寸如表 3-1-1 所示。

图幅尺寸的规定 (mm)　　　　　表 3-1-1

| 幅面 | A0 | A1 | A2 | A3 | A4 |
|---|---|---|---|---|---|
| 长 | 1189 | 841 | 594 | 420 | 297 |
| 宽 | 841 | 594 | 420 | 297 | 210 |

选择幅面尺寸的基本前提是:保证幅面布局紧凑、清晰和使用方便。主要考虑的因素是:

(1) 所设计对象的规模和复杂程度;

(2) 由简图种类所确定的资料的详细程度;

(3) 尽量选用较小幅面；
(4) 便于图纸的装订和管理；
(5) 复印和缩微的要求；
(6) 计算机辅助设计的要求。

2. 图框

在电气图中，确定图框的尺寸（表 3-1-2）有两个依据：一是图纸是否需要装订；二是图纸幅面的大小。需要装订时，装订的一边就要留出装订线。如图 3-1-3 和图 3-1-4 分别为不留装订边的图框和留装订边的图框。

图幅图框尺寸（mm） 表 3-1-2

| 幅面代号 | A0 | A1 | A2 | A3 | A4 |
| --- | --- | --- | --- | --- | --- |
| e | 20 | | 10 | | |
| c | 10 | | | 5 | |
| a | 25 | | | | |

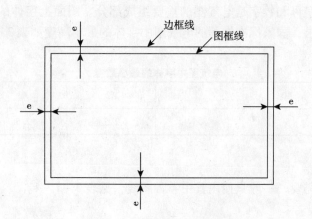

图 3-1-3 不留装订边图框

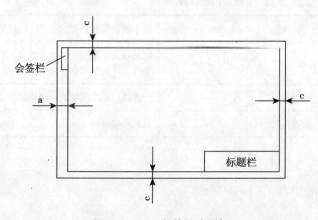

图 3-1-4 留装订边图框

### 3. 图号

每张图在标题栏中应有一个图号。由多张图组成的一个完整的图，其中每张图都用彼此相关的方法编制图号。如果在一张图上有几个几种类型的图，应通过附加图号的方式，使图幅内的每个图都能清晰地分辨出来。常用的标题栏的格式如图 3-1-5 所示。

| 某某设计院 | | | | 工　　程 | | 设 计 阶 段 | |
|---|---|---|---|---|---|---|---|
| 总工程师 | | 主要设计人 | | | | | |
| 设计总工程师 | | 校　核 | | | | | |
| 专业（主任） | | 设计制图 | | | | | |
| 日　　期 | | 比　　例 | | 图　号 | | | |

**图 3-1-5　标题栏的格式**

### 4. 文字

图中的文字、字母和数字是电气图的重要组成部分。图面上字体的大小依图幅而定。为了适应微缩的要求，国家标准推荐的电气图中字体的最小高度如表 3-1-3 所示

电气图中字体的最小高度　　　　　　　表 3-1-3

| 图纸幅面代号 | A0 | A1 | A2 | A3 | A4 |
|---|---|---|---|---|---|
| 字体最小高度（mm） | 5 | 3.5 | 2.5 | 2.5 | 2.5 |

### 5. 图线

根据电气图的需要，一般只使用其中 4 种图线，见表 3-1-4。

电气图图线的型式和应用范围　　　　　　表 3-1-4

| 序　号 | 图线名称 | 图线型式 | 一　般　应　用 |
|---|---|---|---|
| 1 | 实　线 | ——— | 基本线、简图主要内容用线、可见轮廓线、可见导线 |
| 2 | 虚　线 | - - - - | 辅助线、屏蔽线、机械连接线、不可见轮廓线、不可见导线、计划扩展内容用线 |
| 3 | 点划线 | — - — - | 分界线、结构围框线、功能围框线、分组围框线 |
| 4 | 双点划线 | — - - — - - | 辅助围框线 |

### 6. 比例

推荐采用的比例如表 3-1-5 所示。

比 例　　　　　　　　　表 3-1-5

| 类　别 | 推荐比例 | | |
|---|---|---|---|
| 放大比例 | 50:1 | | |
|  | 5:1 | | |
| 原尺寸 | 1:1 | | |
| 缩小比例 | 1:2 | 1:5 | 1:10 |
|  | 1:20 | 1:50 | 1:100 |
|  | 1:200 | 1:500 | 1:1000 |
|  | 1:2000 | 1:5000 | 1:10000 |

## 本章小结

　　本章讲述了电气工程制图规则、电气工程图的种类、电气工程图的一般特点、电气图符号的构成。这些知识都是电气工程制图必须首先了解的，只有掌握了这些知识，所绘制的电气工程图才是规范的，便于对图纸的阅读和技术交流。

# 第二章 照明与供电计算机辅助设计

## 第一节 AutoCAD 的基本知识

本节介绍有关 AutoCAD 的有关基础知识,包括初始绘图界面的设置,图形范围和单位等绘图参数的设置,以及绘图过程中要用到的一些基本辅助绘图工具,包括图形显示控制工具和精确定位工具等。这些知识是 AutoCAD 的最基本的知识。只有初步掌握了这些知识,才能够方便快速地进行 AutoCAD 的绘图。

### 一、选项设置

选项设置包括:图形自动保存的位置、自动保存间隔时间、默认的打印机、界面的背景等,在菜单栏中选择"工具"→"选项"即可实现。首次运行 AutoCAD 后,初始的界面如图 3-2-1 所示。调入选项命令后,打开"选项"对话框,如图 3-2-2 所示。首先设置图形文件的位置,选择"文件"选项卡,单击"临时图形文件位置"左侧的"+"符号,选项下就显示了文件位置,在文件位置上双击鼠标,如图 3-2-2 所示。单击

图 3-2-1 首次运行 AutoCAD2007 的界面

"浏览"按钮,打开"浏览文件夹"对话框,选中你的文件夹后单击"确定"按钮后完成设置。用同样的方法,设置"自动保存文件"位置。文件保存后即可在如图3-2-3所示的浏览文件夹内浏览文件。

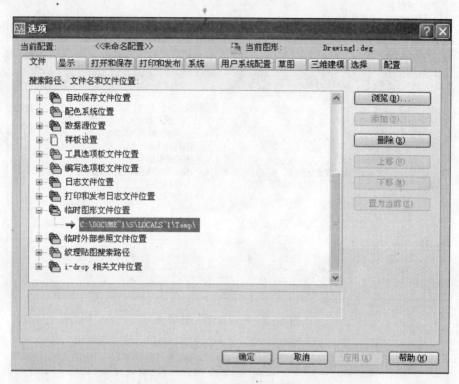

图3-2-2 "文件"选项卡

图3-2-3 "浏览文件夹"对话框

AutoCAD界面中的黑色背景色,有的读者可能不喜欢,在"显示"选项卡中单击"颜色"按钮,如图3-2-4所示。打开"图形窗口颜色"对话框,如图3-2-5所示,选择你喜欢的颜色。单击"应用并关闭"按钮后,完成设置。

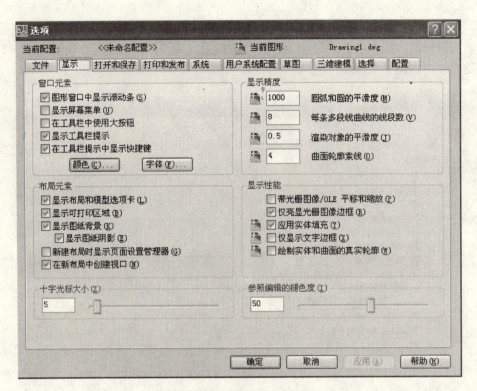

图 3-2-4 "显示"选项卡

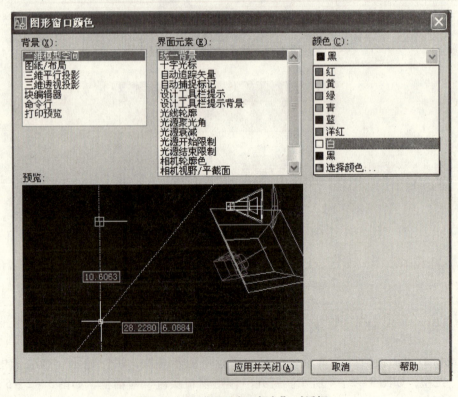

图 3-2-5 "图形窗口颜色"对话框

文件的自动保存时间间隔设置，在"打开和保存"选项卡中，在"保存间隔分钟数"中输入时间，然后将"临时文件扩展名""ac＄"修改为"dwg"即可，如图3-2-6所示。

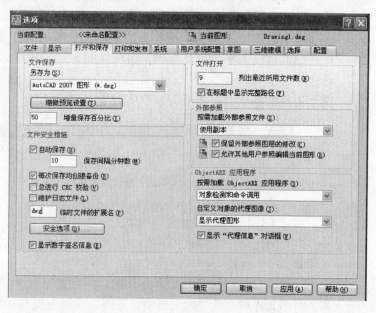

图3-2-6 "打开和保存"选项卡

打印机设置在"打印和发布"选项卡中，在"用作默认输出设备"的下拉菜单中，选择你的默认打印机。有些读者需要将打印图纸保存为文件，以便网上发布和共享，单击"打印到文件操作的默认位置"右侧按钮，如图3-2-7所示。在打开的"为所有打印到文件的操作选择默认位置"对话框中，选择你需要的文件位置即可。其他的选项用默认设置即可。单击"确定"按钮，完成了"选项"的设置。

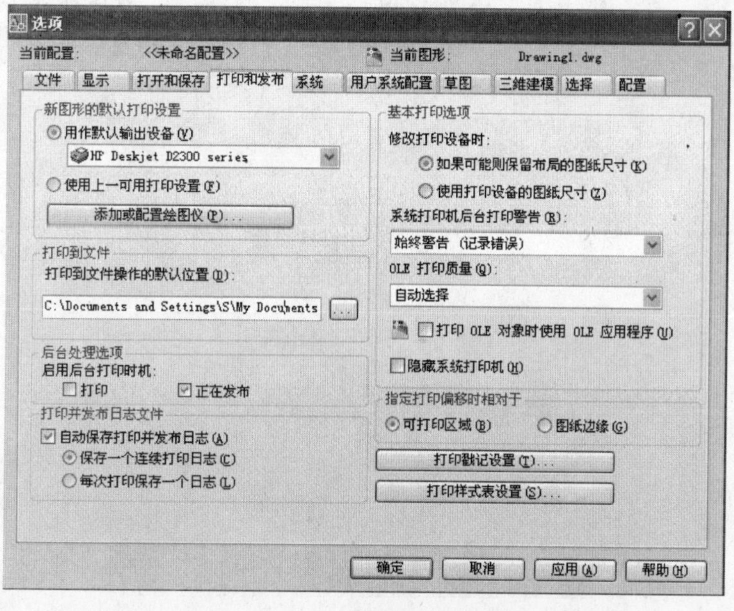

图3-2-7 "打印和发布"选项卡

## 二、设置常用命令按钮

有些命令在绘图中经常用到，例如捕捉自、临时追踪点等。而这些并没有放置在默认界面的工具栏中，大部分人在使用时需要在菜单中寻找他们的命令选项，很不方便。将命令按钮置于界面中的方法是：在工具栏上单击鼠标右键，出现如图3-2-8所示的右键菜单，选择需要加入的命令选项。例如选择"对象捕捉"选项，"对象捕捉"工具栏将显示在 AutoCAD2007 的界面上，如图3-2-9所示。

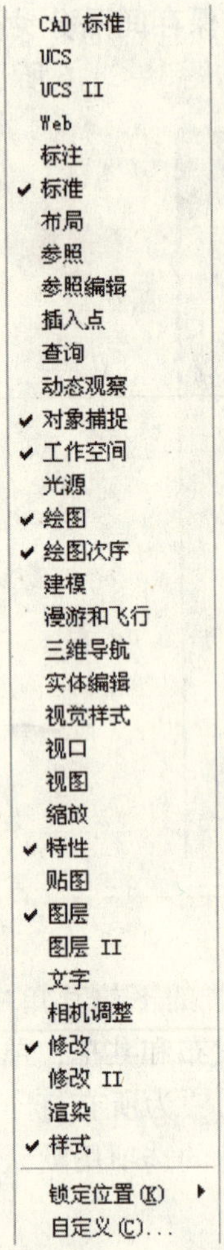

图3-2-9 界面中的"对象捕捉"工具栏

图3-2-8 工具栏的右键菜单

## 三、建立样板文件

所有的建筑图形都有共同点，例如，采用 mm 为单位，符合国家规范的文字、标注等样式。因此，在每张图纸上进行重复设置，既不合理，又浪费时间和精力。由此，将共同点置于一个特定的文件中，其余图形文件均在此基础上绘制，从而达到统一规格，提高绘图效率的目的，这个特定文件称为样板文件。在样板文件中，可以包括绘图单位和精度、文字的样式、标注样式、打印的样式、线形的样式等等。当然也可以使用系统设置好的样板文件，进行调用。样板文件的扩展名为"dwt"，系统提供的样本文件在"template"文件夹中能够找到。

1. 设置单位

调用菜单栏中"格式"→"单位"，或在命令栏中输入命令"units"，在打开的"图形单位"对话框中进行"图形单位"的设定，单击"确定"按钮就完成了设置，如图3-2-10所示。

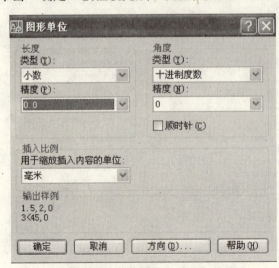

图3-2-10 "图形单位"对话框

2. 设置线型

调用菜单栏中"格式"→"线型"或者在命令栏中输入命令"linetype"后，打开"线型管理器"对话框，如图 3 – 2 – 11 所示。单击"加载"按钮，打开"加载或重载线型"对话框，如图 3 – 2 – 12 所示。选择需要的线型，单击"确定"按钮，该线型就从线型库中调入了。完成后在"线型管理器"中单击"显示细节"按钮，可以修改"全局比例因子"，适应比例的需要，如图 3 – 2 – 13 所示。

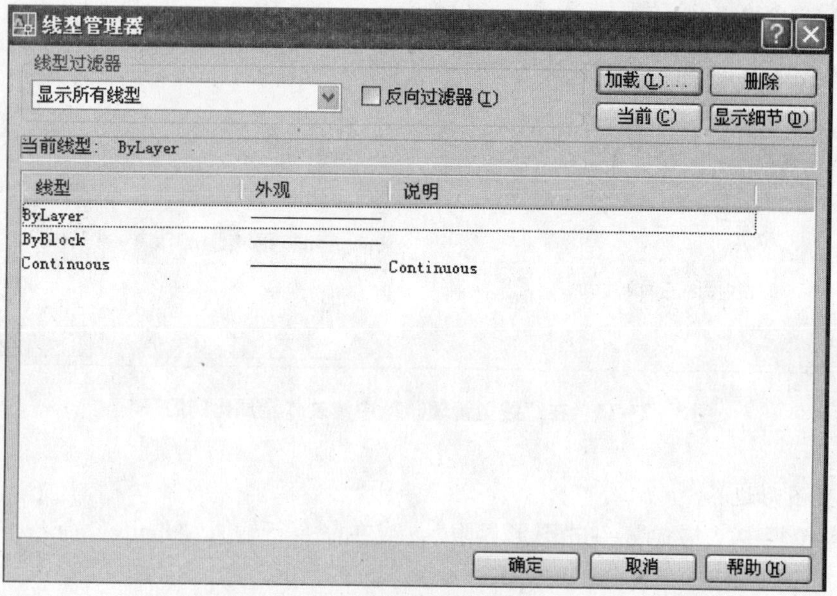

图 3 – 2 – 11　"线型管理器"对话框

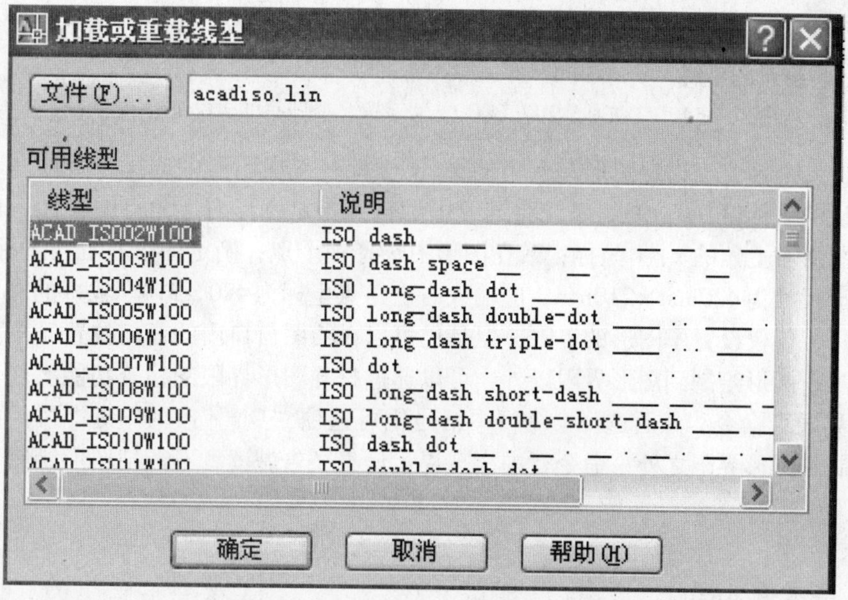

图 3 – 2 – 12　"加载或重载线型"对话框

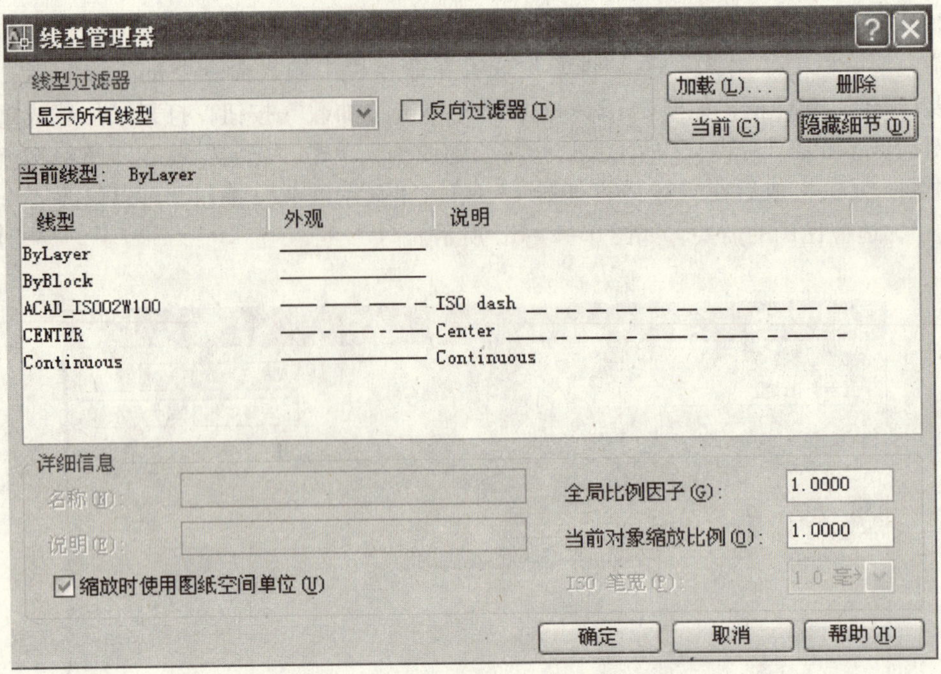

图 3-2-13 在"线型管理器"中修改"全局比例因子"

3. 设置图形边界

调用菜单栏中"格式"→"图形界限",或在命令行输入"limits"命令,执行命令如下:

> 命令:limits
> 重新设置模型空间界限:
> 指定左下角点或 [开 (ON) /关 (OFF)] <0.0000, 0.0000>:/输入图形边界左下角点的坐标/
> 指定右上角点 <420.0000, 297.0000>:/输入图形边界右上角点的坐标/

通过输入坐标值以指定图形左下角的 x、y 坐标;或在图形中选择一个点,或按回车键接受默认的坐标值 (0, 0),系统将继续提示输入指定图形右上角点的坐标。输入坐标值以指定图形右上角的 x、y 坐标;或在图形中选择一个点,确定图形右上角坐标。例如:要设置图形尺寸为 420mm×210mm,应输入右上角点坐标为 420,210。输入的左下角和右上角的坐标,仅仅设置了图形的界限,但是仍可以在绘图窗口内的任何位置绘图。若想使系统能够阻止图形绘制到图形界限以外,可以通过打开图形界限的检查功能实现。再次调入"图形界限"命令,然后选择命令行中括号中可选项"ON"按回车键即可。此时如果把图形绘制到图形界限之外,命令行中出现提示信息,告诫读者不能把图形绘制到图形界限之外。

## 四、基本输入操作

在 AutoCAD 中,有一些基本的输入操作方法,这些基本的使用方法是进行 AutoCAD

绘图的必备的基本知识，也是深入学习 AutoCAD 功能的前提。

**（一）命令的输入方式**

AutoCAD 的绘图必须输入必要的指令和参数。有多种 AutoCAD 命令输入方式（以画直线为例），下面分别加以介绍。

1. 在命令行输入命令名

通过在命令行输入命令来达到执行命令的目的。命令字符不分大小写，例如输入命令 LINE，执行命令时，在命令行提示中经常会出现命令选项，如输入绘制直线命令 LINE，命令行中的提示为：

> 命令：line/按 Enter 确定/
> 指定第一点：/在屏幕上指定一点或输入一个点的坐标/
> 指定下一点或［放弃（U）］：/指定另一个点，形成直线/
> 指定下一点或［放弃（U）］：/可以继续指定点，可以回车退出/

提示：选项中不带括号的提示为默认选项，因此可以直接输入直线段的起点坐标或在屏幕上指定一点，如果选择其他选项，则应该首先输入中括号选项中的表示字符（如"放弃"选项表示的字符是 U），然后按系统提示输入数据即可。在命令选项的后面有时候还带有尖括号，尖括号内的数值为默认数值。

2. 选择"绘图"菜单中的命令

例如调用"绘图"→"直线"，选取该命令后，在状态栏中可以看到对应的命令名及命令说明。菜单栏如图 3-2-14 所示。

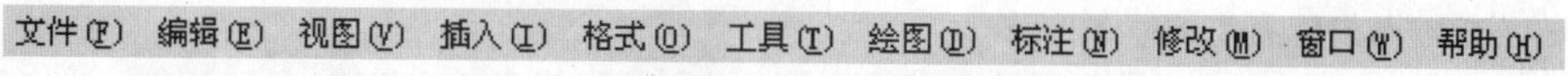

文件(F)　编辑(E)　视图(V)　插入(I)　格式(O)　工具(T)　绘图(D)　标注(N)　修改(M)　窗口(W)　帮助(H)

图 3-2-14　菜单栏

3. 单击绘图工具栏中的对应图标

绘图工具栏如图 3-2-15 所示。

图 3-2-15　绘图工具栏

**（二）命令的重复、撤销及重做**

1. 命令的重复

在命令行中按回车键或者空格键可重复调用上一个命令，不管上一个命令是完成了还是被取消了。

2. 在命令执行的任何时刻都可以取消和终止命令的执行

执行方式

命令行：UNDO

菜单栏中"编辑"→"放弃"。

快捷键：Esc

3. 命令的重做

已被撤销的命令还可以恢复重做，能够重做的是最后一个命令。

执行方式：

命令行：REDO

菜单栏中"编辑"→"重做"

提示：REDO 命令只能恢复刚执行 UNDO 命令的操作。

### （三）使用透明命令

可以在执行其他命令的同时使用一些命令。例如：在绘制直线时，希望用"平移"命令平移绘图屏幕，以便指定直线的端点；也可以在执行其他命令时，修改绘图工具的设置，如捕捉和栅格。在其他命令正处于激活状态时执行的命令被称之为透明命令。

### （四）坐标的输入方式

在 AutoCAD 中绘图实际上是在坐标系中绘制，那么在指定点时最常用的坐标表示法是绝对坐标法、相对坐标法和极坐标法。绝对坐标法是用点的 x，y 坐标值表示的坐标。例如在命令行中输入点的坐标提示下，输入"100，200"，则表示输入了一个 x，y 的坐标值分别为 100，200 的点，此为绝对坐标的输入方式，表示该点的坐标是相对于当前坐标原点的坐标值。如果输入"@100，200"，则为相对坐标的输入方式，表示该点的坐标是相对于前一点的坐标值。用长度和角度表示的坐标为极坐标法，格式为@长度<角度，长度为该点到前一点的距离，角度为该点至前一点的连线与 X 轴正向的夹角。

### （五）点与距离值的输入方法

在绘图的过程中，常常需要输入点的位置，AutoCAD 提出了 4 种输入点的方式。

（1）用键盘直接在命令行中输入点的坐标。

（2）用鼠标移动光标，单击左键在绘图区中直接点取。

（3）用目标捕捉方式在屏幕上已有的图形的特殊点（如端点、中点、交点、切点等）上点取。

（4）直接输入距离。先用光标拖动确定方向，然后用键盘输入距离。例如：要绘制一条长 10mm 的线段，方法如下：

> 命令：line /回车确认/
> 指定第一点：/在屏幕上指定一点/
> 指定下一点或 [放弃（U）]：10/输入距离 10/
> 指定下一点或 [放弃（U）]：/回车确认，退出命令/

通过在屏幕上移动鼠标指针指明线段的方向，但不要单击鼠标左键确认，然后在命令行中输入 10，这样就在指定方向上准确地绘制了长度为 10mm 的线段。

### （六）显示控制工具

用 AutoCAD 绘图不限定绘图的范围，大到宇宙星相图，小至米粒般的图形均可绘制。绘制过程中主要靠显示控制命令调节视图窗口的放大和缩小。图形的缩放类似于照相机的镜头，只改变视图的比例，而对象的实际尺寸并不发生变化。当放大图形一部分的显示尺寸时，可以更清楚地查看这个区域的细节；相反，如果缩小图形的显示尺寸，则可以查看更大的区域，如整体浏览。

执行方式：

命令行：zoom

菜单栏中"视图"→"缩放"

在缩放工具栏中 🔍 或 🔍

缩放工具栏如图 3-2-16 所示。

图 3-2-16　缩放工具栏

执行上述命令后，系统提示：

[全部（A）/中心（C）/动态（D）/范围（E）/上一个（P）/比例（S）/窗口（W）/对象（O）]＜实时＞：

1. 实时

尖括号中的文字是"缩放"命令的默认操作，即在输入"zoom"命令后，直接按回车键，将自动调用"实时"缩放操作。"实时"缩放可以通过上下移动鼠标指针交替进行放大和缩小。在使用"实时"缩放时，系统会显示一个"＋"号或"－"号，当缩放比例接近极限时，将不再显示"＋"号或"－"号。需要从实时缩放操作中退出时，可按 enter 键或 Esc 键退出。

2. 全部（A）

在提示文字后键入"A"即可执行"全部（A）"缩放操作。不论图形有多大，该操作都将显示图形的边界或范围。即使对象不包括在边界内，它们也将被显示，因此，使用"全部（A）"缩放选项，可查看当前视口中的整个图形。

3. 中心（C）

该选项通过确定一个中心点可以定义一个新的显示窗口。操作过程中需要指定中心点以及输入比例或高度。默认的中心点就是视图的中心点，默认的输入高度就是当前视图的高度，直接按 Enter 键后，图形不会被放大。输入比例，则数值越大，图形放大的倍数也将越大。

4. 动态（D）

通过操作一个表示视口的视图框，可以确定所需要显示的区域。选择该选项，在绘图窗口中出现一个小的视图框。按住鼠标的左键左右移动可以改变该视图框的大小；定形后放开左键，再按下鼠标左键移动视图框，确定图形中的放大位置，系统将清除当前视口并显示一个特定的视图。

5. 范围（E）

该选项可以使图形缩放至整个显示范围。使用该选项，图形中的所有对象都尽可能大的显示。

6. 上一个（P）

在绘制一幅复杂的图形时，有时需要放大图形的一部分以对细节进行编辑。当编辑完成后，希望回到前一个视图，这种操作可以使用"上一个（P）"选项来实现。每一个视口最多可以保存 10 个视图。连续使用"上一个（P）"选项可以恢复前 10 个视图。

7. 比例（S）

该选项可以在提示信息下，直接输入比例系数，AutoCAD 将按照此比例因子放大或缩小图形的尺寸。如果在此比例系数后面加"X",则表示相对于当前视图计算的比例因子。

8. 窗口（W）

该选项是最常使用的选项。通过确定一个矩形窗口的两个对角来指定所需缩放的区域,对角点可以由鼠标指针指点,也可以通过输入坐标确定。

### （七）图形平移

当图形幅面大于当前视口时,例如使用图形缩放命令将图形放大,如果需要在当前视口之外观察或绘制一个特定区域时,可以使用图形平移命令来实现。平移命令可以相当于移动图纸来查看或编辑,但不会改变图形的缩放比例。

执行方式:

命令行:PAN

菜单栏中"视图"→"平移"

工具栏中

执行上述平移命令后,光标将变成一只"小手",可以在绘图窗口任意移动,表示当前正处于平移模式。单击并按住鼠标左键将光标锁定在当前位置,即"小手"已经抓住了图形,然后,拖动图形使其移动到所需的位置。松开鼠标左键将停止平移图形。

### （八）精确定位工具

在绘制图形时,可以使用直角坐标或极坐标精确定位点,但是有些点（如端点、中心点等）的坐标我们是不知道的,但如果又想精确地指定这些点,可想而知是很难的,有时甚至是不可能的。AutoCAD已经很好地解决了这个问题。AutoCAD提供了辅助定位工具,使用这类工具,可以很容易地在绘图区域捕捉到这些点,进行精确绘图。

1. 正交绘图

执行过程

命令行:ORTHO

状态栏:正交

快捷键:F8

正交绘图模式,即在命令的执行过程中,光标只能沿x轴或者y轴移动。所有绘制的线段都将平行于x轴或y轴,它们相互垂直成90°相交,即正交。使用正交绘图,对于绘制水平和竖直线非常有用,特别是当绘制构造线时经常使用。

2. 对象捕捉

AutoCAD给所有的图形对象都定义了特征点。对象捕捉是指在绘图过程中,通过捕捉这些特征点,迅速准确地将新的图形对象定位在现有对象的确切位置即特征点上,也就是利用已经绘制好的图形绘制新图形。在系统中,可以通过单击状态栏中"对象捕捉"选项,来完成启用对象捕捉功能。在绘图过程中,对象捕捉功能的调用可以通过以下方式完成。对象捕捉工具栏如图3-2-17所示。在绘图过程中,当系统提示需要指定点的位置时,可以单击"对象捕捉"工具栏中相应的特征点按钮,再把光标移动到要捕捉的对象的特征点附近,系统会自动提示并捕捉到这些特征点。

图 3-2-17 对象捕捉工具栏

提示：对象捕捉不能单独使用，必须配合别的绘图命令一起使用；仅当 AutoCAD 提示输入点时，对象捕捉才生效。

3. 自动对象捕捉

在绘制图形的过程中，使用对象捕捉的频率非常高，如果每次在捕捉时都要选择捕捉模式，将使工作效率大大降低。鉴于此，AutoCAD 提供了自动对象捕捉模式。如果启用自动捕捉功能，当光标距指定的捕捉点较近时，系统会自动精确地捕捉这些特征点，并显示出相应的标记以及该捕捉的提示。调用菜单栏中"工具"→"草图设置"选项，设置"草图设置"对话框中的"对象捕捉"选项卡，选中"启用对象捕捉"和"启用对象捕捉追踪"复选框，可以调用自动捕捉，如图 3-2-18 所示。

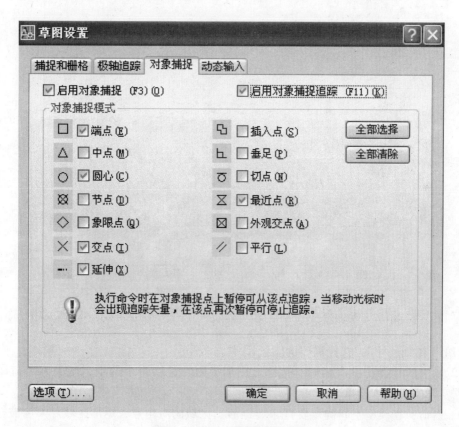

图 3-2-18 草图设置对话框

提示：我们可以设置自己经常要用的捕捉方式。一旦设置了捕捉方式，在每次运行时，所设定的目标捕捉方式就会被激活，而不是仅对一次选择有效。

（九）绘图输出的页面设置

绘制和修改完毕后，在输出电气工程图之前，应对图纸页面进行适当的设置，包括打印机、打印样式，图纸尺寸、出图比例、图纸及图形方向、打印区域等。可以分别为模型空间及图纸空间进行页面设置。

1. 模型空间的页面设置

若绘图模式选择为"模型"，选择"文件"→"页面设置管理器"命令，调出如图3-2-19所示的模型空间的页面设置管理器。单击"修改"按钮，就可以调出如图3-2-20所示的对话框。在此对话框中可以设置"打印机/绘图仪"、"图纸尺寸"、"打印区域"、"打印偏移"、"打印比例"、"打印样式表"、"着色视口选项"、"打印选项"及"图形方向"等。

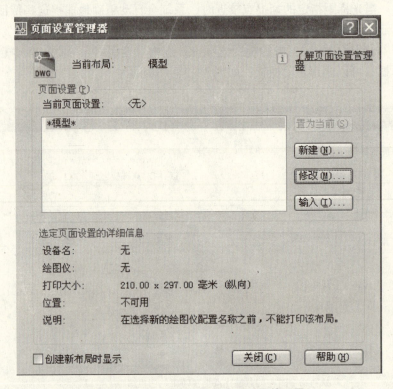

图3-2-19 模型空间的页面设置管理器

（1）"图纸尺寸"：选择需要的图纸尺寸。

（2）"打印区域"：有窗口、范围、图形界限、显示4个选项，用来确定打印区域，可根据实际需要具体选择。

A：窗口：在模型空间确定要打印（矩形）区域的对角点，矩形区域外不会被打印。

B：范围：打印在指定的图形界限内绘制的图形。

C：图形界限：打印当前显示在绘图空间的图形，图形超出屏幕的部分被截断。

D：显示：将所有图形尽可能大地充满图纸并打印输出。

（3）"打印偏移"：确定图形左下角相对于图纸左下角的偏移量。也可以选择居中打印，使图形与图纸的几何中心重合。

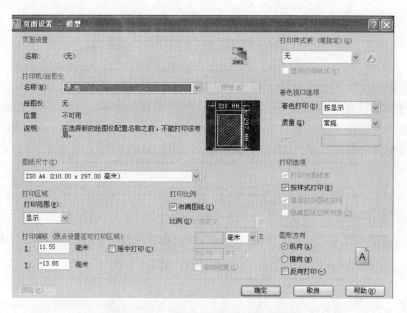

图 3-2-20　模型/图纸空间的页面修改

（4）"打印比例"：根据图纸的实际大小与图纸的可打印区域的比值选择标准打印比例。对于比例要求不高的图纸，可选择按图纸空间缩放，使图纸尽可能大地充满图纸。

2. 图纸空间的页面设置

若绘图模式选择为"布局1"或者"布局2"，选择"文件"→"页面设置管理器"命令，调出如图 3-2-21 所示的图纸空间的页面设置管理器。单击"修改"按钮，调出如图 3-2-20 所示的对话框，可根据实际的需要具体选择。

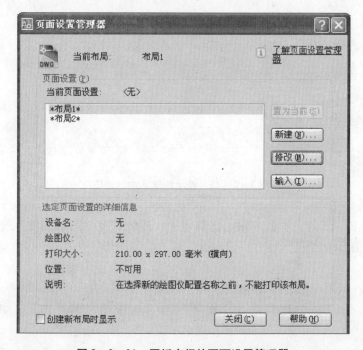

图 3-2-21　图纸空间的页面设置管理器

## 第二节　配电系统图的绘制方法

电气系统图反映了电气回路、功率、线路规格型号等除了平面布置外的有关情况，图形以文字为主，只有少量的简单的图形，因此系统图更为简单。本节的重点是系统图的画法，方法就是先画出文字，以文字为参考对象绘制图形，然后用阵列等批量生成的方法，绘制出排列整齐的图形，再用修改的方法完成图形。其过程如下：

步骤一：

> 命令：mvsetup/设置图形的规格/
> 是否启用图纸空间？[否（N）/是（Y）] <是>：n/不启用图纸空间/
> 输入单位类型 [科学（S）/小数（D）/工程（E）/建筑（A）/公制（M）]：m

/显示编辑文本对话框，如图 3-2-22 所示。

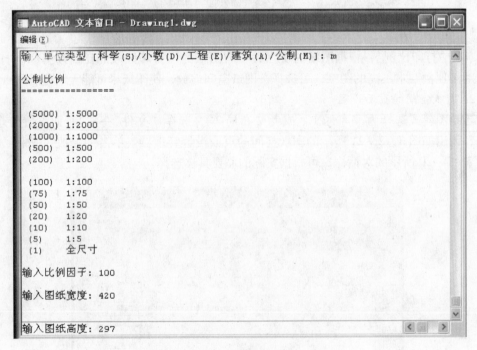

图 3-2-22　显示编辑文本对话框

在如图 3-2-22 的文本框中输入比例因子、图纸宽度、图纸高度。设置完成后出现如图 3-2-23 所示的绘图区域，可以在此区域内绘制图形。

步骤二：

建立图层。调用菜单栏中"格式"→"图层"出现如图 3-2-24 所示的"图层特性管理器"，在管理器中我们建立"文字"与"系统图"两个图层，如图 3-2-25 所示。

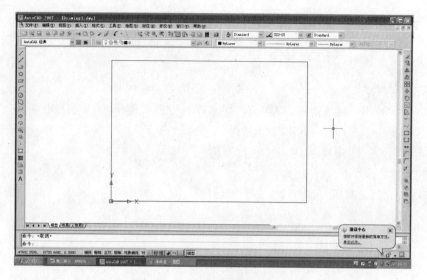

图3-2-23 形成绘图的区域

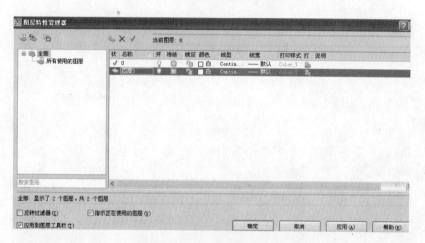

图3-2-24 图层特性管理器

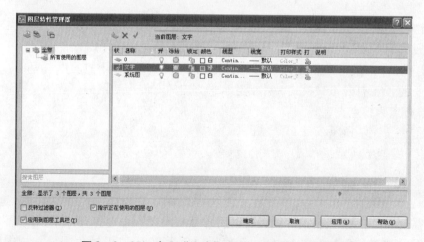

图3-2-25 建立"文字"与"系统图"两个图层

步骤三：
在文字图层上，用"单行文字"命令在合适位置处写出文字，命令及选项如下：

> 命令：text
> 当前文字样式：Standard 当前文字高度：2.5000
> 指定文字的起点或 [对正 (J) /样式 (S)]：/选择图形中的合适的位置/
> 指定高度 <2.5000>：350/输入文字高度/
> 指定文字的旋转角度 <0>：/按回车键/
> 输入文字：/c45N-1p 16A
> 　　　　　L1 WL1-BV-2×2.5 SC15CC
> 　　　　　照明　0.72kW/按回车键/

输入文字后的图形如图 3-2-26 所示

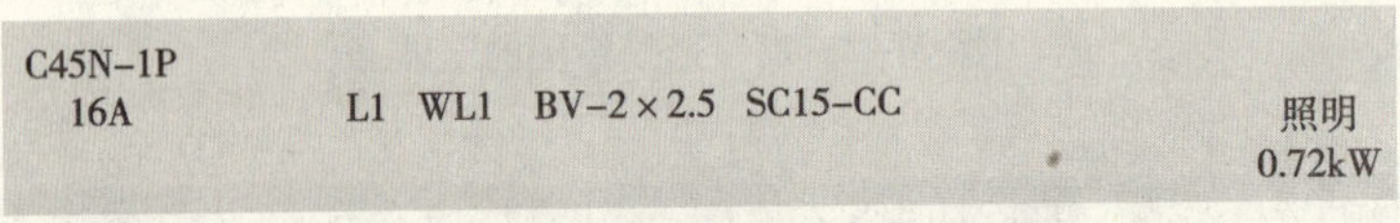

> C45N-1P　　　　　　　　　　　　　　　　　　　　　　　　　　　　　　照明
> 16A　　　　　　　L1　WL1　BV-2×2.5　SC15-CC　　　　　　　0.72kW

**图 3-2-26　输入的文字图形**

步骤四：
在文字的下方，用多段线命令绘制出第一条线段，命令及选项如下：

> 命令：pline
> 指定起点：
> /选择第一行文字下方偏左点为起点/
> 当前线宽为 0.0000
> 指定下一个点或 [圆弧 (A) /半宽 (H) /长度 (L) /放弃 (U) /宽度 (W)]：w
> /设置线宽，输入选项 w/
> 指定起点宽度 <0.0000>：10
> /线宽为 10 个单位/
> 指定端点宽度 <10.0000>：
> /按回车键/
> 指定下一个点或 [圆弧 (A) /半宽 (H) /长度 (L) /放弃 (U) /宽度 (W)]：
> /鼠标拖动，打开正交模式，并沿着水平方向向右侧拖动鼠标，选择文字"A"
> 正下方点为终点，
> 如图 3-2-27 所示/
> 指定下一点或 [圆弧 (A) /闭合 (C) /半宽 (H) /长度 (L) /放弃 (U) /
> 宽度 (W)]：
> /按回车键退出命令/

因为需要 30°和 45°极轴追踪线，所以用"草图设置"命令打开"草图设置"对话框，将极轴追踪的"增量角"设置为 45°，新建附加角为 30°，"极轴角测量"栏中选择"绝对"，如图 3-2-28 所示，单击"确定"完成设置。

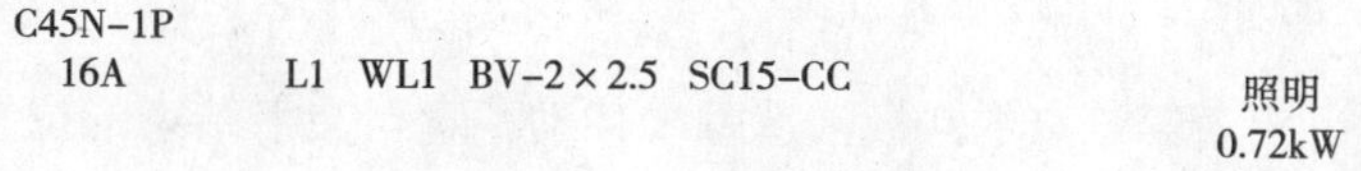

```
         C45N-1P
         16A        L1  WL1  BV-2×2.5  SC15-CC        照明
                                                      0.72kW
```

图 3-2-27 多段线的终点

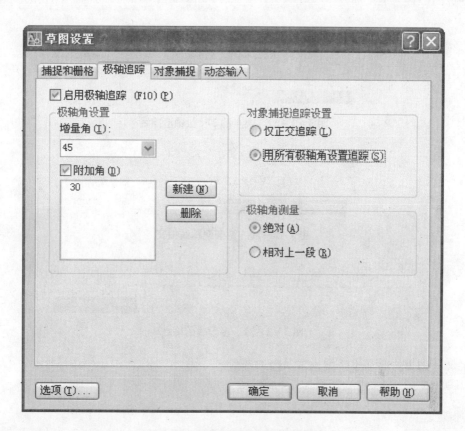

图 3-2-28 "草图设置"对话框

继续用多段线命令绘制出另一条多段线，命令及选项如下：

> 命令：pl（或 PLINE）
> 指定起点：300
> /用鼠标捕捉到前面绘制的多段线的终点，并拖动鼠标放在该点 270 极轴追踪线上，如图 3-2-29 所示。输入距离，确定了本条多段线的起点/
> 当前线宽为 10
> /按回车键/
> 指定下一个点或 [圆弧 (A)/半宽 (H)/长度 (L)/放弃 (U)/宽度 (W)]：
> /鼠标拉出起点的 30 极轴追踪线，然后移到前面绘制的多段线的终点处，捕捉到该点后，拖动鼠标，并沿着该点 0 极轴追踪线移动，直至出现两条追踪线相交的符号为止，选择该点为多段线的第二点，如图 3-2-30 所示。

指定下一点或 [圆弧 (A) /闭合 (C) /半宽 (H) /长度 (L) /放弃 (U) /宽度 (W)]:
/鼠标拖定并沿着第二点的 0 极轴追踪线移动,直至文字结束的位置,选择该点为多段线的终点,如图 3-2-31 所示。
/按回车键,退出命令/

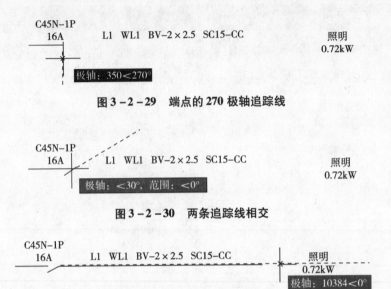

图 3-2-29 端点的 270 极轴追踪线

图 3-2-30 两条追踪线相交

图 3-2-31 多段线的终点

继续使用多段线命令绘制出下一段多段线。

命令: pl (或 PLINE)
指定起点: 300
/鼠标移动到前面绘制的多段线的终点处,捕捉到该点后,拉出并沿着该点 0 极轴追踪线移动,直至到超过符号为止,选择该点为多段线的第二点,如图 3-2-32 所示
指定下一个点或 [圆弧 (A) /半宽 (H) /长度 (L) /放弃 (U) /宽度 (W)]:
/按回车键,退出命令/。

完成图如图 3-2-33 所示。

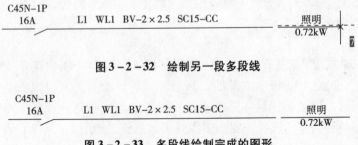

图 3-2-32 绘制另一段多段线

图 3-2-33 多段线绘制完成的图形

步骤五：

绘制"×"形图形：先用多段线命令绘制出45°的斜线（分成两段，便于后面选择夹点），然后用夹点选择并复制的方法生成另一条角度为135°的斜线，多段线命令及选项如下：

```
命令：pline
指定起点：_ from 基点：<偏移>：
/单击"捕捉自"按钮 ，选择如图3-2-24所示的端点为捕捉自的基点/
@200<45
/输入相对坐标，确定了多段线的起点/
当前线宽为10
指定下一个点或［圆弧（A）/半宽（H）/长度（L）/放弃（U）/宽度（W）］：
/选择如图3-2-34所示的端点为多段线的第二点/
指定下一点或［圆弧（A）/闭合（C）/半宽（H）/长度（L）/放弃（U）/宽度（W）］：200
/鼠标拖动并放在第二点的225°极轴追踪线上，如图3-2-35所示。输入距离，确定了多段线的终点/
指定下一点或［圆弧（A）/闭合（C）/半宽（H）/长度（L）/放弃（U）/宽度（W）］：
/按回车键，退出命令/
```

图3-2-34 端点为"捕捉自"的基点

图3-2-35 第二点的225°极轴追踪线

用夹点的方法选择并复制出另一条斜线。
/选择45°的斜线，如图3-2-36所示，热夹点如图3-2-37所示。

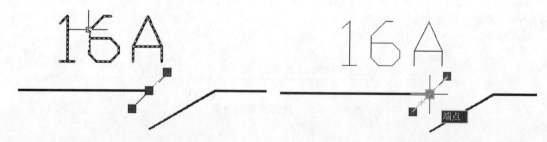

图3-2-36 旋转对象及其夹点　　　　图3-2-37 端点为热夹点

命令及选项如下：

命令
\*\*拉伸\*\*
指定拉伸点或[基点（B）/复制（C）/放弃（U）/退出（X）]：
/按回车键/
\*\*移动\*\*
指定移动点或[基点（B）/复制（C）/放弃（U）/退出（X）]：
/按回车键/
\*\*旋转\*\*
指定旋转角度或[基点（B）/复制（C）/放弃（U）/参照（R）/退出（X）]：c
/输入复制选项c/
\*\*旋转（多重）\*\*
指定旋转角度或[基点（B）/复制（C）/放弃（U）/参照（R）/退出（X）]：90
/输入复制角度90/
\*\*旋转（多重）\*\*
指定旋转角度或[基点（B）/复制（C）/放弃（U）/参照（R）/退出（X）]：
/按回车键，退出命令/

至此，第一个回路图形绘制完成，如图3-2-38所示。

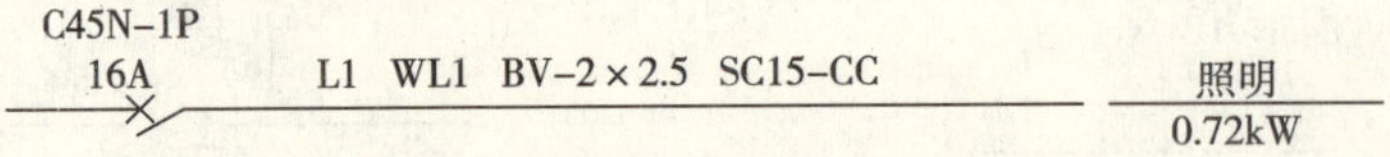

图 3-2-38 第一个回路图形

步骤六：

有了第一个回路图形，就可以用阵列方法生成配电箱中的其余回路图形了。其操作步骤如下：

输入其"阵列"命令"array"，打开"阵列"对话框，选择图3-2-39中的回路图形为阵列对象，如图虚线所示。

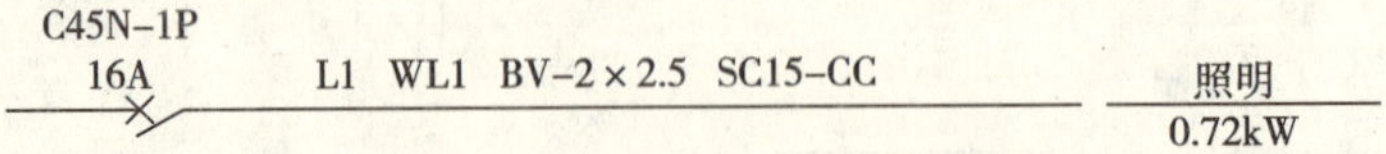

图 3-2-39 选择的阵列对象

在"行"栏中输入10，"列"栏中输入1，"列偏移"输入0后，单击"拾取行偏移"按钮，如图3-2-40所示。

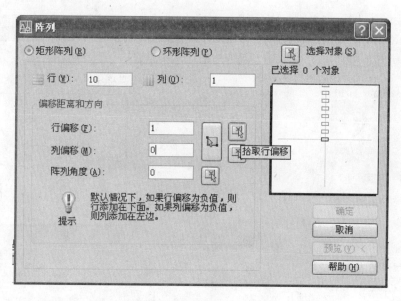

图 3-2-40 "阵列"对话框

回到图形中,首先选择文字"C"正下方为第一个测量点,如图 3-2-41 所示,然后选择合适的位置作为第二个测量点,如图 3-2-42 所示。

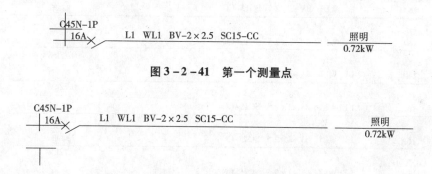

图 3-2-41 第一个测量点

图 3-2-42 第二个测量点

两个测量点选择完成后,返回"阵列"对话框,这是在"行偏移"栏内自动显示测量数据,如图 3-2-43 所示。单击"确定按钮"生成了其余 9 个回路,如图 3-2-44 所示。

步骤七:

编辑文字。把阵列生成图中文字修改为正确的文字,命令及选项如下:

命令: ddedit
选择注释对象或 [放弃 (U)]:
/在图形上选择要修改的文字"如图 3-2-45 所示。逐行修改图 3-2-44 中的文字,完成后的图形如图 3-2-46 所示。

阵列
矩形阵列(R)
环形阵列(P)
选择对象(S)
已选择 0 个对象
行(W): 10
列(O): 1
偏移距离和方向
行偏移(F): -1200
列偏移(M): 0
阵列角度(A): 0
默认情况下，如果行偏移为负值，则行添加在下面。如果列偏移为负值，则列添加在左边。
提示
确定
取消
预览(V) <
帮助(H)

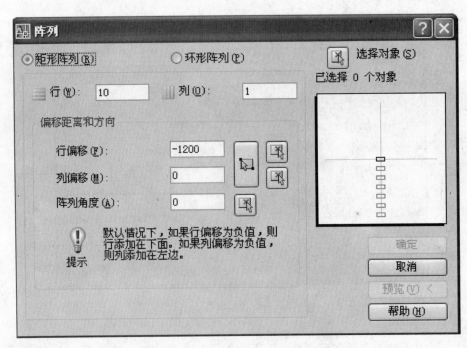

图 3－2－43　测量后的“阵列”对话框

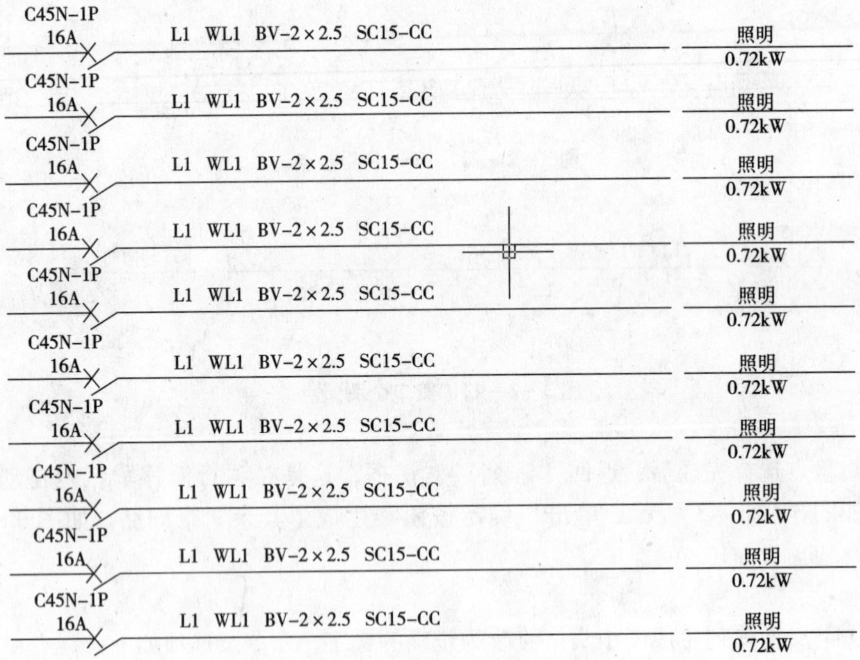

C45N-1P
16A
L1 WL1 BV-2×2.5 SC15-CC
照明
0.72kW
C45N-1P
16A
L1 WL1 BV-2×2.5 SC15-CC
照明
0.72kW
C45N-1P
16A
L1 WL1 BV-2×2.5 SC15-CC
照明
0.72kW
C45N-1P
16A
L1 WL1 BV-2×2.5 SC15-CC
照明
0.72kW
C45N-1P
16A
L1 WL1 BV-2×2.5 SC15-CC
照明
0.72kW
C45N-1P
16A
L1 WL1 BV-2×2.5 SC15-CC
照明
0.72kW
C45N-1P
16A
L1 WL1 BV-2×2.5 SC15-CC
照明
0.72kW
C45N-1P
16A
L1 WL1 BV-2×2.5 SC15-CC
照明
0.72kW
C45N-1P
16A
L1 WL1 BV-2×2.5 SC15-CC
照明
0.72kW
C45N-1P
16A
L1 WL1 BV-2×2.5 SC15-CC
照明
0.72kW

图 3－2－44　阵列生成图

C45N-1P
16A

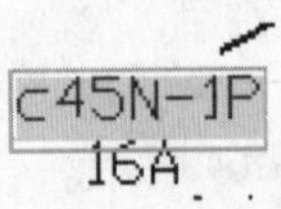

图 3－2－45　选择要修改的文字

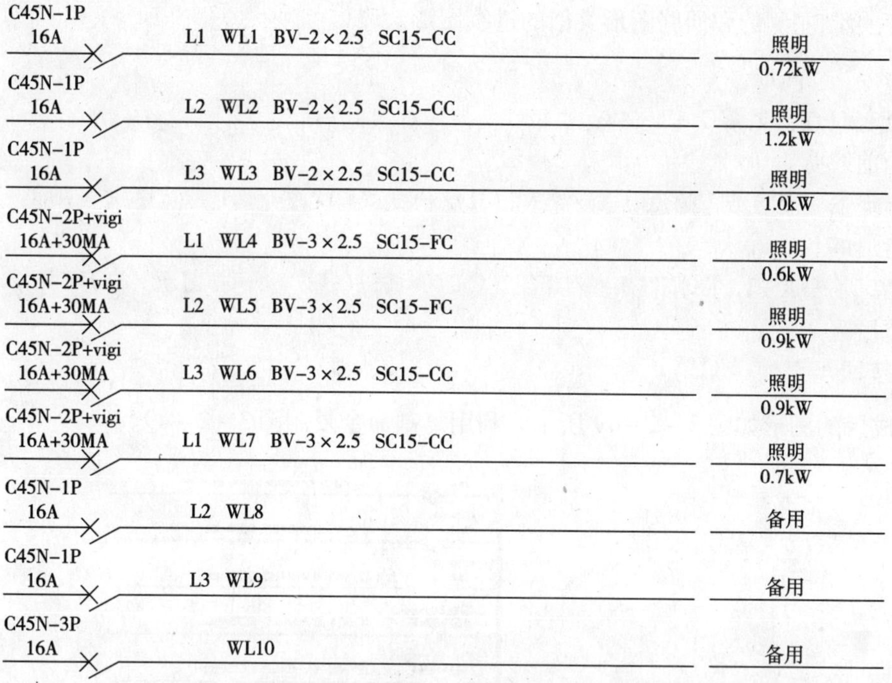

```
C45N-1P
  16A  ╳     L1  WL1  BV-2×2.5  SC15-CC        照明
                                               0.72kW
C45N-1P
  16A  ╳     L2  WL2  BV-2×2.5  SC15-CC        照明
                                               1.2kW
C45N-1P
  16A  ╳     L3  WL3  BV-2×2.5  SC15-CC        照明
                                               1.0kW
C45N-2P+vigi
  16A+30MA   L1  WL4  BV-3×2.5  SC15-FC        照明
                                               0.6kW
C45N-2P+vigi
  16A+30MA   L2  WL5  BV-3×2.5  SC15-FC        照明
                                               0.9kW
C45N-2P+vigi
  16A+30MA   L3  WL6  BV-3×2.5  SC15-CC        照明
                                               0.9kW
C45N-2P+vigi
  16A+30MA   L1  WL7  BV-3×2.5  SC15-CC        照明
                                               0.7kW
C45N-1P
  16A  ╳     L2  WL8                           备用
C45N-1P
  16A  ╳     L3  WL9                           备用
C45N-3P
  16A  ╳         WL10                          备用
```

**图 3-2-46　修改文字后的图形**

步骤八：

用直线命令画出连接线段，首先设定线宽为 0.35mm。绘制完成连接线后，恢复线宽的设置。完成后如图 3-2-47 所示。

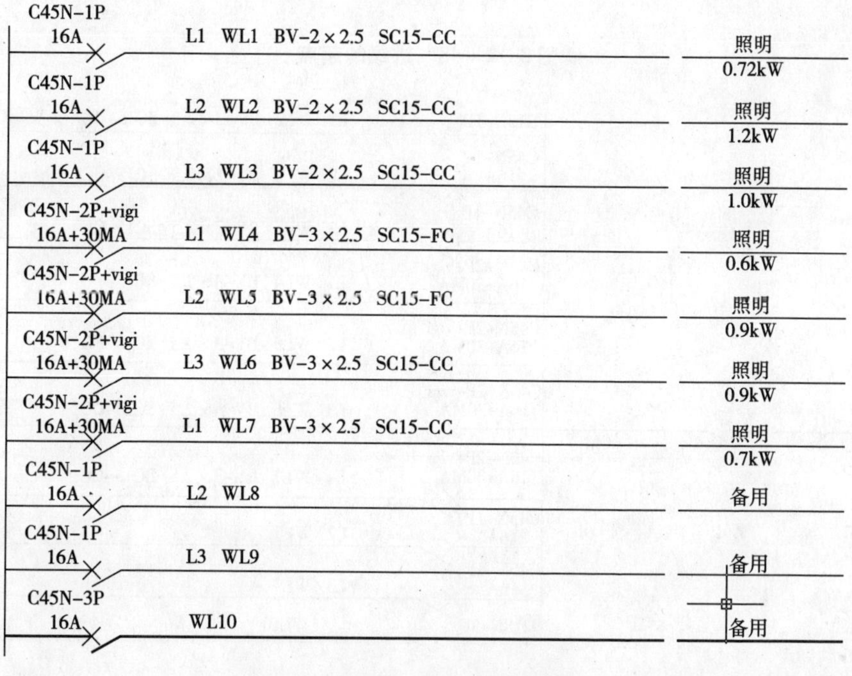

```
C45N-1P
  16A  ╳     L1  WL1  BV-2×2.5  SC15-CC        照明
                                               0.72kW
C45N-1P
  16A  ╳     L2  WL2  BV-2×2.5  SC15-CC        照明
                                               1.2kW
C45N-1P
  16A  ╳     L3  WL3  BV-2×2.5  SC15-CC        照明
                                               1.0kW
C45N-2P+vigi
  16A+30MA   L1  WL4  BV-3×2.5  SC15-FC        照明
                                               0.6kW
C45N-2P+vigi
  16A+30MA   L2  WL5  BV-3×2.5  SC15-FC        照明
                                               0.9kW
C45N-2P+vigi
  16A+30MA   L3  WL6  BV-3×2.5  SC15-CC        照明
                                               0.9kW
C45N-2P+vigi
  16A+30MA   L1  WL7  BV-3×2.5  SC15-CC        照明
                                               0.7kW
C45N-1P
  16A  ╳     L2  WL8                           备用
C45N-1P
  16A  ╳     L3  WL9                           备用
C45N-3P
  16A  ╳         WL10                          备用
```

**图 3-2-47　绘出连接线段**

然后绘制左侧的和回路图形类似的进线图形。

命令：_ pline
指定起点：见图 3-2-48
当前线宽为 10
指定下一个点或［圆弧（A）/半宽（H）/长度（L）/放弃（U）/宽度（W）］：合适的长度确认/
指定下一点或［圆弧（A）/闭合（C）/半宽（H）/长度（L）/放弃（U）/宽度（W）］：
/按回车键/

完成后的图形如图 3-2-49 所示。利用复制命令复制图 3-2-49。

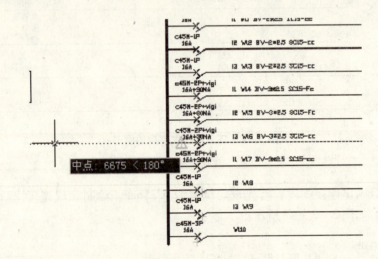

图 3-2-48 进线的起点

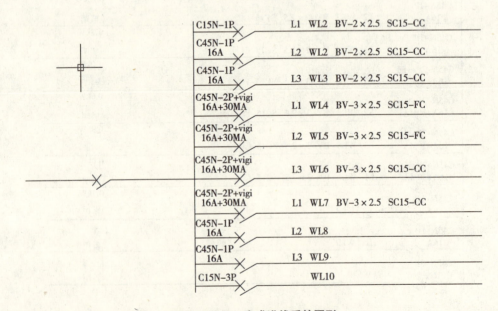

图 3-2-49 完成进线后的图形

步骤九：

输入文字

命令：text

当前文字样式：Standard 当前文字高度：250

指定文字的起点或［对正（J）/样式（S）］：

/在合适的位置指定位置的起点/

指定高度 <250>：

/按回车键/

指定文字的旋转角度 <0>：

/按回车键/

在合适的位置上绘制出文字，如图 3-2-50 所示。

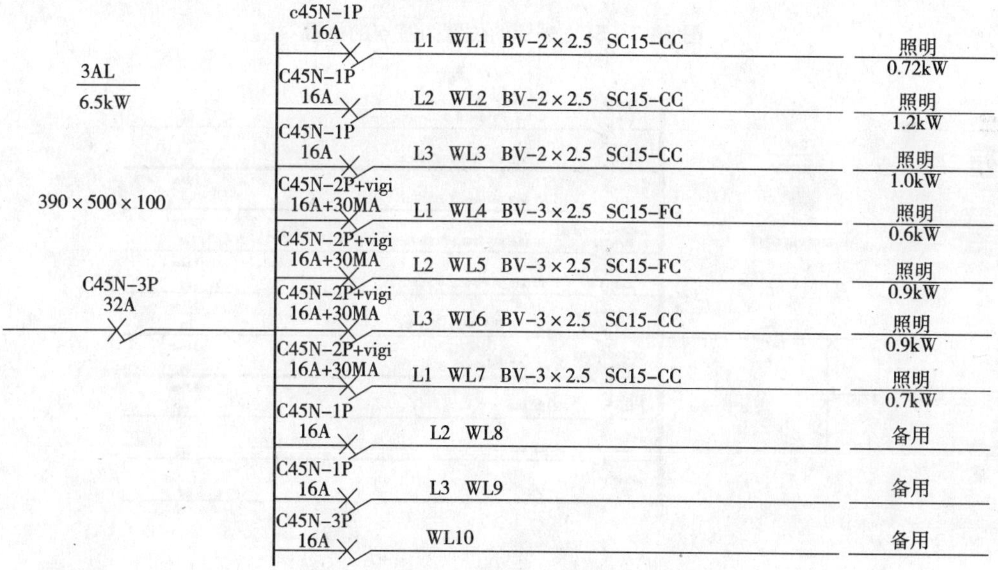

图 3-2-50 绘制出文字后的图形

另用复制命令复制出另一主要回路。命令及选项如下：

命令：copy

选择对象：

/选择图 3-2-50 为复制对象/

指定对角点：找到 109 个

指定基点或［位移（D）］<位移>：见图 3-2-51

/十字光标指定点为基点/

指定第二个点或 <使用第一个点作为位移>：<正交 开>

指定第二个点或［退出（E）/放弃（U）］<退出>：指定如图位置为复制后的位置。

指定第二个点或［退出（E）/放弃（U）］<退出>：/回车键退出/。

完成后的图形如图 3-2-52 所示。

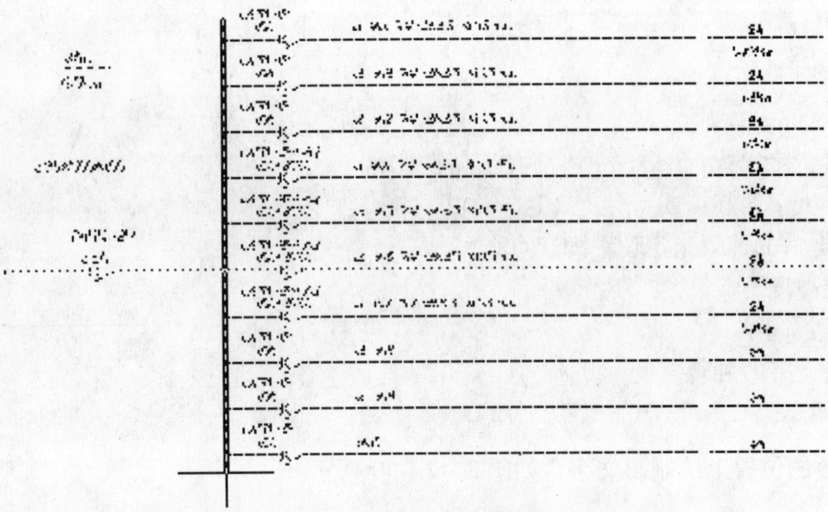

图 3–2–51 光标的位置为基点的位置

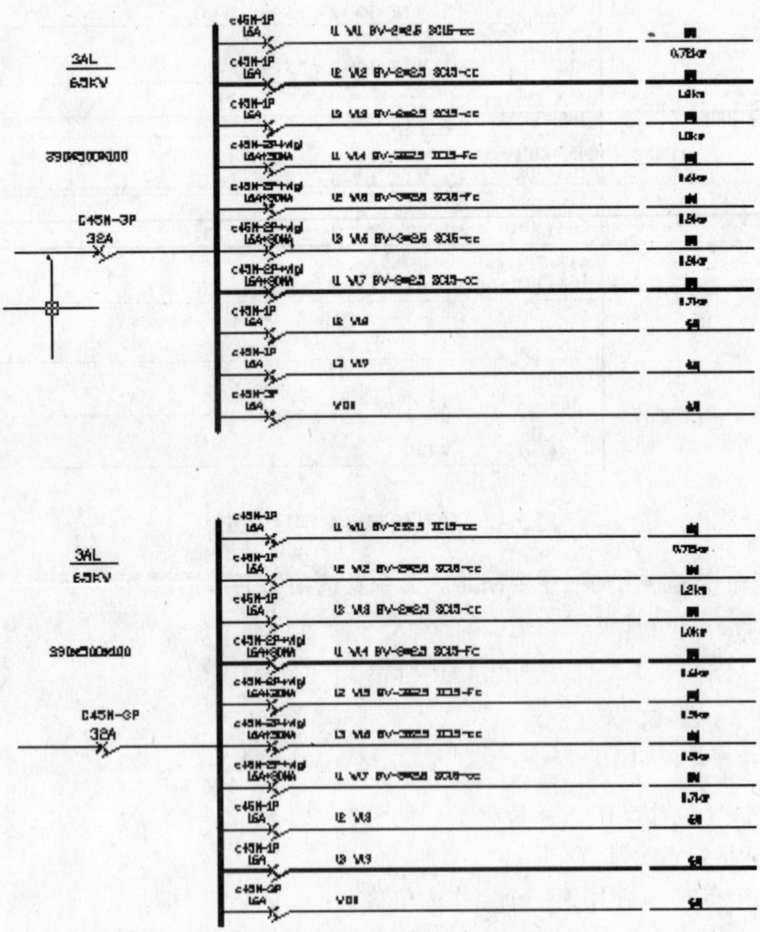

图 3–2–52 复制完成后的图形

用直线命令绘制出连接线，如图3-2-53所示。

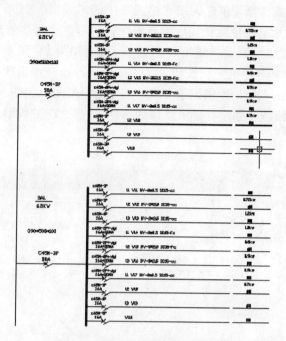

图3-2-53 用直线绘制出连接线

使用矩形命令绘制出配电箱和其他文字，完成后的图形如图3-2-54所示。

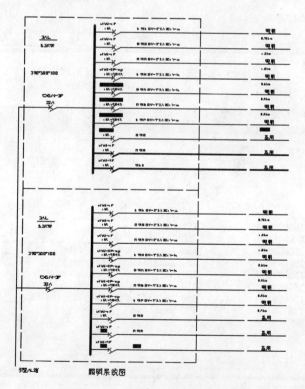

图3-2-54 绘制完成的照明系统图

提示：绘制配电箱采用的是虚线绘制，默认的线形没有虚线，所以可以通过在命令行输入"linetype"命令或选择菜单栏调用"格式"中的"线型"打开"线型管理器"对话框，如图 3-2-55 所示。系统默认线形没有虚线，必须在"线型管理器"对话框中单击【加载】按钮，出现"加载或重载线型"对话框，如图 3-2-56 所示。选择"ACAD_IS002W100" x 线型，单击【确定】按钮，在"线形管理器"中出现所选择的线型，如图 3-2-57 所示，同时在"全局比例因子"文本框处输入 100，如图 3-2-58 所示，单击【确定】，得到合适的线型。如没有显示"详细信息"，那么在"线型管理器"对话框中单击【显示细节】按钮。

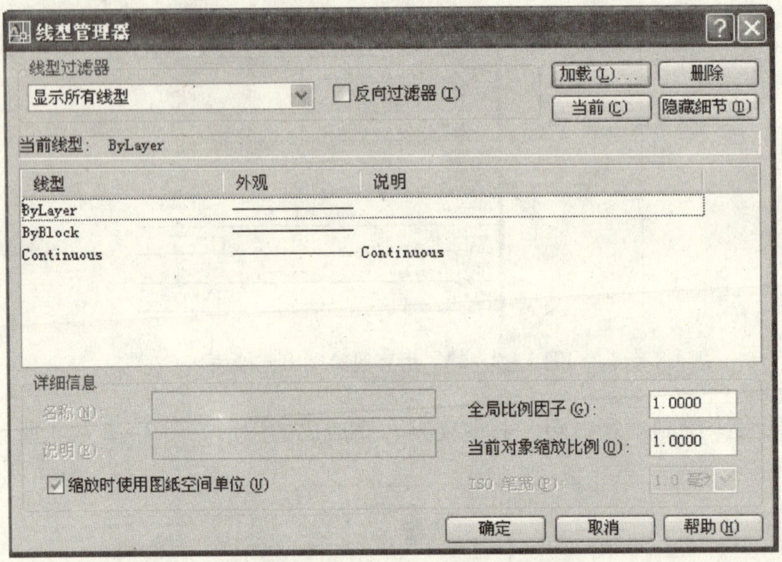

图 3-2-55 "线型管理器"对话框

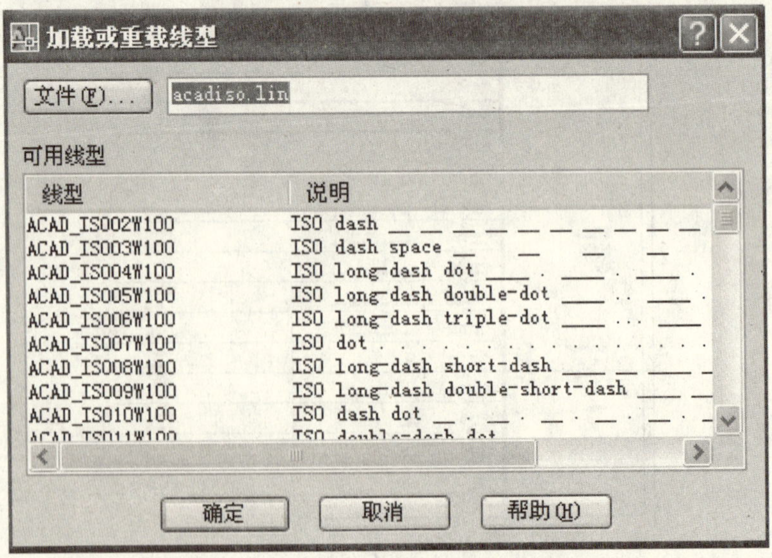

图 3-2-56 "加载或重载线型"对话框

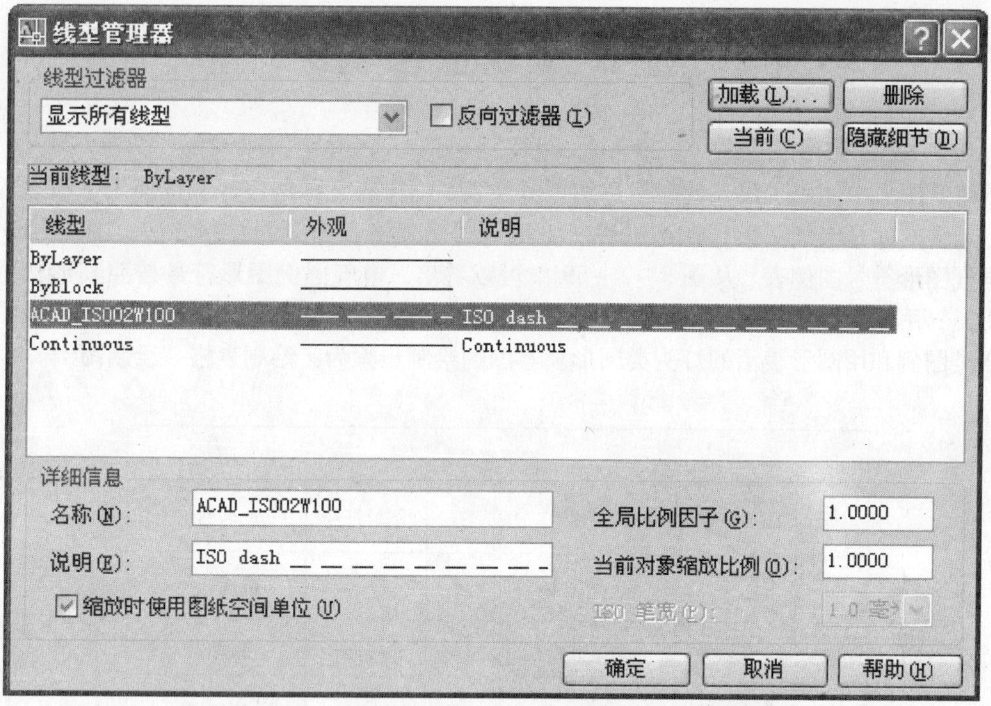


图 3－2－57　出现虚线线型

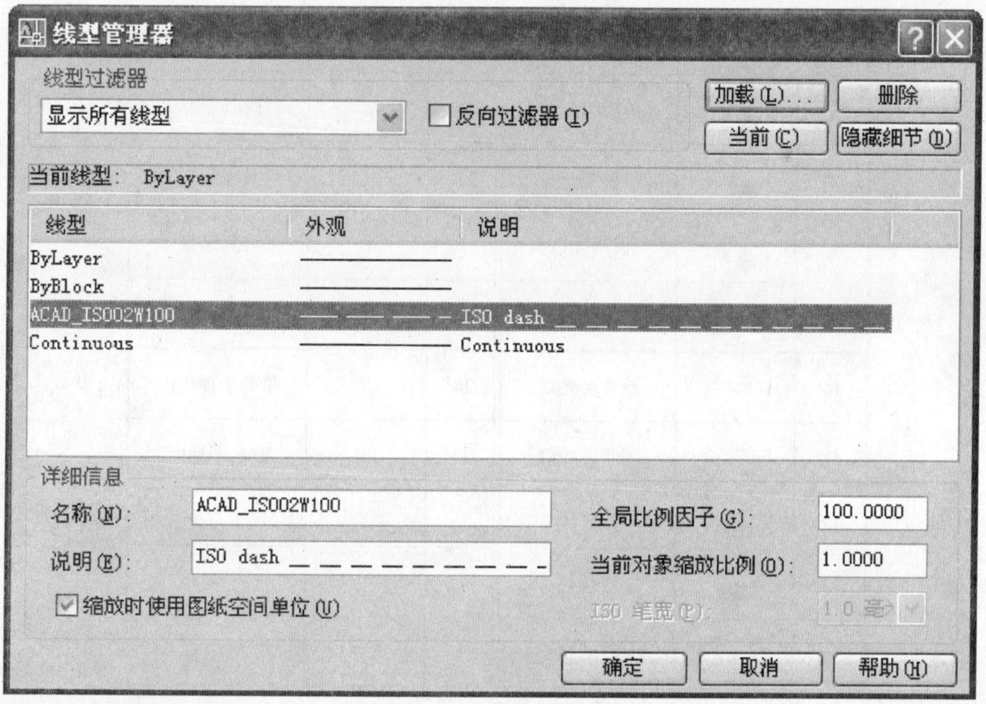


图 3－2－58　“全局比例因子”改为 100

# 第三节　绘制电气图例表

## 一、绘制表格及文字

建筑图形中使用了很多的表格：图纸目录表、门窗表、图例表等。也使用了很多的图例，最多的就是电气图形，在这里讲一下电气图例表格和图例的绘制方法。图3-2-59为电气图形符号图例表。从图3-2-59中可以看出，电气图例图形符号按照其形状可分成4类：用矩形形状表示的箱柜类图例；用圆点和斜线表示的开关类图例；用半圆表示的插座类图例和用圆形表示的灯头类图形。本图的绘制步骤为：绘制表格→绘制图例。

| 图形符号 | | | | | |
|---|---|---|---|---|---|
| 序号 | 图形符号 | 名称 | 序号 | 图形符号 | 名称 |
| 1 | ▭ | 配电箱、柜 | 15 | —/— | 隔离开关 |
| 2 | ▣ | 短路器箱 | 16 | —⌐— | 接触器 |
| 3 | ▬ | 照明配电箱 | 17 | —✕— | 断路器 |
| 4 | ▲ | 暗装单相插座 | 18 | —✕◯— | 漏油断路器 |
| 5 | ⚲ | 双控开关 | 19 | —·—·— | 接地装置 |
| 6 | ⚲ | 单极暗开关 | 20 | W | 灯具壁灯 |
| 7 | ⚲ | 双极暗开关 | 21 | SC | 灯具吸顶安装 |
| 8 | ⚲ | 三极暗装开关 | 22 | P | 灯具吊管 |
| 9 | ⊢⊣ | 单管荧光灯 | 23 | SC | 穿焊接钢管敷设 |
| 10 | ⊨ | 双管荧光灯 | 24 | CC | 暗敷于顶板内 |
| 11 | ⫤ | 三管荧光灯 | 25 | PC | 暗敷于地面 |
| 12 | ◐ | 壁灯 | | | |
| 13 | ◡ | 吸顶灯 | | | |
| 14 | E | 安全出口指示 | | | |

图3-2-59　电气图形符号图例表

直接用"表格"命令【table】绘制表格，输入"表格"命令【table】后或者选择菜单中的"绘图→表格"选项,打开"插入表格"对话框,单击"表格样式设置"对话框按钮,如图3-2-60所示。

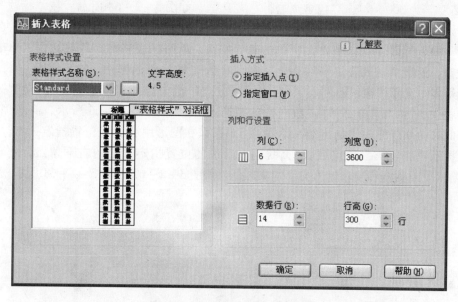

图3-2-60 "插入表格"对话框

进入"表格样式设置"对话框,在"表格样式"选择【standard】样式后单击"新建"按钮,如图3-2-61所示。进入"创建新的表格样式"对话框,在"新样式名"栏中,输入"电气图例表"后,单击"继续"按钮,如图3-2-62所示。进入"新建表格样式:电气图例表"对话框,选择"数据"选项卡,在文字高度栏内输入300,在"边框

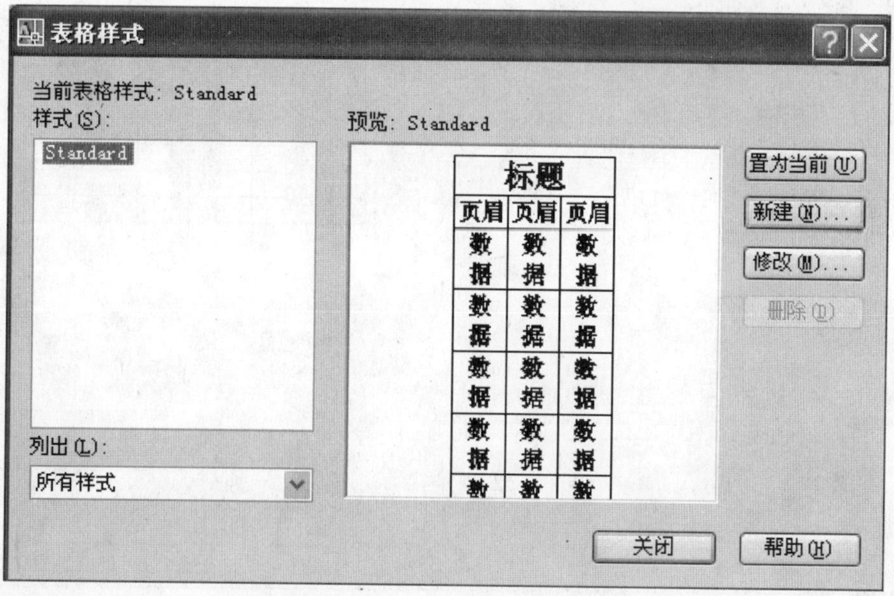

图3-2-61 "表格样式"对话框

特性"栏中,单击田按钮,在"单元边距"栏中"水平"栏输入300,"垂直"栏输入200,如图3-2-63所示。选择"列标题"选项卡。在"列标题"选项卡中,同样选择"文字高度"为300,勾选"包含页眉行"复选框,如图3-2-64所示。在"标题"选项卡中,如图3-2-65,选择"文字高度"为300,勾选"包含标题行"复选框,在"表格方向"的下拉列表中选择"上"单击确定按钮,返回"表格样式"对话框,单击"确定"按钮,返回"插入表格"对话框。在"插入表格"对话框中,在"表格样式名称"的下拉列表中选择"电气图例表",在"插入方式"栏中选择"指定窗口",在"列和行设置"栏中,"列"栏输入6,"数据行"栏输入14,如图3-2-66所示。单击"确定"按钮,此时命令行出现"指定第一个角点",那么在图形中合适的位置指定一点,此后,命令行提示"指定第二角点",那么我们在合适的位置指定表格的右下角点,此时出现"文字格式"对话框和要求输入文字的文本框,如图3-2-67和图3-2-68所示。

图3-2-62 "创建新的表格样式"对话框

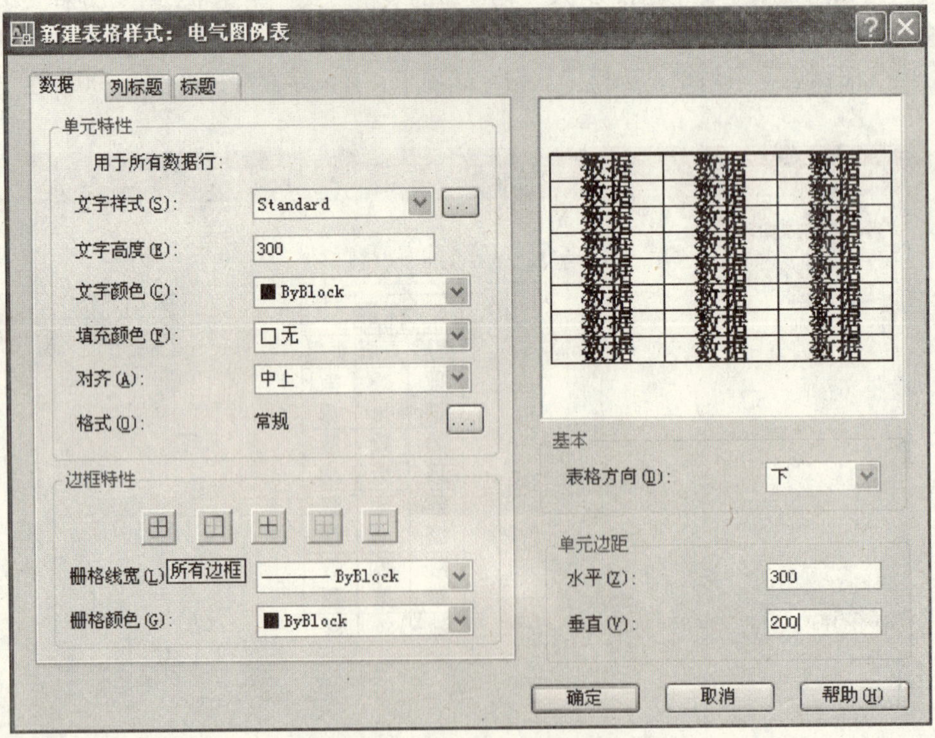

图3-2-63 "数据"选项卡

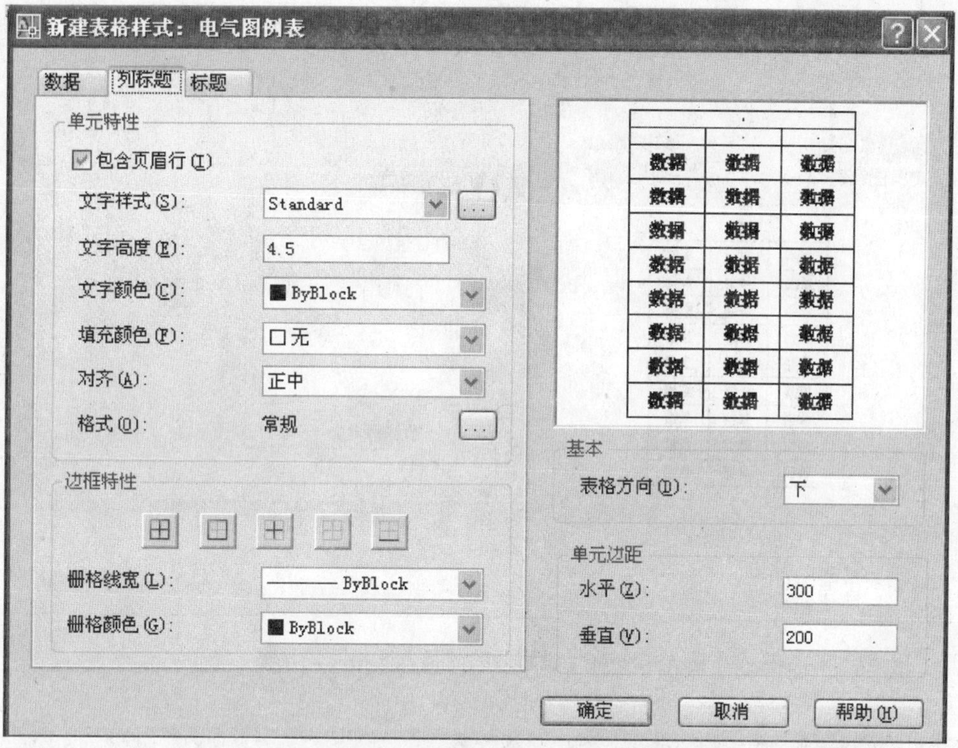


图 3-2-64 “列标题”选项卡

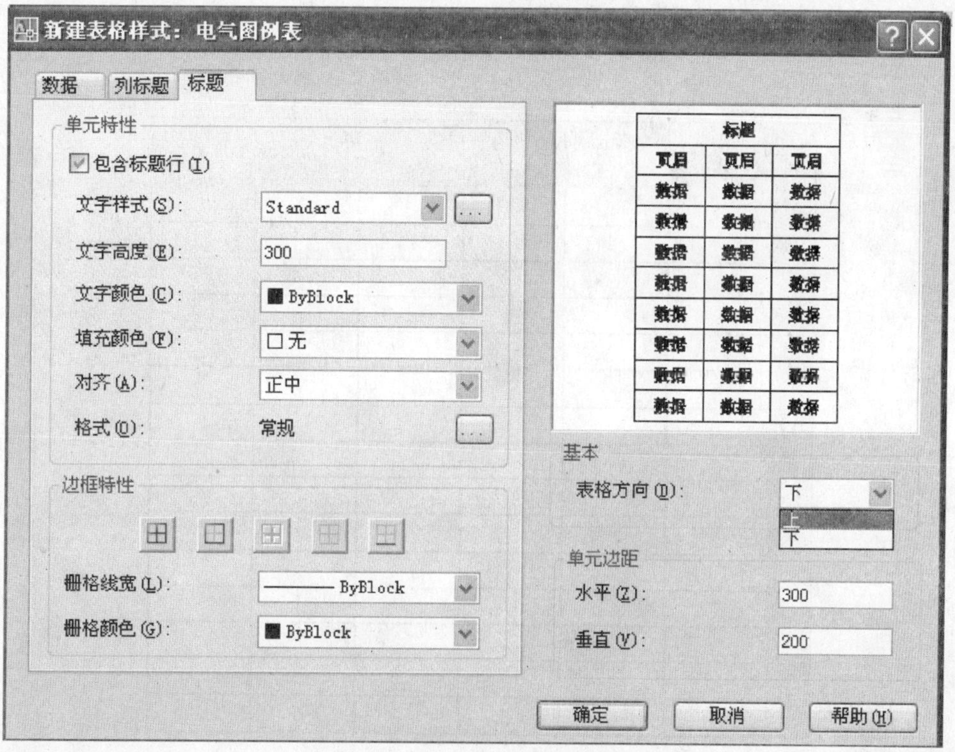


图 3-2-65 “标题”选项卡

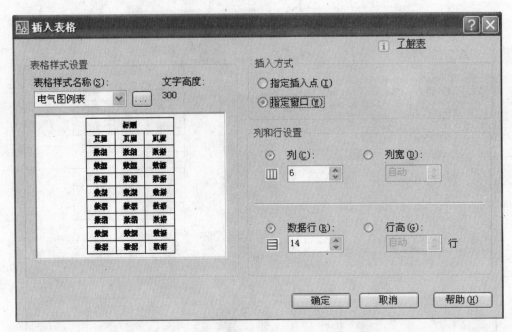

图 3-2-66 设置后的"插入表格"对话框

图 3-2-67 "文字格式"对话框

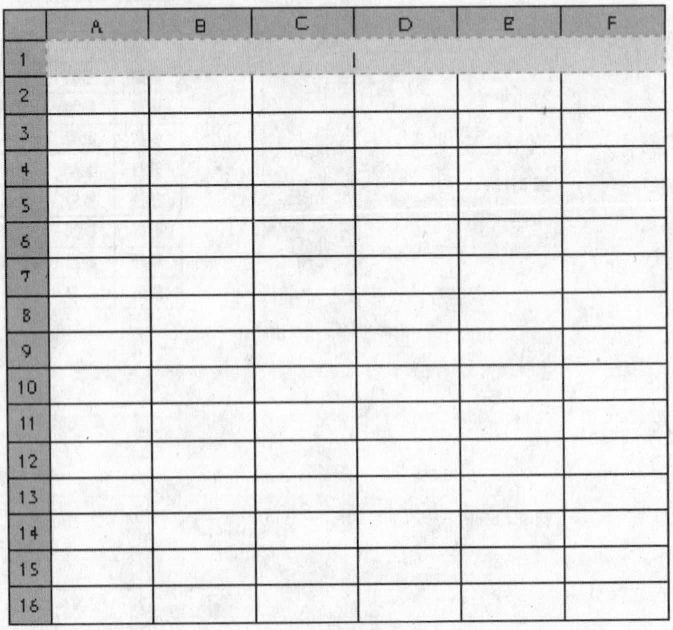

图 3-2-68 表格及要求输入文字的文本框

在图3-2-68的表格内,表格的底色将变成灰色,输入表格的内容,完成输入后,通过↑、↓、←、→四个键盘按钮进行表格的选择,按→键选择右侧的表格,输入内容,依次类推,直至输入完所有的文字,如图3-2-69所示。图3-2-69中的表格,有的列宽过大,如第一和四列,有的列宽太小,以至于表格文字占用了两行,如4行、8行、9行、10行,因此需要进行调整。调整的方法很简单,在需要调整的表格中单击鼠标,出现4个选择框,单击选择框使之变红(也就是夹点的操作),如图3-2-70所示。通过移动鼠标即可对表格进行拉伸操作,用同样的方法拉伸其余的图形,完成后的图形如图3-2-71所示。"标题"和"列标题"栏中的文字,假如需要放大,可以通过"表格样式"命令【tablestyle】进行修改,输入"表格样式"命令后,打开"表格样式"对话框,选择"电气图例表"后,单击"修改"按钮,如图3-2-72所示。打开"修改表格样式:电气图例表"对话框,在对话框中,选择"列标题"选项卡,将"文字高度"栏中的数据修改为400,如图3-2-73所示。在对话框中,在选择"标题"选项卡,将"文字高度"栏中的数据修改为500,如图3-2-74所示,完成后单击"确定"按钮,返回"标题样式"对话框,按"确定"按钮,完成设置。修改"电气图例表"样式后,标题栏和列标题栏中的文字将变大,文字可能超出原文本框的列宽,

| 图形符号 | | | | | |
|---|---|---|---|---|---|
| 序号 | 图形符号 | 名称 | 序号 | 图形符号 | 名称 |
| 1 | | 配电箱、柜 | 15 | | 隔离开关 |
| 2 | | 短路器箱 | 16 | | 接触器 |
| 3 | | 照明配电箱 | 17 | | 断路器 |
| 4 | | 安装单相插座 | 18 | | 漏油断路器 |
| 5 | | 双控开关 | 19 | | 接地装置 |
| 6 | | 单极暗开关 | 20 | W | 灯具壁灯 |
| 7 | | 双极暗开关 | 21 | SC | 灯具吸顶安装 |
| 8 | | 三极暗装开关 | 22 | P | 灯具吊管 |
| 9 | | 单管荧光灯 | 23 | SC | 穿焊接钢管敷设 |
| 10 | | 双管荧光灯 | 24 | CC | 暗敷于顶板内 |
| 11 | | 三管荧光灯 | 25 | FC | 暗敷于地面 |
| 12 | | 壁灯 | | | |
| 13 | | 吸顶灯 | | | |
| 14 | | 安全出口指示 | | | |

图3-2-69 表格内输入的文字

图3-2-70 利用夹点拉伸图形

| 图形符号 | | | | | |
|---|---|---|---|---|---|
| 序号 | 图形符号 | 名称 | 序号 | 图形符号 | 名称 |
| 1 | | 配电箱、柜 | 15 | | 隔离开关 |
| 2 | | 短路器箱 | 16 | | 接触器 |
| 3 | | 照明配电箱 | 17 | | 断路器 |
| 4 | | 安装单相插座 | 18 | | 漏油断路器 |
| 5 | | 双控开关 | 19 | | 接地装置 |
| 6 | | 单极暗开关 | 20 | W | 灯具壁灯 |
| 7 | | 双极暗开关 | 21 | SC | 灯具吸顶安装 |
| 8 | | 三极暗装开关 | 22 | P | 灯具吊管 |
| 9 | | 单管荧光灯 | 23 | SC | 穿焊接钢管敷设 |
| 10 | | 双管荧光灯 | 24 | CC | 暗敷于顶板内 |
| 11 | | 三管荧光灯 | 25 | FC | 暗敷于地面 |
| 12 | | 壁灯 | | | |
| 13 | | 吸顶灯 | | | |
| 14 | | 安全出口指示 | | | |

图3-2-71 调整完成后的表格

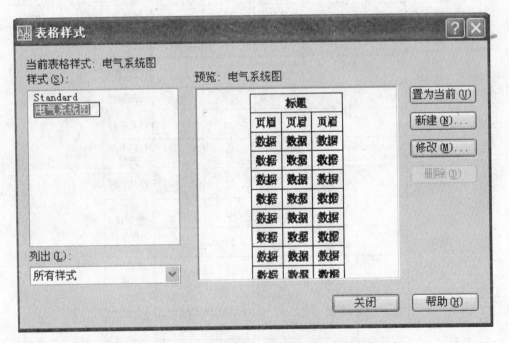

图3-2-72 在"表格样式"对话框中单击"修改"按钮

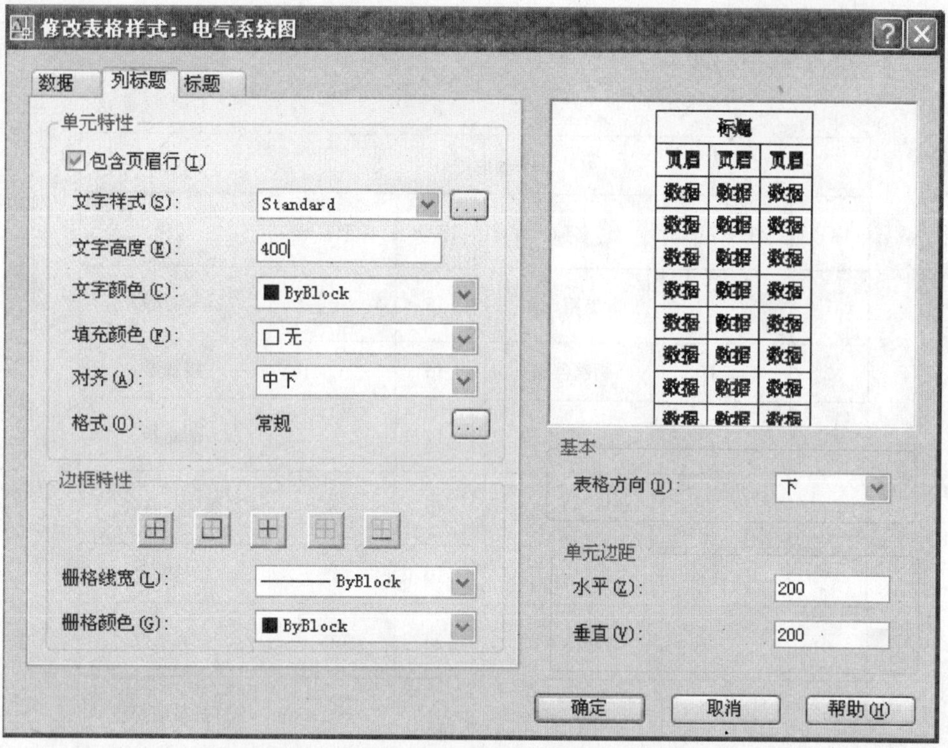

图3-2-73 "列标题"选项卡修改"文字高度"

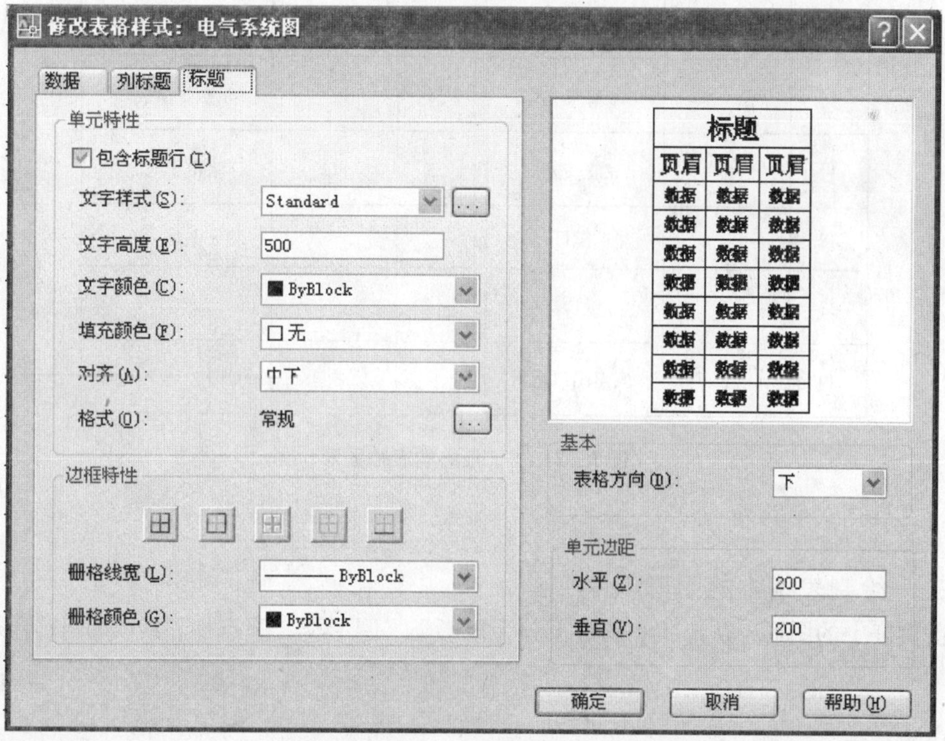

图3-2-74 "标题"选项卡中修改"文字高度"

从而显示成两行文字，用前面简述的方法调整，完成了最终的表格图形，如图3-2-75所示。下一步绘制表格中的图形。

| 图形符号 | | | | | |
|---|---|---|---|---|---|
| 序号 | 图形符号 | 名称 | 序号 | 图形符号 | 名称 |
| 1 | | 配电箱、柜 | 15 | | 隔离开关 |
| 2 | | 短路器箱 | 16 | | 接触器 |
| 3 | | 照明配电箱 | 17 | | 断路器 |
| 4 | | 安装单相插座 | 18 | | 漏油断路器 |
| 5 | | 双控开关 | 19 | | 接地装置 |
| 6 | | 单极暗开关 | 20 | W | 灯具壁灯 |
| 7 | | 双极暗开关 | 21 | SC | 灯具吸顶安装 |
| 8 | | 三极暗装开关 | 22 | P | 灯具吊管 |
| 9 | | 单管荧光灯 | 23 | SC | 穿焊接钢管敷设 |
| 10 | | 双管荧光灯 | 24 | CC | 暗敷于顶板内 |
| 11 | | 三管荧光灯 | 25 | FC | 暗敷于地面 |
| 12 | | 壁灯 | | | |
| 13 | | 吸顶灯 | | | |
| 14 | E | 安全出口指示 | | | |

图3-2-75 最终的表格图形

## 二、绘制表格中的图形

图例表中的图形，从形状和画法上分为矩形类、圆形类、圆点加斜线类和半圆形类图形的绘制。

1. 绘制矩形类图形

配电箱是用矩形类图形绘制的，可以使用矩形命令："rectang"实现绘制矩形的功能，在配电箱图形符号的位置处绘制出一个矩形。在绘制短路器箱时，首先在断路器箱的位置处绘制出一个矩形，其次要把"中点"设为对象捕捉点，步骤如下：①选择"工具"菜单中"草图设置"，如图3-2-76所示，出现"草图设置"对话框，如图3-2-77，把中点前面的复选框勾选上，单击"确定"按钮确认即可。②按快捷键F3键，打开对象捕捉功能。然后使用直线命令"line"绘制矩形中间的直线。当命令行提示"指定第一点"时，我们把鼠标放在矩形中点处的位置时，就会显示中点的捕捉符号，如图3-2-78所示，找到中点的位置，如图单击鼠标左键即可，找到中线的起点，当命令行提示"指定下一点"时，用同样的方法，找到中线的终点，如图3-2-79所示。当命令行再次提示"指定下一点"时，按回车键确认即可。此图形下部的矩形图案是实心的，因此需要用黑色图案进行填充。单击工具栏中的"工具选项板"按钮，打开了"工具选项板"窗口，选择黑色图案，用拖放的方法将它拖放到图中的矩形内，如图3-2-80所示。同理绘制出照明配电箱，并用同样的方法填充，完成后的图形如图3-2-81所示。

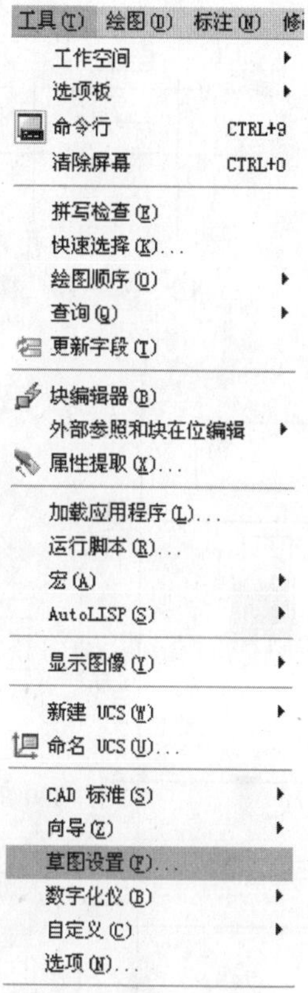

图3-2-76 调用菜单栏中"工具"中的"草图设置"

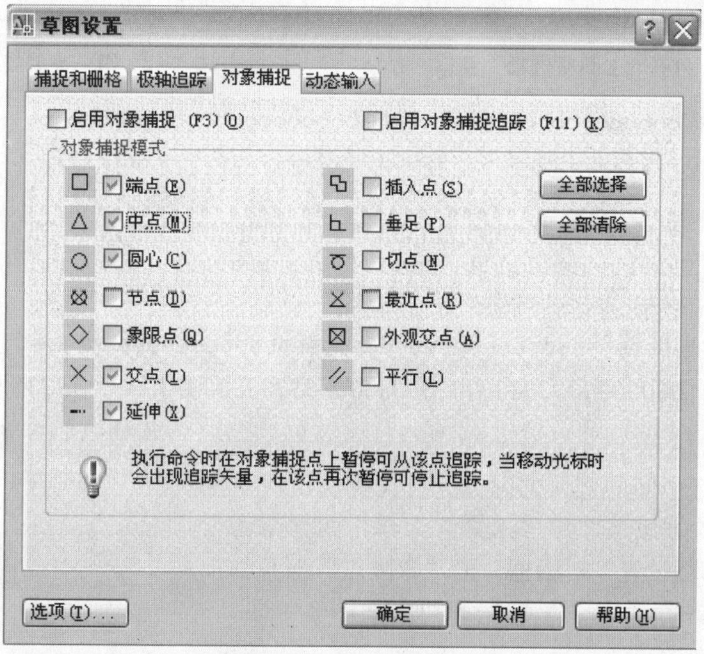

图3-2-77 "草图设置"对话框

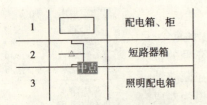
图 3-2-78 捕捉到中点

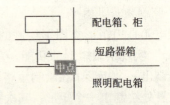
图 3-2-79 捕捉到中点

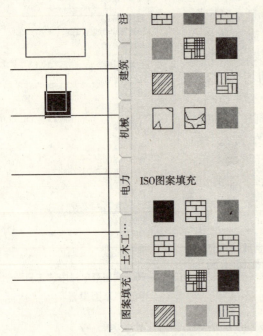

图 3-2-80 打开"工具板选项"窗口

| 图形符号 |||||||
|---|---|---|---|---|---|---|
| 序号 | 图形符号 | 名称 | 序号 | 图形符号 | 名称 ||
| 1 |  | 配电箱、柜 | 15 |  | 隔离开关 ||
| 2 |  | 短路器箱 | 16 |  | 接触器 ||
| 3 |  | 照明配电箱 | 17 |  | 断路器 ||
| 4 |  | 安装单相插座 | 18 |  | 漏油断路器 ||
| 5 |  | 双控开关 | 19 |  | 接地装置 ||
| 6 |  | 单极暗开关 | 20 | W | 灯具壁灯 ||
| 7 |  | 双极暗开关 | 21 | SC | 灯具吸顶安装 ||
| 8 |  | 三极暗装开关 | 22 | P | 灯具吊管 ||
| 9 |  | 单管荧光灯 | 23 | SC | 穿焊接钢管敷设 ||
| 10 |  | 双管荧光灯 | 24 | CC | 暗敷于顶板内 ||
| 11 |  | 三管荧光灯 | 25 | FC | 暗敷于地面 ||
| 12 |  | 壁灯 |||||
| 13 |  | 吸顶灯 |||||
| 14 | E | 安全出口指示 |||||

图 3-2-81 完成填充

2. 绘制圆形类图形

图形符号中壁灯为圆形类图形,在图形符号壁灯的位置,利用"circle"命令绘制。

> 命令:circle
> 指定圆的圆心或 [三点(3P)/两点(2P)/相切、相切、半径(T)]:/在单元格的中心位置点选一点作为圆心/。
> 指定圆的半径或 [直径(D)]:按照单元格的大小,通过拖动鼠标控制圆的半径,找到合适的半径大小,单击鼠标的左键,可绘制出圆形,如图 3-2-82 所示。

在绘制壁灯中间的直线的时候,首先要调出"草图设置"对话框,方法是选择"工具"菜单中的"草图设置",出现"草图设置"对话框,把"象限点"对象捕捉模式勾选上,单击"确定"按钮即可,如图 3-2-83 所示。

| 12 | ○ | 壁灯 |
|---|---|---|
| 13 |  | 吸顶灯 |

图 3-2-82 绘制圆

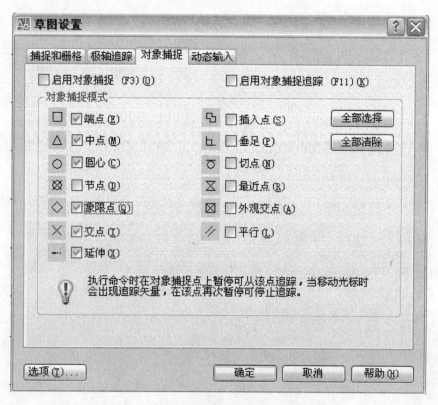

图 3-2-83 选择"象限点"为捕捉点

绘制壁灯中间的直线,按"F3"快捷键,打开对象捕捉功能。
在命令行键入"line"命令。

命令:line
指定第一点:/如图 3-2-84 所示的位置/
指定下一点或 [放弃(U)]:/如图 3-2-85 所示的位置/
指定下一点或 [放弃(U)]:/回车确认/。图形如图 3-2-86 所示。

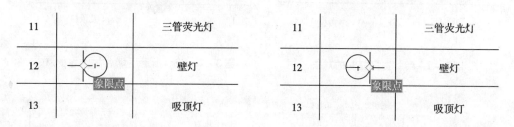

图 3-2-84 选择"象限点"为第一点　　图 3-2-85 选择"象限点"为下一点

壁灯图形下部的半圆需要填充黑色图案,所以可以单击工具栏中的"工具选项板"按钮,打开了"工具选项板"窗口,选择黑色图案,用拖放的方法将它拖放到图中的半圆形内,完成后的图形如图 3-2-87 所示。

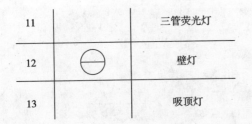

图 3-2-86 完成直线的绘制 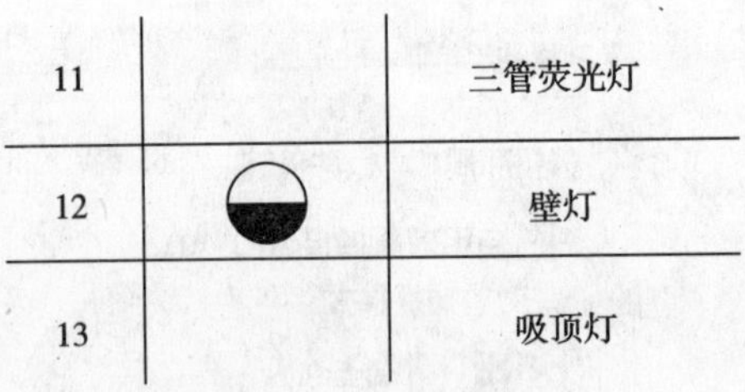　　　　图 3-2-87 填充壁灯图形

3. 绘制半圆形的吸顶灯

可以把壁灯复制到吸顶灯处，然后利用修剪命令把上半部分的空心半圆修剪掉即可。其步骤如下：

```
命令：copy
选择对象：/把图形圆选择上/（用鼠标直接点选图案即可）
找到 1 个
选择对象：/把中间的直线选择上/
找到 1 个，总计 2 个
选择对象：/把图形中填充的黑色图案选择上/
找到 1 个，总计 3 个
选择对象：/回车确认/，如图 3-2-88 所示
指定基点或 [位移（D）] <位移>：/如图 3-2-89 所示的端点/指定第二个点或 <使用第一个点作为位移>：如图 3-2-90 所示
指定第二个点或 [退出（E）/放弃（U）] <退出>：/回车确认/，复制后图形如图 3-2-91 所示。
```

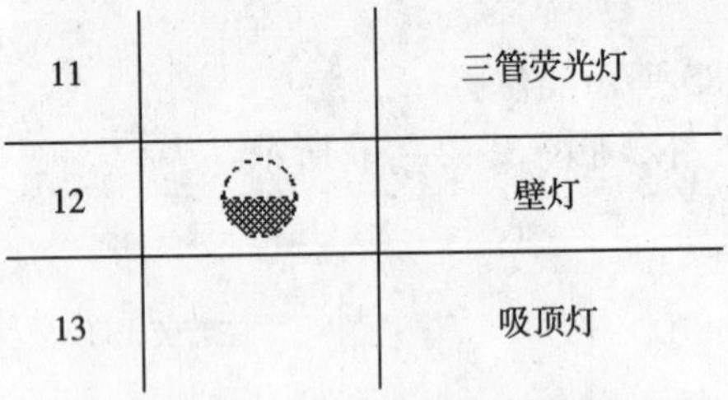

图 3-2-88 选择复制的对象 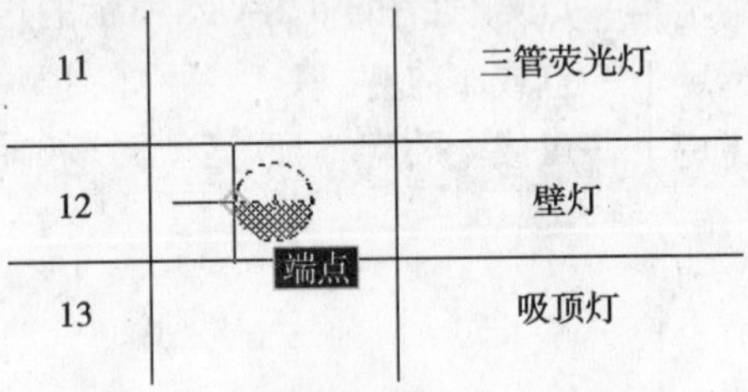　　　　图 3-2-89 指定"端点"作为基点

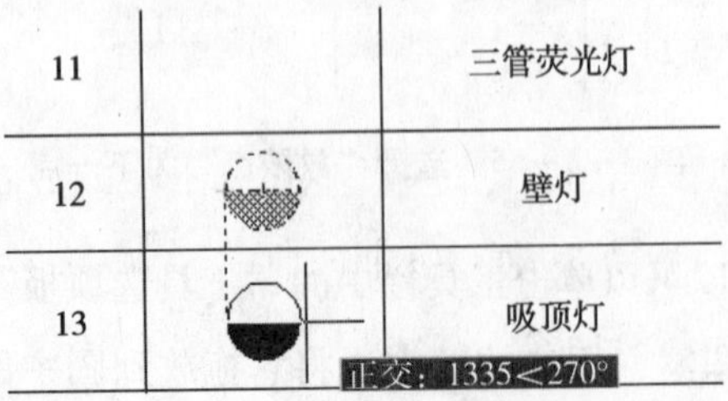

图 3-2-90 指定第二点 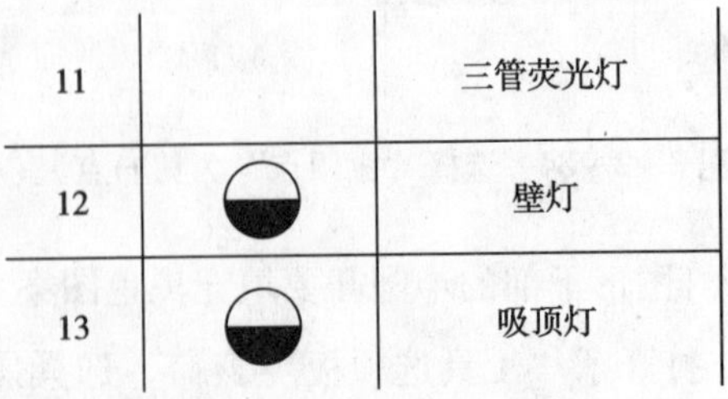　　　　图 3-2-91 复制后的图形

修剪的步骤如下：选择"修改"菜单中的"修剪"，如图3-2-92所示。或使用

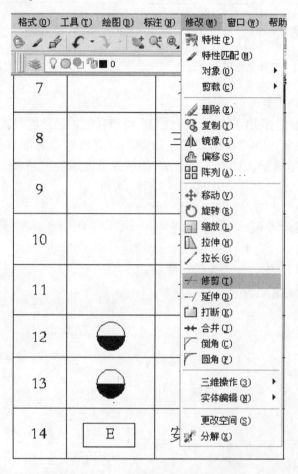

图3-2-92 "修改"菜单中"修剪"

命令：trim
当前设置：投影=UCS，边=无
选择剪切边…
选择对象或＜全部选择＞：/选择中间的直线就可以/。找到1个
选择对象：/回车确认/
选择要修剪的对象，或按住Shift键选择要延伸的对象，或
[栏选（F）/窗交（C）/投影（P）/边（E）/删除（R）/放弃（U）]：/点选圆形的上半部，也就是需要删除的部分/，见图3-2-93。
选择要修剪的对象，或按住Shift键选择要延伸的对象，或
[栏选（F）/窗交（C）/投影（P）/边（E）/删除（R）/放弃（U）]：/回车确认/

完成后的图形见图3-2-94所示。

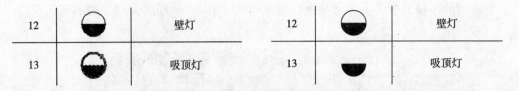

| 图 3-2-93 选择要修剪掉的部分 | 图 3-2-94 完成吸顶灯的绘制 |

4. 绘制圆点加斜线类图形

各种开关和引线，采用了实心圆上绘制 45°斜线作为引出线的图形，绘制时需要 45°极轴追踪线的配合。用"草图设置"命令先设置极轴追踪的增量角为 45°，并且选择"相对上一段"单选框，如图 3-2-95 所示为设置后的"草图设置"对话框，然后绘制图形。

图 3-2-95 设置后的"草图设置"对话框

开关类图形先绘制实心圆，方法同上，见图 3-2-96。然后用多段线命令绘制引出的斜线，命令及选项如下：

图 3-2-96 实心圆

命令：pline
指定起点：<对象捕捉开>/选择圆心为起点/（把对象捕捉中的圆心设置上）
　　当前线宽为 10
　　指定下一个点或［圆弧（A）/半宽（H）/长度（L）/放弃（U）/宽度（W）］：800
/鼠标拉出并放在起点的 45°极轴追踪线上，如图 3-2-97 所示，输入距离，或者通过鼠标单击左键实现，确定多段线的第二点/
　　指定下一点或［圆弧（A）/闭合（C）/半宽（H）/长度（L）/放弃（U）/宽度（W）］：220
/鼠标拉出并放在第二点相关极轴的 270°极轴追踪线上，如图 3-2-98 所示。输入距离，确定多段线的终点/
　　指定下一点或［圆弧（A）/闭合（C）/半宽（H）/长度（L）/放弃（U）/宽度（W）］：按回车键，退出命令/

图 3-2-97　起点 45°极轴追踪线　　图 3-2-98　第二点相关极轴的 270°极轴追踪线

完成后的图形见图 3-2-99。

绘制双极开关与三极开关的方法与单极开关的画法基本相同，在绘制双控开关时，中间的圆心是空心，是不填充黑色实体图形的。按照绘制单极开关的画法绘制完成后，利用修剪命令修剪掉圆的多段线即可。绘制完成后的图形如图 3-2-100 所示。

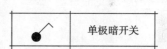

图 3-2-99　单极暗开关图形

5. 绘制插座

先绘制一个圆，使用"line"命令，在打开"对象捕捉"方式和"正交模式"下，画出圆的一条水平直径，如图 3-2-101 所示。

调用"修改"工具栏中的复制按钮 或者菜单栏中"修改"中的"复制"，向上复制直径，设置"对象捕捉"中"切点"为对象捕捉点，复制与圆相切的直径，使用"line"命令，在切点处作竖直向上的直线，如图 3-2-102 所示。

| 5 | | 双控开关 |
| 6 | | 单极暗开关 |
| 7 | | 双极暗开关 |
| 8 | | 三极暗装开关 |

图 3-2-100　绘制完成三极开关与双极开关

调用"修改"工具栏中的"修剪"按钮 或者使用菜单栏中"修改"中"修剪"，

```
命令：trim
当前设置：投影＝UCS，边＝无
选择剪切边…
选择对象或＜全部选择＞：/选择圆中的水平直径/见图3-2-103，找到1个
选择对象：/回车确认/
选择要修剪的对象，或按住 Shift 键，选择要延伸的对象，或
[栏选（F）/窗交（C）/投影（P）/边（E）/删除（R）/放弃（U）]：/选
择预删除的下半圆部分/
选择要修剪的对象，或按住 Shift 键，选择要延伸的对象，或
[栏选（F）/窗交（C）/投影（P）/边（E）/删除（R）/放弃（U）]：]/回
车确认/。
```

   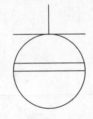   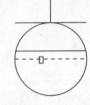

图3-2-101　绘制水平直径　　图3-2-102　复制直径　　图3-2-103　选择水平直径图

使用删除命令删除圆中的水平直径，如图3-2-104所示。完成后的图形见3-2-105，单击工具栏中的"工具选项板"按钮，打开了"工具选项板"窗口，选择黑色图案，用拖放的方法将它拖放到图中的半圆形内，完成后的图形见图3-2-106所示。

图3-2-104　选择直径删除　　图3-2-105　删除后的图形　　图3-2-106　完成填充后的图形

6. 绘制直线类图形

荧光灯、隔离开关、接触器、断路器、接地装置等属于直线类图形，可以用直线命令绘制得到。

荧光灯的绘制：

荧光灯分为单管荧光灯、双管荧光灯、三管荧光灯。单管荧光灯首先绘制出一条直线，用复制的方法绘制出另一条直线，见图3-2-107。

把"对象捕捉模式"中的"中点"捕捉勾选上，利用直线命令绘制直线。

图3-2-107　绘制直线

命令：line 指定第一点：如图 3-2-108 所示。
指定下一点或［放弃（U）］：如图 3-2-109 所示。
指定下一点或［放弃（U）］：/回车确认。/单管荧光灯完成后的图形如图 3-2-110 所示。

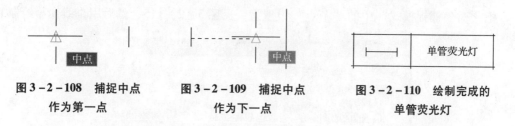

图 3-2-108　捕捉中点　　图 3-2-109　捕捉中点　　图 3-2-110　绘制完成的
　　　　　作为第一点　　　　　　　　作为下一点　　　　　　　　　单管荧光灯

绘制双管荧光灯时可以复制单管荧光灯的两条竖线，如图 3-2-111 所示。

由于双管荧光灯中间是两条水平线，我们可以找到三分之一等分点位置来绘制出两条互相平行的直线，绘图过程如下：

先设定点的样式，"格式"菜单中的"点样式"如图 3-2-112 所示，出现"点样式"对话框，选择任意一种点样式，单击"确定"按钮确定，见图 3-2-113 所示。

图 3-2-111　复制单管荧光灯
　　　　　　的两条竖线

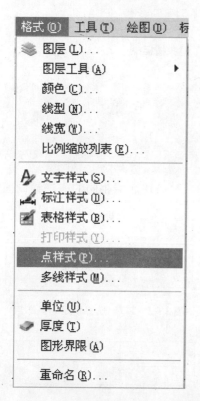

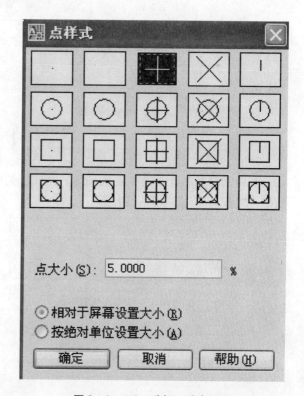

图 3-2-112　调用"格式"菜单中"点样式"　　　图 3-2-113　选择一种点样式

使用"等分点"命令把左侧的竖直线分成3份，过程如下：

命令：divide
选择要定数等分的对象：/把左侧的竖直线选择上/
输入线段数目或［块（B）］：/3，回车确认/见图3-2-114所示。

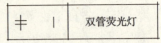

图3-2-114 把左侧直线分成3份

把"对象捕捉模式"中的"节点"设置上，见图3-2-115，然后用直线命令绘制。

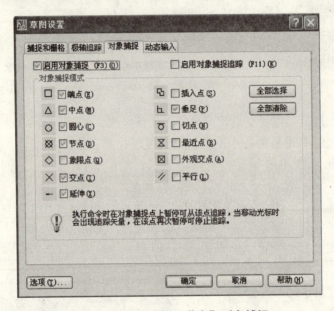

图3-2-115 选择"节点"对象捕捉

命令：line
指定第一点：/见图3-2-116/
指定下一点或［放弃（U）］：/见图3-2-117/
指定下一点或［放弃（U）］：/回车确认/

利用同样方法绘制第二条水平线，完成后见图3-2-118。用相同的方法绘制三管荧光灯，完成后见图3-2-119。

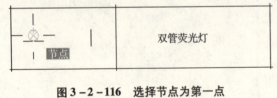

图3-2-116 选择节点为第一点

图3-2-117 选择垂足为第二点

图3-2-118 完成双管荧光灯

图3-2-119 完成三管荧光灯

隔离开关、接触器、断路器、漏油断路器的绘制方法同系统图。

在绘制接地装置时也是利用直线命令绘制，系统默认的线型为直线，所以我们应该选择点划线作为当前预绘制的线型，见图3-2-120工具栏中显示的线型样式。当线型中没有"点划线"线型时需要加载，调用"格式"中的"线型"出现"线型管理器"对话框，当线型中没有点划线时，需要单击"加载"按钮进行线型的加载，见图3-2-121和图3-2-122所示。完成后的图形见3-2-123所示。

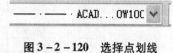

图3-2-120　选择点划线

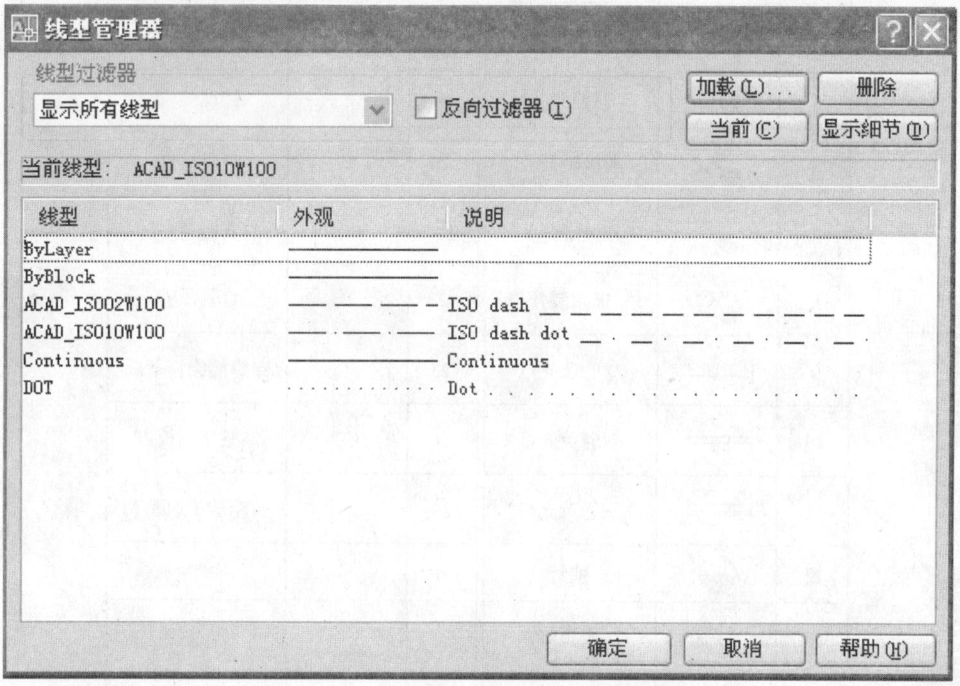

图3-2-121　"线型管理器"对话框

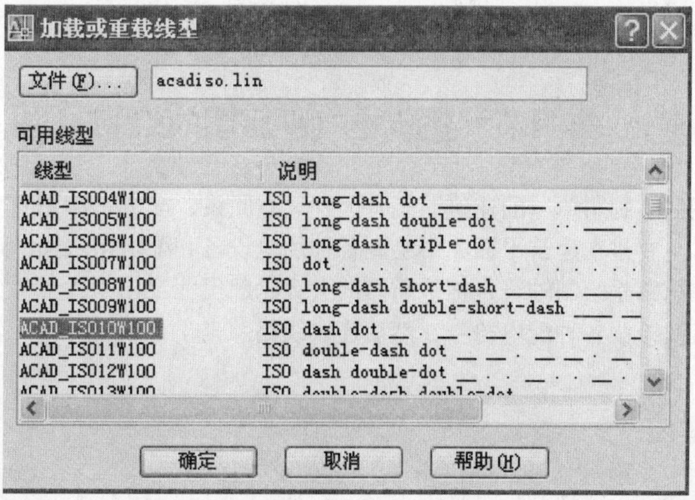

图3-2-122　"加载或重载线型"对话框

| 图形符号 | | | | | |
|---|---|---|---|---|---|
| 序号 | 图形符号 | 名称 | 序号 | 图形符号 | 名称 |
| 1 |  ▭ | 配电箱、柜 | 15 | 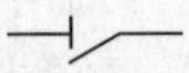 —/— | 隔离开关 |
| 2 | ■ | 短路器箱 | 16 |  —/— | 接触器 |
| 3 |  ▭ | 照明配电箱 | 17 |  —✕— | 断路器 |
| 4 | ▲ | 暗装单相插座 | 18 |  —✕○ | 漏油断路器 |
| 5 | 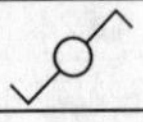 ⌀ | 双控开关 | 19 | 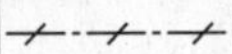 —/—/—/— | 接地装置 |
| 6 |  ● | 单极暗开关 | 20 | W | 灯具壁灯 |
| 7 |  ● | 双极暗开关 | 21 | SC | 灯具吸顶安装 |
| 8 |  ● | 三极暗装开关 | 22 | P | 灯具吊管 |
| 9 |  ⊢⊣ | 单管荧光灯 | 23 | SC | 穿焊接钢管敷设 |
| 10 |  ⊢⊣ | 双管荧光灯 | 24 | CC | 暗敷于顶板内 |
| 11 | 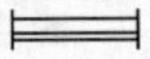 ⊢⊣ | 三管荧光灯 | 25 | PC | 暗敷于地面 |
| 12 |  ◐ | 壁灯 | | | |
| 13 | ◐ | 吸顶灯 | | | |
| 14 | E | 安全出口指示 | | | |

图 3-2-123 完成后的图形

## 第四节 建筑电气平面图的绘制

配电平面图的绘制与单纯的建筑图既有区别又有联系,配电平面图首先是建立在建筑图的基础上的,主要是在建筑平面图中绘制各种用电设备和配电箱之间的连接。

本例的制作思路是绘制轴线,把平面图的大致轮廓尺寸定出来,然后绘制墙体,生成整个平面图。其次绘制各种配电符号,然后连成线路。

步骤一:

命令:mvsetup
是否启用图纸空间?[否(N)/是(Y)] <是>:n
输入单位类型 [科学(S)/小数(D)/工程(E)/建筑(A)/公制(M)]:m

如图3-2-124所示，输入比例因子，输入图纸尺寸，形成如图3-2-125所示的绘图区域。形成绘图的区域，可以在此区域内绘制图形。

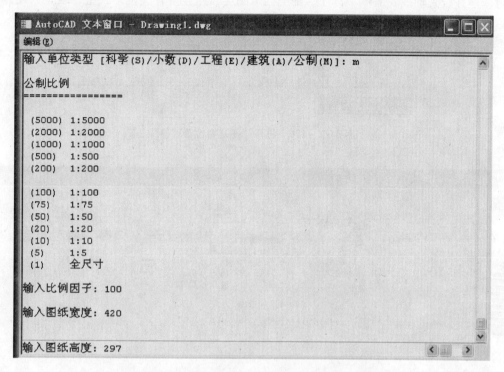

图3-2-124　输入比例因子、图纸宽度、图纸高度

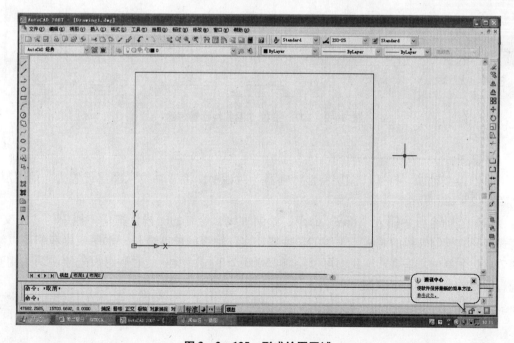

图3-2-125　形成绘图区域

步骤二：创建新图层，调用菜单栏"格式"→"图层"命令，或者单击工具栏中的"图层特性管理器"快捷图标，如图3-2-126所示，打开"图层特性管理器"对话框，通过新建并设置轴线、墙体、标注、配电四个图层，并且设置颜色、线型、线宽，设置完成后单击确定按钮确认，如图3-2-127所示。

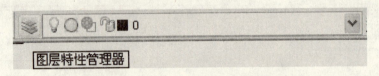

图3-2-126 打开"图层特性管理器"

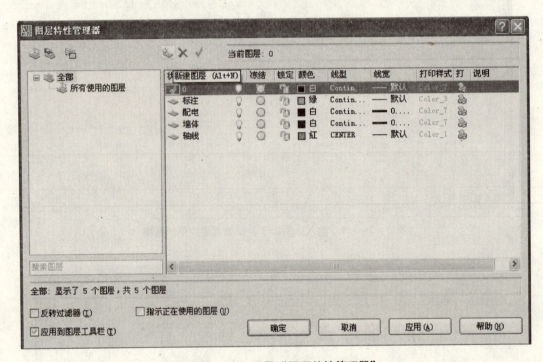

图3-2-127 设置"图层特性管理器"

步骤三：

(1) 绘制轴线。打开"图层特性管理器"对话框，将"轴线"图层设置为当前图层，见图3-2-128所示。

(2) 在命令行中输入"line"命令，绘制轴线，绘制的时候，把任务栏中的"正交"模式打开，绘制轴线的时候，轴线的长度要比实际轴线的长度要长，水平长度我们可以绘制28000个单位，垂直长度我们可以绘制15000个单位，绘制的时候可以先绘制两条相互垂直的轴线，命令及选项如下：

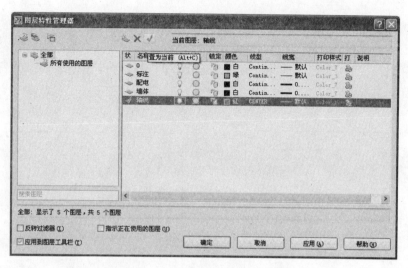

图 3-2-128　设置轴线图层为当前图层

> 命令：line
> 指定第一点：/在图纸中合适的位置上选择一点作为第一点/
> 指定下一点或 [放弃（U）]：28000/使鼠标的十字光标在水平位置上/
> 指定下一点或 [放弃（U）]：/回车确认/
> 命令：line
> 指定第一点：/在图纸上合适的位置上选择一点作为第一点/
> 指定下一点或 [放弃（U）]：15000/使鼠标的十字光标在垂直位置上/
> 指定下一点或 [放弃（U）]：/回车确认/
> 绘制完成后如图 3-2-129 所示。

（3）使用"偏移"命令复制轴线。

在命令行中键入"offset"命令，或者使用菜单栏中"修改"→"偏移"，或者工具栏中 图标，实现复制的目的，命令及选项如下：

> 命令：offset
> 当前设置：删除源=否　图层=源　OFFSETGAPTYPE=0
> 指定偏移距离或 [通过（T）/删除（E）/图层（L）] <通过>：3300/指定轴线间的距离 3300/
> 选择要偏移的对象，或 [退出（E）/放弃（U）] <退出>：/点选垂直的轴线/见图3-2-130所示
> 指定要偏移的那一侧上的点，或 [退出（E）/多个（M）/放弃（U）] <退出>：/在垂直轴线的右侧单击鼠标的左键/见图3-2-131/
> 选择要偏移的对象，或 [退出（E）/放弃（U）] <退出>：/选择已复制出来的垂直线作为偏移对象/见图 3-2-132 所示。
> 指定要偏移的那一侧上的点，或 [退出（E）/多个（M）/放弃（U）] <退出>：/同理，在垂直线的右侧单击鼠标的左键，复制出第三条垂直线/

同理，用相同的方法复制出七条垂直线，然后按回车键退出命令，见图3-2-133所示。下一步开始绘制水平轴线。方法同绘制垂直轴线，不同之处就是每画出一条水平轴线，都要退出"偏移"命令，因为水平轴线不同于垂直轴线，水平轴线间的距离是不相同的。

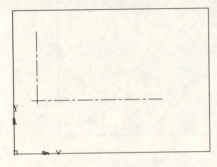

图3-2-129 相互垂直的轴线

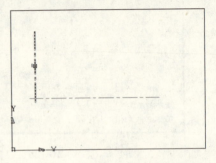

图3-2-130 点选垂直的轴线作为偏移的对象

命令执行情况如下：

命令：offset
当前设置：删除源=否 图层=源 OFFSETGAPTYPE=0
指定偏移距离或[通过(T)/删除(E)/图层(L)]<3300.0000>:4800/输入偏移距离/
选择要偏移的对象，或[退出(E)/放弃(U)]<退出>:/选择水平的线作为偏移对象/见图3-2-134/。
指定要偏移的那一侧上的点，或[退出(E)/多个(M)/放弃(U)]<退出>:/在水平轴线的上侧单击鼠标的左键/见图3-2-135所示，完成复制后的图形如图3-2-136。
选择要偏移的对象，或[退出(E)/放弃(U)]<退出>:/按回车键退出命令，因为要重新输入偏移尺寸。/
命令：OFFSET
当前设置：删除源=否 图层=源 OFFSETGAPTYPE=0
指定偏移距离或[通过(T)/删除(E)/图层(L)]<4800.0000>:2100

选择要偏移的对象，或[退出(E)/放弃(U)]<退出>:/方法同上/
指定要偏移的那一侧上的点，或[退出(E)/多个(M)/放弃(U)]<退出>:/方法同上/
选择要偏移的对象，或[退出(E)/放弃(U)]<退出>:/回车确认/

命令：OFFSET
当前设置：删除源=否 图层=源 OFFSETGAPTYPE=0
指定偏移距离或[通过(T)/删除(E)/图层(L)]<2100.0000>:4500
/输入完偏移尺寸后，用同上述相同的方法绘制/完成后的图形如图3-2-137所示。

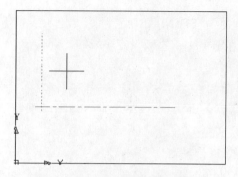

图3-2-131 在垂直轴线的右侧单击鼠标的左键

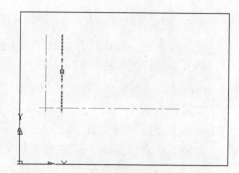

图3-2-132 选择已复制出的轴线作为偏移对象

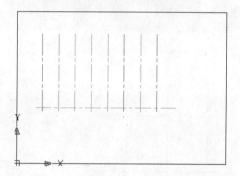

图3-2-133 用相同的方式复制出的轴线

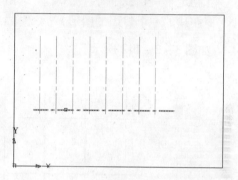

图3-2-134 选择水平线作为偏移对象

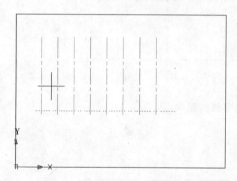

图3-2-135 在水平轴线的上侧单击鼠标的左键

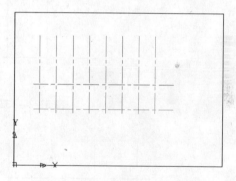

图3-2-136 偏移出水平的轴线

步骤四：

绘制墙体。

命令：mline
当前设置：对正 = 上，比例 = 20.00，样式 = STANDARD
指定起点或 [对正（J）/比例（S）/样式（ST）]：j/重新设定对正样式/
输入对正类型 [上（T）/无(Z)/下（B）]<上>：z(需要让轴线在多线中间的位置)

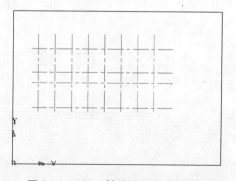

图3-2-137 轴线绘制完成后的图形

当前设置：对正 = 无，比例 = 20.00，样式 = STANDARD
指定起点或 [对正（J）/比例（S）/样式（ST）]：s/重新设定多线的比例/
输入多线比例 <20.00>：490（墙体的厚度）
当前设置：对正 = 无，比例 = 490.00，样式 = STANDARD
指定起点或 [对正（J）/比例（S）/样式（ST）]：/点选水平轴线与垂直轴线的交点作为起始点/见图 3 - 2 - 138
指定下一点：见图 3 - 2 - 139 点
指定下一点或 [放弃（U）]：见图 3 - 2 - 140 点
指定下一点或 [闭合（C）/放弃（U）]：见图 3 - 2 - 141 点
指定下一点或 [闭合（C）/放弃（U）]：c（最后一点可以使用 c 来绘制首尾相连的一个封闭的图形）

如图 3 - 2 - 142 所示。

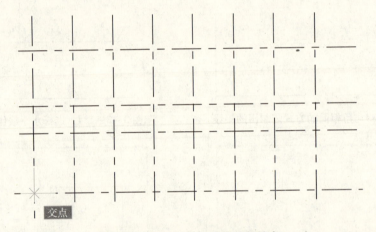

图 3 - 2 - 138　交点为多线的起始点

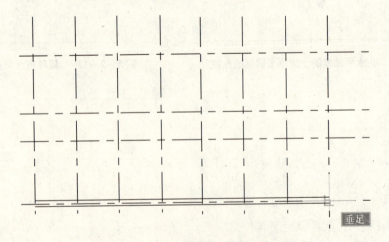

图 3 - 2 - 139　垂足点为多线的下一点

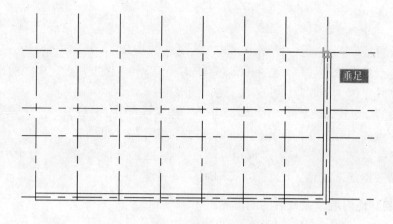

图 3-2-140　垂足点为多线的下一点

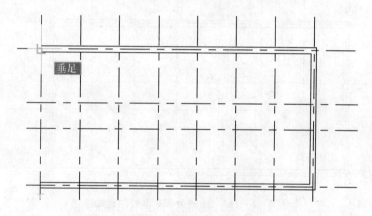

图 3-2-141　垂足点为多线的下一点

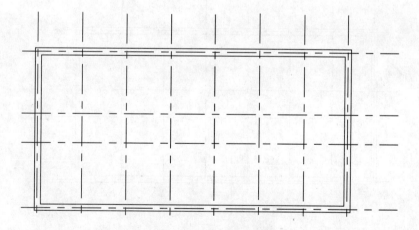

图 3-2-142　完成多线的绘制

外墙是 490，内墙是 370，可以通过重新设置多线比例来实现。
选项如下：

命令：mline
当前设置：对正 = 无，比例 = 490.00，样式 = STANDARD
指定起点或［对正（J）/比例（S）/样式（ST）］：s（重新设定多线的比例）
输入多线比例 <490.00>：370（墙体的厚度）
当前设置：对正 = 无，比例 = 370.00，样式 = STANDARD
指定起点或［对正（J）/比例（S）/样式（ST）］：（见图3-2-143）
指定下一点：（见图3-2-144）
指定下一点或［放弃（U）］：/回车确认/（见图3-2-145）

同理绘制其他内墙，完成后的图形见图3-2-146。

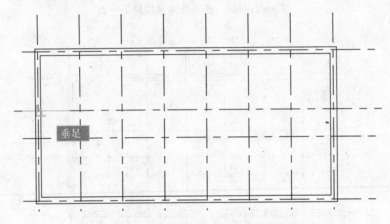

图3-2-143 比例为370多线的起始点

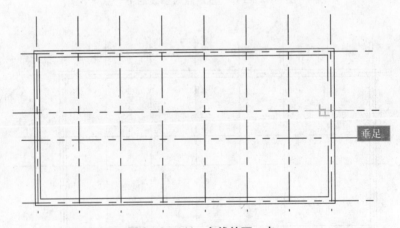

图3-2-144 多线的下一点

墙体需要进行修剪，可以利用菜单栏"修改"→"对象"→"多线"出现"多线编辑工具"对话框，见图3-2-147，单击"T形打开"命令行显示。

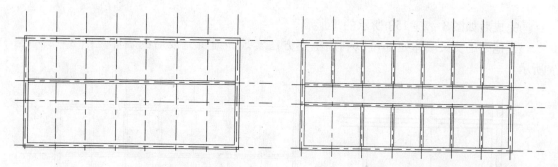

图3-2-145 完成多线的绘制　　　图3-2-146 完成绘制墙体后的图形

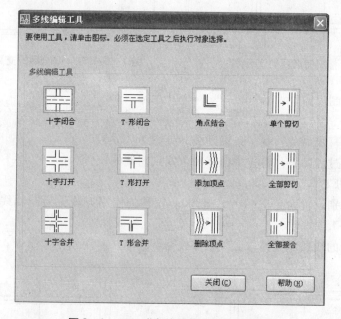

图3-2-147 "多线编辑工具"对话框

命令：_mledit
选择第一条多线：（可以选择图3-2-148所示多线）
选择第二条多线：（可以选择图3-2-149所示多线）
选择第一条多线 或 [放弃（U）]：/回车确认/

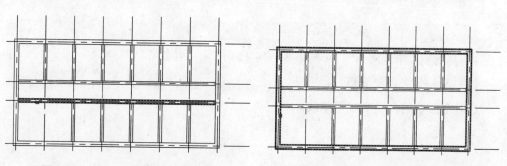

图3-2-148 选择的第一条多线　　　图3-2-149 选择的第二条多线

完成后如图3－2－150所示的T形墙。

其他处的交叉墙体处都可以利用上述方法实现，编辑完成后的墙体见图3－2－151所示。

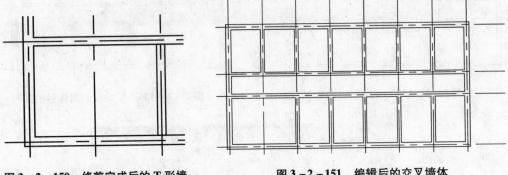

图3－2－150　修剪完成后的T形墙　　　　图3－2－151　编辑后的交叉墙体

步骤五：绘制门窗

1. 绘制窗洞

在轴线处用直线命令绘制一条辅助线，见图3－2－152所示。

绘制窗洞的过程如下：首先用偏移命令找到窗洞的位置。

命令：OFFSET

偏移距离分别设置为650，1000，1300。偏移的使用方法见绘制轴线的过程。完成后的过程见3－2－153。

为了把多余的线条修剪掉，必须把多线分解为单线，使用分解命令。

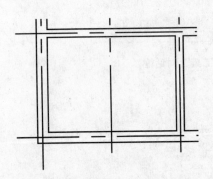 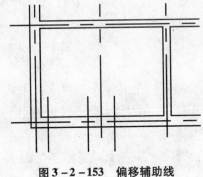

图3－2－152　在轴线处绘制一条辅助线　　　图3－2－153　偏移辅助线

命令：explode
选择对象：指定对角点：（见图3－2－154所示）找到14个
选择对象：／回车确认／

这时图形中的多线变成了单线。

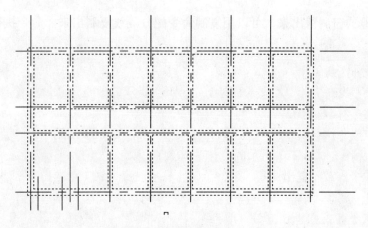

图 3-2-154 选择分解的对象

把多余的线修剪掉,调用"修改"→"修剪"或者命令行输入命令"trim"

命令:_trim
当前设置:投影=UCS,边=无
选择剪切边…
选择对象或<全部选择>:/选择两条水平的线/找到2个
选择对象:/回车确定/
选择要修剪的对象,或按住 Shift 键选择要延伸的对象,或
[栏选(F)/窗交(C)/投影(P)/边(E)/删除(R)/放弃(U)]:/选择如图3-2-155所示欲修剪掉的的竖直线的上部,下部/修剪直线后的见图3-2-156,再一次点选不需要的线条部分,见图3-2-157,修建完后见图3-2-157所示,命令执行后见图3-2-158。把开始做的辅助线用删除命令删除。删除后见图3-2-159所示。

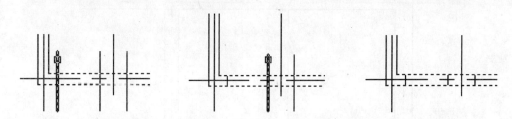

图 3-2-155 选择预修剪的部分　　图 3-2-156 部分修剪的图形　　图 3-2-157 修剪完成后的图形

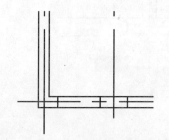 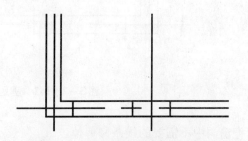

图 3-2-158 修剪命令执行完毕　　　　图 3-2-159 删除辅助线后的图形

为了把其他的窗洞留出来，可以用复制命令把分隔线复制出来。命令执行过程如下：

> 命令：copy
> 选择对象：找到1个
> 选择对象：找到1个，（选择如图3-2-160所示的虚线）总计2个
> 选择对象：/回车确认/
> 指定基点或［位移（D）］＜位移＞：指定第二个点或＜使用第一个点作为位移＞：（见图3-2-161所示的点作为基点）
> 指定第二个点或［退出（E）/放弃（U）］＜退出＞：（点选图3-2-162所示的点）
> 指定第二个点或［退出（E）/放弃（U）］＜退出＞：（点选图3-2-163所示的点）

同理复制出其他房间的窗体分隔线，见图3-2-164所示。用删除命令把多余的线条删除掉，见图3-2-165所示。

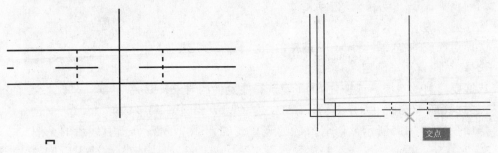

图3-2-160 选择复制的对象　　　图3-2-161 选择交点为复制的基点

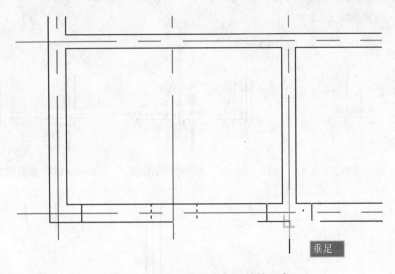

图3-2-162 垂足为复制的第二点

把窗洞中不需要的线条修剪掉。

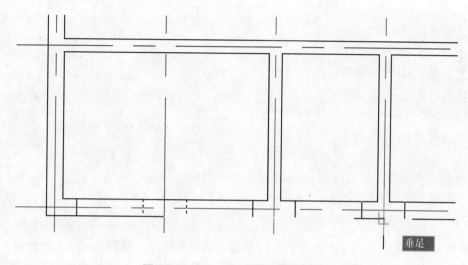

图 3-2-163 垂足为复制的第二点

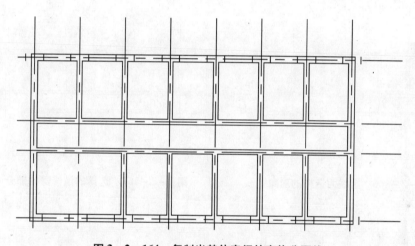

图 3-2-164 复制出其他房间的窗体分隔线

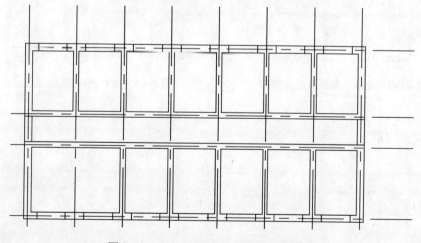

图 3-2-165 删除多余的线条后的图形

还是使用"trim"命令。

命令：_ trim

当前设置：投影=UCS，边=无

选择剪切边…

选择对象或 <全部选择>：指定对角点：找到32个（选择图3-2-166中的虚线）

选择对象：/回车确认/

选择要修剪的对象，或按住 Shift 键选择要延伸的对象，或

[栏选（F）/窗交（C）/投影（P）/边（E）/删除（R）/放弃（U）]：/选择3-2-167中所示的线段/

修剪完成后见图3-2-168所示。同理修剪其他的线段，见图3-2-169所示。

全部修剪完成后的图形见图3-2-170所示。其他的两条线用删除命令进行删除，完成后见图3-2-171所示。

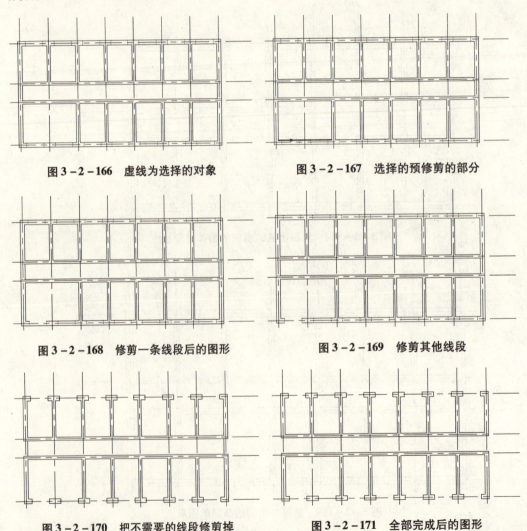

图3-2-166 虚线为选择的对象　　图3-2-167 选择的预修剪的部分

图3-2-168 修剪一条线段后的图形　　图3-2-169 修剪其他线段

图3-2-170 把不需要的线段修剪掉　　图3-2-171 全部完成后的图形

## 2. 绘制窗体

为了绘制出规则的窗体，把直线进行定数等分，首先设定点的样式，调用"格式"→"点样式"出现："点样式"对话框，见图3-2-172所示。选择其中的"十字"点样式（当然其他的点样式也可以选择，只要不与直线重合即可）。

调用："绘图"→"点"→"定数等分"。

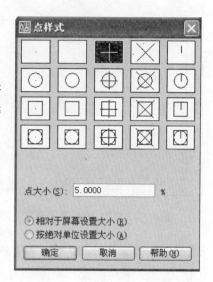

命令：_ divide
选择要定数等分的对象：/选择竖直的短线/
输入线段数目或 [块（B）]：3

完成后见图3-2-173所示。

把对象捕捉中的"节点"捕捉设置上，在节点处用直线命令绘制4条直线，见图3-2-174所示。重新调用点样式对话框，选择其中无点的样式，那么定数等分出来的点便消失了，见图3-2-175所示。一扇窗体绘制完成了，其他的窗体可以

图3-2-172 "点样式"对话框

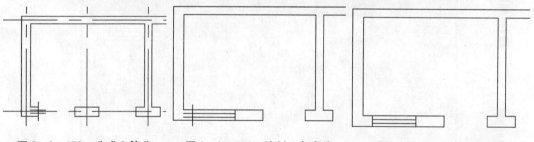

图3-2-173 分成3等分　　图3-2-174 绘制4条直线　　图3-2-175 点样式消失

利用复制命令复制即可，也可以把此窗体设定为块，进行块插入放置到窗洞的位置。其步骤如下：调用菜单栏中"绘图"→"块"→"创建"出现"块定义"对话框，见图3-2-176所示，在"名称"处输入"窗体"，用鼠标单击"选择对象"按钮，用来选择定义成块的图形，见图3-2-177中的虚线为定义成块的图形，单击"拾取点"按钮来定义基点，我们选择3-2-178所示的点作为基点，单击确定按钮进行确定即可。

当我们需要相同图形时（无论大小与方向是否相同均可以，因为块能够进行比例的设定与角度的旋转），其他窗洞中的窗体可以利用块的插入来实现。调用菜单栏中"插入"→"块"出现"插入"对话框，见图3-2-179所示，里面参数的设定也可以参考3-2-179所示，插入点见图3-2-180所示，

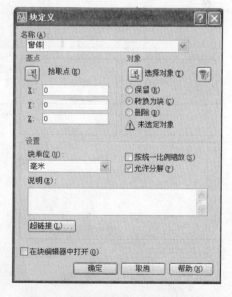

图3-2-176 "块定义"对话框

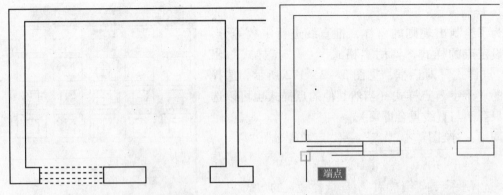

图 3-2-177　虚线为定义成块的图形　　　　图 3-2-178　端点为块的基点

完成插入后的图形见图 3-2-181 所示。同理用"插入块"可以完成其他窗体的插入，见图 3-2-182 所示。

用修剪窗体的方法把门洞也修剪出来，门的宽度为 1m。同时也用修剪命令把楼梯间的墙修剪好，卫生间的间隔墙用同样的方法绘制并修剪好，见图 3-2-183 所示。

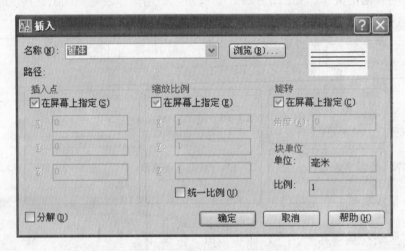

图 3-2-179　"插入"对话框

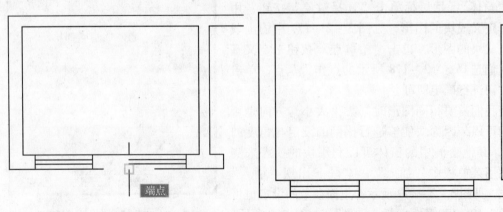

图 3-2-180　端点为插入点　　　　　　图 3-2-181　完成插入后的图形

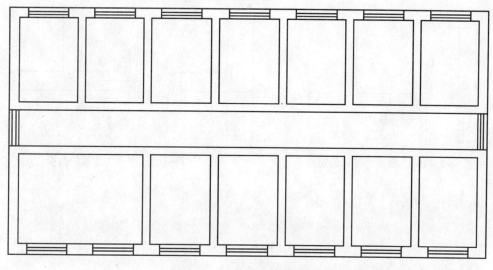

图 3-2-182 完成其他窗体

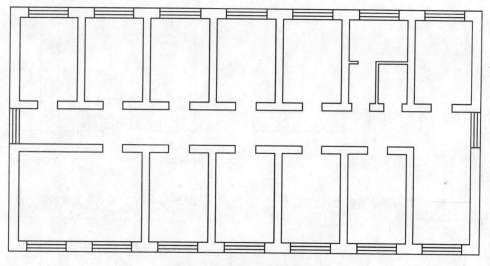

图 3-2-183 修剪门洞后的图形

3. 绘制门

用圆弧命令与直线命令绘制门。

> 命令：arc
> 指定圆弧的起点或 [圆心 (C)]：见图 3-2-184 所示
> 指定圆弧的第二个点或 [圆心 (C) /端点 (E)]：c/指定定圆心点/
> 指定圆弧的圆心：/见图 3-2-185 所示/
> 指定圆弧的端点或 [角度 (A) /弦长 (L)]：a/指定圆弧的角度/
> 指定包含角：-45

绘制完成的圆弧见图 3-2-186 所示。

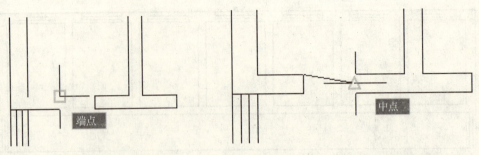

图 3-2-184　端点为圆弧的起点　　　图 3-2-185　中点为圆弧的圆心

命令：line
指定第一点：/如图 3-2-187 所示/
指定下一点或［放弃（U）］：/如图 3-2-188 所示/
指定下一点或［放弃（U）］：/回车确定/。

完成后见图 3-2-189 所示。用复制命令复制出其他的门，如图 3-2-190 所示。

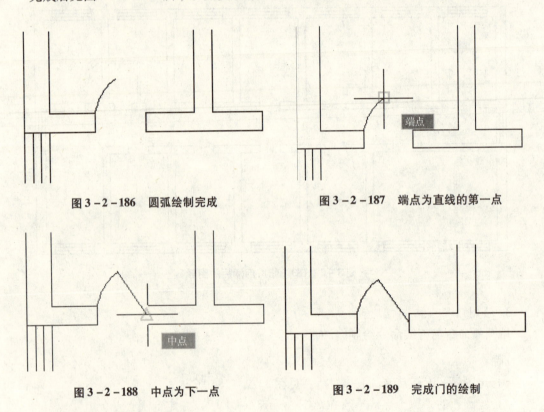

图 3-2-186　圆弧绘制完成　　　图 3-2-187　端点为直线的第一点

图 3-2-188　中点为下一点　　　图 3-2-189　完成门的绘制

用同样的方法绘制其他的门。

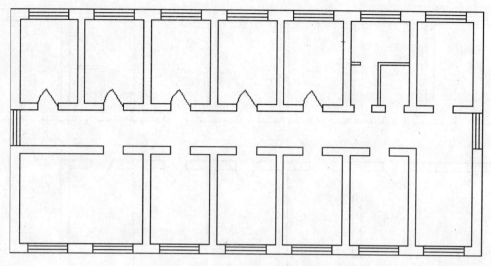

图 3-2-190 复制门后的图形

> 命令：arc
> 指定圆弧的起点或 [圆心（C）]：/见图 3-2-191 所示/
> 指定圆弧的第二个点或 [圆心（C）/端点（E）]：c/选择圆心可选项/
> 指定圆弧的圆心：/见图 3-2-192 所示的点/
> 指定圆弧的端点或 [角度（A）/弦长（L）]：a/选择角度可选项/
> 指定包含角：90

完成后见图 3-2-193 所示。

用"line"直线命令画出门中的直线，见图 3-2-194 所示。

用相同的方法绘制或复制出其他的门，完成后的图形如图 3-2-195 所示。

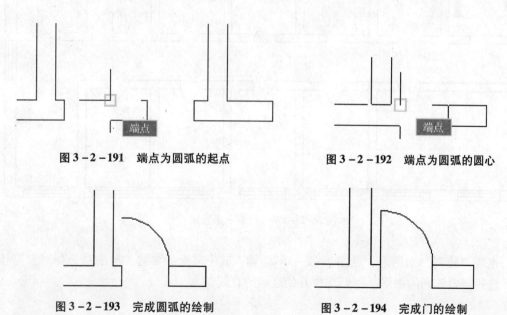

图 3-2-191 端点为圆弧的起点　　图 3-2-192 端点为圆弧的圆心

图 3-2-193 完成圆弧的绘制　　图 3-2-194 完成门的绘制

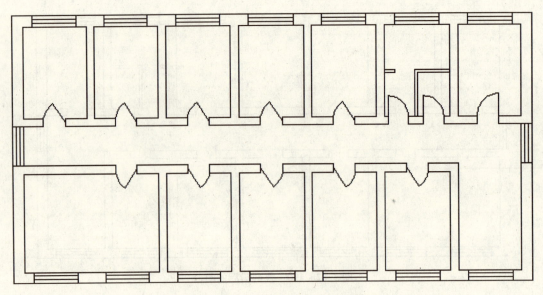

图 3-2-195　绘制或复制门后的图形

步骤六：绘制楼梯

（1）首先绘制出一条连接两端墙体的直线见图 3-2-196（用直线命令"line"绘制），然后用阵列方法生成其余的直线，命令使用如下：调用"修改"→"阵列"或者使用命令"array"。

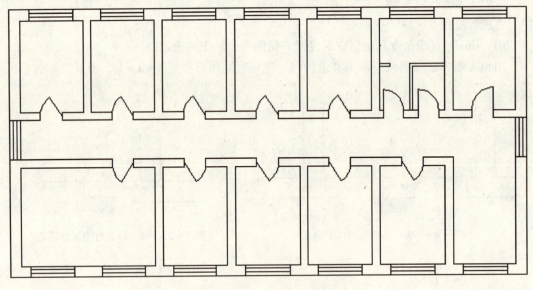

图 3-2-196　绘制一条直线

出现"阵列"对话框，见图 3-2-197，输入其中需要的参数，单击"选择对象"按钮，选择需要阵列的图形，我们选择开始绘制的直线。

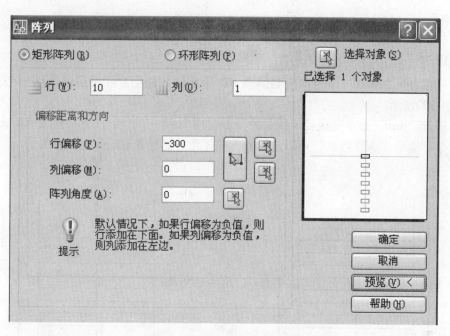

图 3-2-197 阵列对话框

```
命令: _ array
选择对象：找到 1 个
选择对象：/按回车确认/
```

重新出现"阵列"对话框，我们可以按"预览"按钮察看阵列后的效果，满意后点选"接受"按钮确认，不满意可以单击"修改"按钮，进行修改，直到满意，见图 3-2-198，完成后的图形见图 3-2-199 所示。

图 3-2-198 单击修改按钮可以修改

图 3-2-199 绘制完成的楼梯

（2）用矩形命令绘出楼梯扶手的图形，命令及选项如下：

```
命令: rectang
指定第一个角点或 [倒角 (C)/标高 (E)/圆角 (F)/厚度 (T)/宽度
(W)]: _ from 基点:/单击捕捉按钮 ，选择如图 3-2-200 所示的中点为
捕捉自的基点/
<偏移>:
@ -150, -200（表示输入相对坐标，确定了第一个角点）
指定另一个角点或 [面积 (A)/尺寸 (D)/旋转 (R)]: _ from 基点: <偏移>:
```

/单击捕捉按钮 ，选择如图3-2-201所示的中点为捕捉自的基点/
@150,200（表示输入相对坐标，确定了另一个角点，自动退出命令）

用"偏移""offset"命令向内侧偏移100个单位（使用方法见前述内容），完成后如图3-2-202所示。

用修剪"trim"命令完成楼梯扶手的图形（图3-2-203）。注意在使用修剪命令的时候，命令行提示"选择对象"可以选择外侧的矩形，这样修剪起来比较容易。

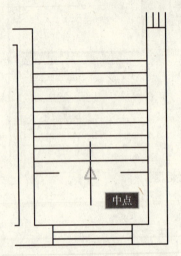 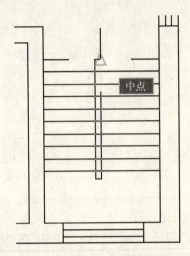

图3-2-200　中点为捕捉自的基点　　　图3-2-201　中点为捕捉自的基点

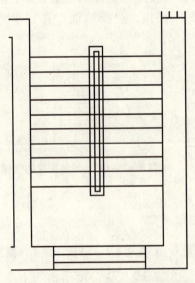 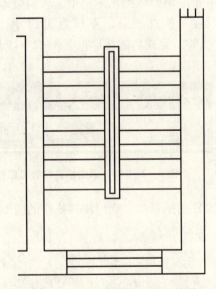

图3-2-202　偏移楼梯的扶手后的图形　　　图3-2-203　修剪扶手后的楼梯

（3）用直线命令绘制破折线并修剪，然后用多段线命令绘制出表示上下带箭头的图形，多段线命令及选项如下：

命令：pline
指定起点：<对象捕捉追踪 开> 300/鼠标捕捉到中点，拉出并放在该点的270°极轴追踪线上，如图3－2－204所示。输入距离，确定了起点/
当前线宽为0.0000
指定下一个点或［圆弧（A）/半宽（H）/长度（L）/放弃（U）/宽度（W）］：/鼠标拉出并沿着起点的90°极轴追踪线，选择合适的位置单击鼠标，如图3－2－205光标所示确定了多段线的第二点/
指定下一点或［圆弧（A）/闭合（C）/半宽（H）/长度（L）/放弃（U）/宽度（W）］：/鼠标拉出并沿着第二点的180°极轴追踪线移动，然后捕捉到左侧线段的中点，拉出并沿着90°极轴追踪线移动，直至出现两条追踪线相交的符号，如图3－2－206所示。选择该点为多段线的第三点/
指定下一点或［圆弧（A）/闭合（C）/半宽（H）/长度（L）/放弃（U）/宽度（W）］：/鼠标拉出来并沿着第三点的90°极轴追踪移动，选择合适的位置单击鼠标，如图3－2－207光标所示，确定了多段线的第四点/
指定下一点或［圆弧（A）/闭合（C）/半宽（H）/长度（L）/放弃（U）/宽度（W）］：w/画箭头是需要改变多段线的宽度/
指定起点宽度 <0.0000>：75/设置箭尾的宽度为75/
指定端点宽度 <75.0000>：0/设置箭头的宽度为0/
指定下一点或［圆弧（A）/闭合（C）/半宽（H）/长度（L）/放弃（U）/宽度（W）］：280
/鼠标拉出来并放在第四点270°极轴追踪线上，如图3－2－208所示。输入距离，确定了箭头的长度/
指定下一点或［圆弧（A）/闭合（C）/半宽（H）/长度（L）/放弃（U）/宽度（W）］：/按回车键确认，退出命令/

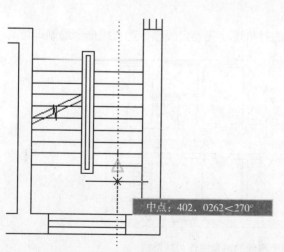

图3－2－204　270°极轴追踪线上确定起点位置

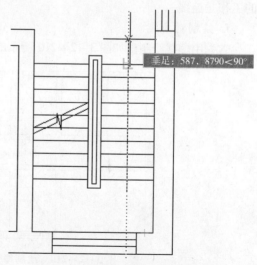

图3－2－205　确定多段线的第二点

用同样的方法绘制出下半段的多段线,完成后的楼梯图形见3-2-209。

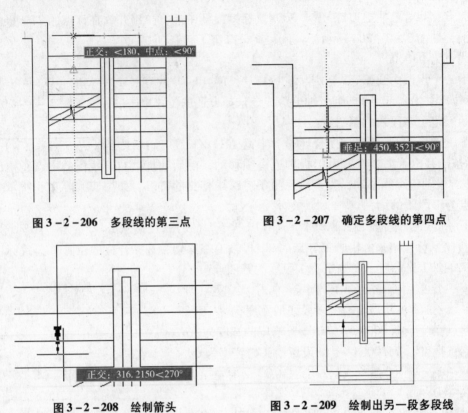

图3-2-206 多段线的第三点　　　图3-2-207 确定多段线的第四点

图3-2-208 绘制箭头　　　图3-2-209 绘制出另一段多段线

步骤七:绘制电气设备和线路

电气平面图的绘制主要由两部分组成,灯具的定位及连线。一般灯具的位置都在房间居中的位置上,可以用绘制房间对角线的方法,利用对角线中点进行定位。灯具的图例符号在"电气图例表"图形中,用复制的方法将他复制到本图中,然后移动使之就位,最后的工作是连线。

1. 绘制对角线

首先用虚线绘制出如图3-2-210所示的对角线(先设定线型,用直线命令绘制即可)。

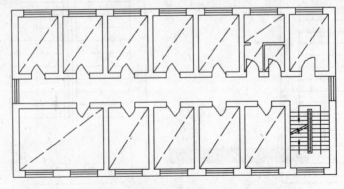

图3-2-210 绘制每个房间的对角线作为辅助线

## 2. 复制和修改"电气图例表"

用"打开"命令"open"打开第七章第三节绘制的"电气图例表"图形,选择图例表中的所有图形后,如图 3-2-211 所示的带选择框的图形,输入"带基点复制命令""copybase"或者菜单栏中"编辑→带基点复制"选项,选择左下角点为基点,如图 3-2-212 所示的"交点"处点为基点,图形即被复制到粘贴板上了。用"粘贴"命令或者选择"编辑→粘贴"选择合适的位置,如图 3-2-213 光标所示。单击鼠标左键,复制完成。

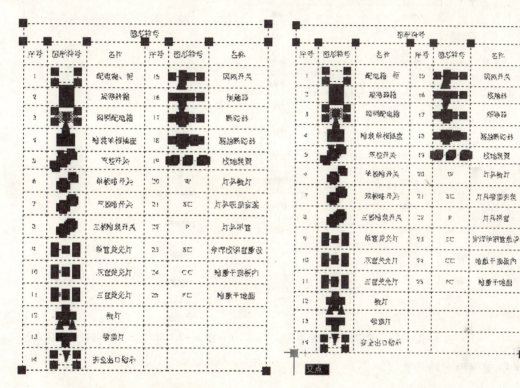

图 3-2-211 复制的对象　　　　　图 3-2-212 复制的基点

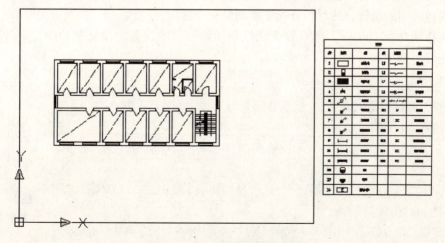

图 3-2-213 选择粘贴的位置

用"点选"的方法选择表格（注意仅仅是表格，不包括表格中的图形），如图3-2-214所示的带选择框的图形，用"删除"命令"erase"删除它，删除表格后得图形如图3-2-215所示。

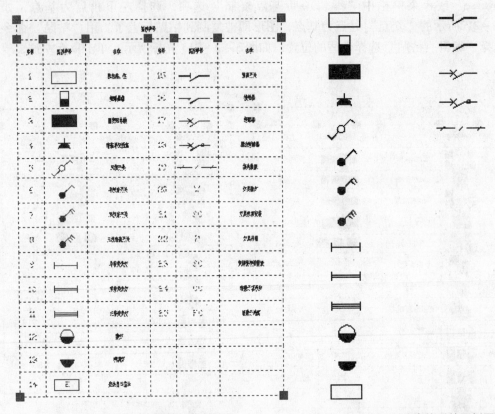

图3-2-214　选择的表格图形　　　　图3-2-215　删除表格后的图例图形

3. 图例图形的放置

（1）荧光灯的放置

在这个平面图中每个房间放置两个或者4个荧光灯，所以可以先把荧光灯进行复制后一起放置在房间的位置，然后再分别复制到每一个房间。

先用移动命令"move"把双管荧光灯移动到合适的位置，用复制命令"copy"复制双管荧光灯，选项如下：

命令：copy
选择对象：指定对角点：/把双管荧光灯选择上/找到4个
选择对象：/回车确认/
指定基点或 [位移（D）] ＜位移＞：/如图3-2-216中的灯具中点的位置/
指定第二个点或 ＜使用第一个点作为位移＞：@0，-2000/输入灯具的相对位置的距离/
指定第二个点或 [退出（E）/放弃（U）] ＜退出＞：/回车确认，退出/

图3-2-216
复制的基点

复制后见图3-2-217。为了方便绘制，可以在此时绘制出双管荧光灯中点之间的连线，见图3-2-218。

把两个双管荧光灯复制到各个房间的位置。命令使用过程如下：

命令：_ copy
选择对象：指定对角点：找到11个
选择对象：/回车确认/
指定基点或［位移（D）］＜位移＞：见图3-2-219中荧光灯中点的位置。
指定第二个点或 ＜使用第一个点作为位移＞：/把双管荧光灯复制到房间中所作的辅助线的中点的位置/如图3-2-220所示。
指定第二个点或［退出（E）/放弃（U）］＜退出＞：/复制到相邻房间中所作的辅助线的中点的位置/如图3-2-221所示。
指定第二个点或［退出（E）/放弃（U）］＜退出＞：同上。。。。。。见图3-2-222所示。完成部分复制后见图3-2-223。
指定第二个点或［退出（E）/放弃（U）］＜退出＞：（把任务栏中"对象追踪"打开，找到相对的房间和相邻房间灯具中点延长线的交点位置，见图3-2-224，作为复制到的点的位置0
指定第二个点或［退出（E）/放弃（U）］＜退出＞：（同样道理，复制出图3-2-225中灯具)
指定第二个点或［退出（E）/放弃（U）］＜退出＞：/回车确认，退出复制/

完成后见图3-2-226。
单管荧光灯的放置方法同双管荧光灯，这里不再重复讲述，完成后见图3-2-227。

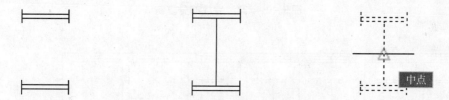

图3-2-217 复制后的荧光灯　　图3-2-218 连线后的荧光灯　　图3-2-219 复制中基点的位置

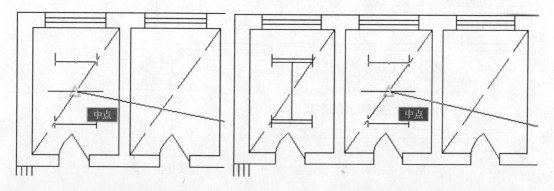

图3-2-220 复制到辅助线中点的位置　　图3-2-221 复制到相邻房间中辅助线中点的位置

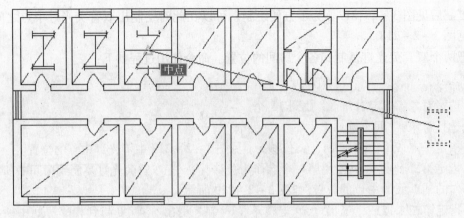

图3-2-222 同理进行复制结果图

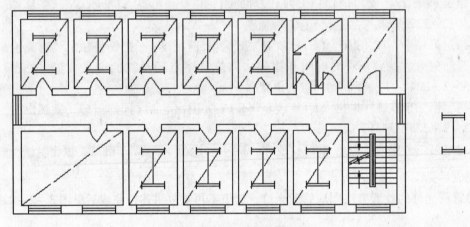

图3-2-223 完成部分复制

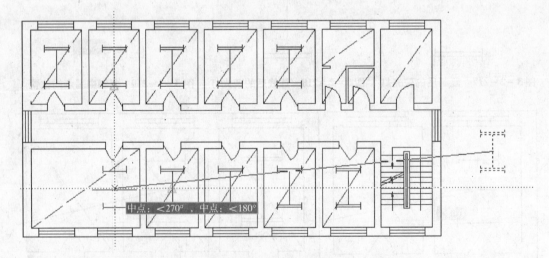

图3-2-224 "对象追踪"打开,找到中点延长线的交点

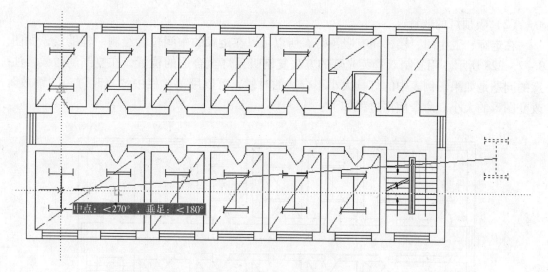

图3-2-225 复制灯具

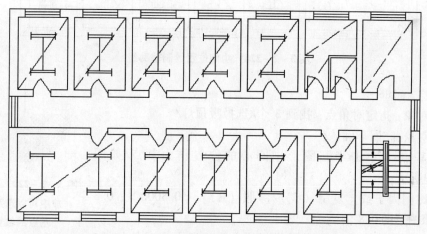

图3-2-226 完成双管荧光灯灯具复制后的图形

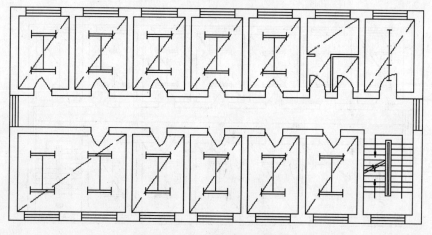

图3-2-227 放置单管荧光灯

(2) 吸顶灯的放置

在走廊、卫生间、楼梯间有吸顶灯，所以可以在走廊的中间位置绘制一辅助线，如图 3-2-228 所示。用复制双管荧光灯的方法复制吸顶灯至合适的位置，在复制的时候，注意的问题是如果图例表中的灯具大小不合适的时候，可以用菜单栏中"修改"→"缩放"改变图形的大小。命令使用过程如下：

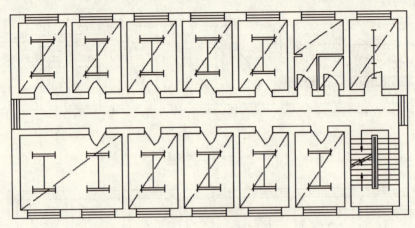

图 3-2-228　中间位置绘制辅助线

命令：_ scale
选择对象：指定对角点：找到 3 个/选择吸顶灯/
选择对象：/回车确认/
指定基点：/单击半圆图形中圆心的位置作为基点/如图 3-2-229 所示。

指定比例因子或 [复制（C）/参照（R）] <0.8000>：0.8 （缩小为原图形的 0.8 倍）。

把进行比例缩放后的图形用复制的方法放置在合适的位置，复制后的图形见图 3-2-230。

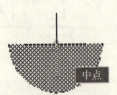

图 3-2-229　比例缩放中可以选定的基点的位置

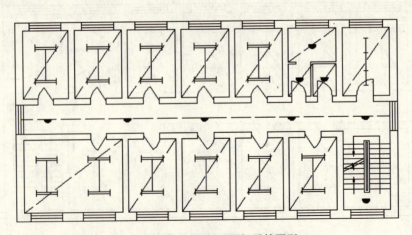

图 3-2-230　复制吸顶灯后的图形

用删除命令"erase"删除无用的辅助线。删除完成后的图形见图 3-2-231。

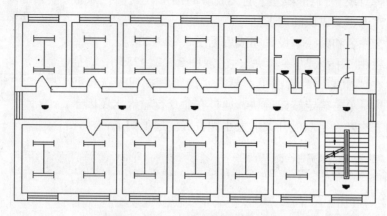

图 3-2-231　删除辅助线后的图形

(3) 开关的放置

开关放置时，可以用复制命令复制到合适的位置，然后用比例缩放命令和旋转命令进行大小和位置的调整。另外也可以把插座设置成外部块，在需要的地方用插入命令放置，设置成块的另一个主要好处就是可以在绘制其他平面图时能够用的到，避免重复绘制，提高绘图速度。使用的过程如下：首先使用"wblock"命令定义块，过程如下：

命令：wblock/出现图 3-2-232 所示"写块"对话框，在对话框中单击"拾取点"来选择图块的基点。

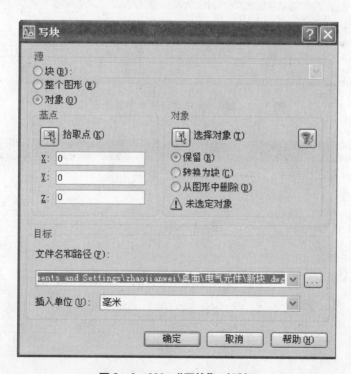

图 3-2-232　"写块"对话框

选择图 3-2-233 象限点作为插入基点，

单击"选择对象"按钮来选择定义成块的图形，我们把双极开关选择上，作为定义成块的图形。

然后定义文件名和路径。设置完成后见图 3-2-234。

调用菜单栏中"插入"→"块"，出现图 3-2-235 中"插入"对话框，在"插入"对话框中，单击"浏览"按钮来选择我们设定的块，然后单击确定按钮确认，通过在命令行输入比例因子和旋转角度的方法来确定双极开关的大小和位置。选项如下：

图 3-2-233　象限点为插入基点

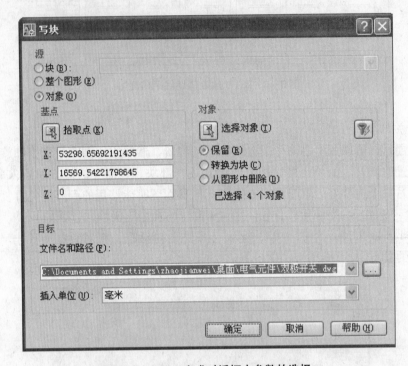

图 3-2-234　完成对话框中参数的选择

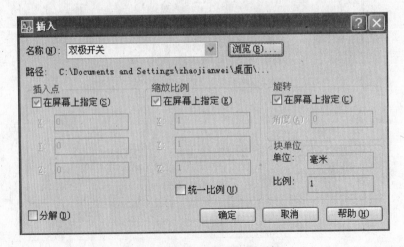

图 3-2-235　"插入"对话框

命令：_ insert

指定插入点或［基点（B）/比例（S）/X/Y/Z/旋转（R）］：/插入位置见图3-2-236所示的位置。

输入X比例因子，指定对角点，或［角点（C）/XYZ（XYZ）］<1>：0.7

输入Y比例因子或<使用X比例因子>：0.7

指定旋转角度 <0>：90/回车确认/插入图形后如图3-2-237所示。

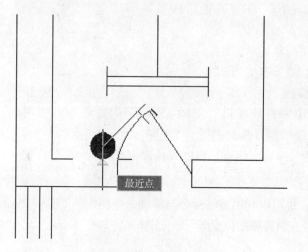

图3-2-236 插入点图　　　　图3-2-237 插入开关后图形

其他双极开关的放置可以利用复制命令"copy"实现。复制双极开关后的图形如图3-2-238所示。

单极开关与双控开关也是可以利用同样方法绘制，这里不再赘述。开关绘制完成后见图3-2-239所示。

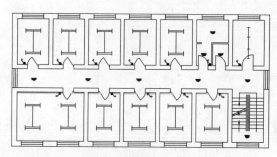 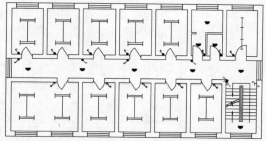

图3-2-238 完成其他两极开关的复制　　　　图3-2-239 完成单极与双控开关的绘制

**4. 上下垂直引线的绘制**

上下垂直引线是由实心圆与箭头构成的，我们可以先绘制实心圆，见图3-2-240所示，然后用多段线命令绘制出带箭头的引线，命令及选项如下：

图3-2-240 实心圆

> 命令：pline
> 指定起点：/选择圆心为多段线起点/
> 当前线宽为 0.0000
> 指定下一个点或［圆弧（A）/半宽（H）/长度（L）/放弃（U）/宽度（W）］：/鼠标拉出并放在起点的 45°极轴追踪线上，如图 3-2-241 所示，在合适的位置单击鼠标的左键，确定多段线的第二点/
> 指定下一点或［圆弧（A）/闭合（C）/半宽（H）/长度（L）/放弃（U）/宽度（W）］：w /需要设置箭尾的宽度，输入选项 w/
> 指定起点宽度 <0.0000>：90/箭尾为 90/
> 指定端点宽度 <90.0000>：0/箭头宽度为 0/
> 指定下一点或［圆弧（A）/闭合（C）/半宽（H）/长度（L）/放弃（U）/宽度（W）］：/鼠标拉出来并放在第二点的 45°极轴追踪线上，如图 3-2-242 所示，在合适的位置单击鼠标的左键，确定多段线的终点/
> 指定下一点或［圆弧（A）/闭合（C）/半宽（H）/长度（L）/放弃（U）/宽度（W）］：/按回车键，退出命令/

同理绘制出不同箭头方向的引线，也可以利用旋转命令与移动命令操作，见图 3-2-243。把上下垂直引线通过复制命令分别放置在所需要的位置即可，见图 3-2-244。

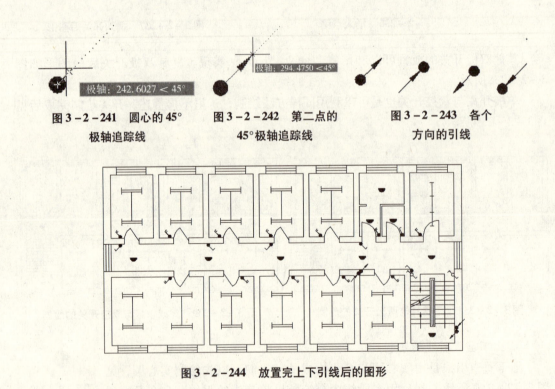

图 3-2-241 圆心的 45°极轴追踪线

图 3-2-242 第二点的 45°极轴追踪线

图 3-2-243 各个方向的引线

图 3-2-244 放置完上下引线后的图形

**5. 插座的放置**

放置插座的时候，首先可以先复制出图例符号中的插座，插座有二孔与三孔，可以把两个插座移动到合适的位置,见图3-2-245,可以把两个插座设置成块,通过"插入"命令放置在合适的位置,也可以直接用复制命令"copy"复制到合适的位置(块命令的使用与复制命令的使用方法同上)。大小与旋转方向的调节可以利用"缩放"命令与"旋转"命令实现。复制完成后的图形见3-2-246。

图3-2-245 把两个插座移动到合适的位置

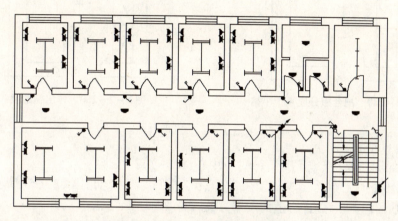

图3-2-246 复制插座后的图形

步骤八:绘制卫生间与盥洗室内物件

(1)用直线命令绘制洗脸池的台板,然后用椭圆命令"ellipse"绘制椭圆来形成洗脸池,使用圆命令"circle"绘制洗脸池的出水口。

命令使用如下:

用直线命令绘制台板,见图3-2-247。

绘制洗脸池时,为了均匀放置洗脸池的位置,要把台板分成四份,需要先调用"格式"→"点样式"对话框,见图3-2-172所示,然后调用"绘图"→"点"→"定数等分",把台板分成3份,如图3-2-248所示,用直线命令把台板分成4个小格,如图3-2-249所示。为了把洗脸池放置在正中间的位置,我们先作出辅助线,见图3-2-250。使用椭圆命令绘制洗脸池,命令使用如下:

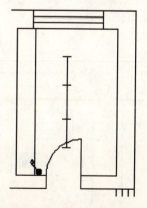

图3-2-247 直线命令绘制出的台板

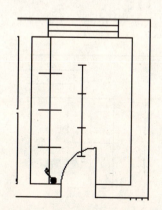

图3-2-248 把台板分成3份

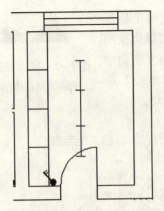
图3-2-249 把台板分成4个小格

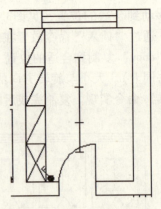
图3-2-250 作出辅助线

命令：ellipse
指定椭圆的轴端点或［圆弧（A）/中心点（C）］：c
指定椭圆的中心点：/选择辅助线的中点作为椭圆的圆心/如图3-2-251所示
指定轴的端点：/选择合适的点作为轴的端点/
指定另一条半轴长度或［旋转（R）］：/选择合适的位置点选鼠标的左键即可/

可以利用圆命令"circle"绘制洗脸池的出水口。
其他的洗脸池可以利用复制命令复制即可。

命令：_ copy
选择对象：指定对角点：找到2个/选择洗脸池，回车确定/
指定基点或［位移（D）］＜位移＞：/辅助线的中点即椭圆的中心点为复制的基点，见图3-2-252所示的中点/
指定第二个点或＜使用第一个点作为位移＞：/如图3-2-253所示，另一条辅助线的中点位置/
指定第二个点或［退出（E）/放弃（U）］＜退出＞：指定第三条辅助线的中点，绘制出第三个洗脸池/
指定第二个点或［退出（E）/放弃（U）］＜退出＞：/回车确定/完成洗脸池的绘制，见图3-2-254/

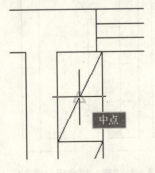
图3-2-251 椭圆圆心的位置在中点

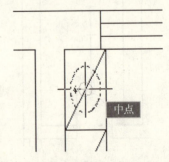
图3-2-252 椭圆的中心点为复制的基点

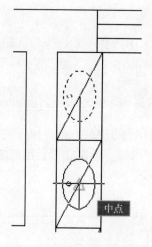
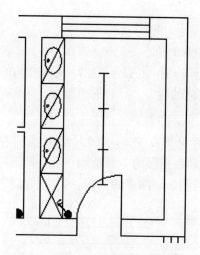

图 3-2-253 复制到的位置　　图 3-2-254 洗脸池绘制完成

利用直线命令与圆命令绘制其他附属装置，见图 3-2-255。把不需要的辅助线删除掉，见图 3-2-256。

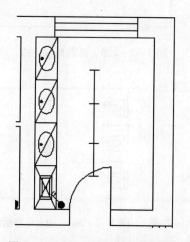
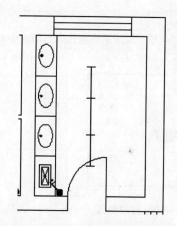

图 3-2-255 其他卫生附属装置　　图 3-2-256 删除辅助线后的图形

（2）绘制抽水马桶，首先利用矩形命令"rectang"绘制冲水器，再利用椭圆命令绘制座便器。为了把抽水马桶均匀分布，利用上节讲述的方法把墙体分成 3 份，见图 3-2-257，在其中一份的位置绘制一个矩形，见图 3-2-258。绘制椭圆的选项如下：

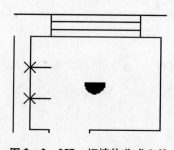
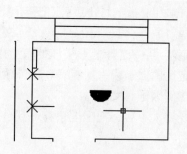

图 3-2-257 把墙体分成 3 份　　图 3-2-258 绘制矩形

命令：_ ellipse
指定椭圆的轴端点或［圆弧（A）/中心点（C）］：c/选择中心点作为已知点/
指定椭圆的中心点：/选择矩形一个边的中点作为椭圆的中心点，见图3-2-259/
指定轴的端点：＜对象捕捉 关＞/选择合适的点选即可/
指定另一条半轴长度或［旋转（R）］：/选择矩形的宽长度交点的位置点选/

完成后见图3-2-260。把椭圆的左半部分利用修剪命令修剪掉，完成后如图3-2-261。在图形的中部绘制一个小椭圆，见图3-2-262。绘制完成后用复制命令复制其他抽水马桶，删除点的标记。完成后见图3-2-263。

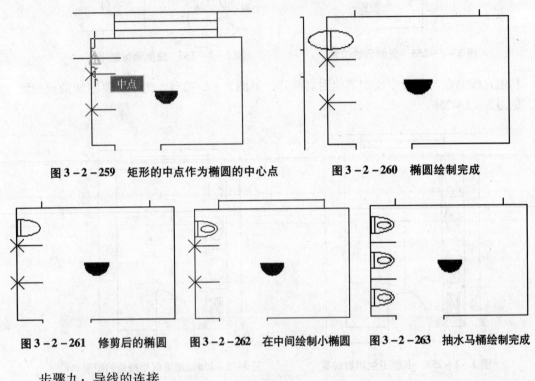

图3-2-259 矩形的中点作为椭圆的中心点　　图3-2-260 椭圆绘制完成

图3-2-261 修剪后的椭圆　　图3-2-262 在中间绘制小椭圆　　图3-2-263 抽水马桶绘制完成

步骤九：导线的连接

首先需要把图例表中复制过来的配电箱移动到合适的位置，由于大小不一定合适，所以可以利用"缩放"命令"scale"实现。

命令：scale
选择对象：指定对角点：/把整个图形选择上/ 找到2个
选择对象：/回车确认/
指定基点：/选择矩形实体的右上角端点/
指定比例因子或［复制（C）/参照（R）］＜1.0000＞：0.5/根据实际情况确定比例因子/
改变完大小后，把配电箱移动到合适的位置，见图3-2-264

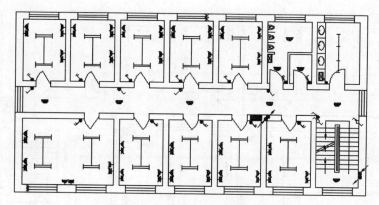

图 3-2-264 配电箱的放置位置

在配电箱处因为有五条出线，为了出线的整齐和等距，所以调用菜单栏中"绘图"→"点"→"定数等分"把矩形的上边等分成六份（需要注意的是使用"定数等分"前须用"分解"命令把矩形的四条边分解成独立的四条边），见图3-2-265。

用多段线命令绘制，线宽为10，绘制出第一条连线，命令及选项如下：

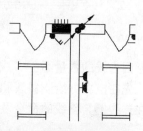

图 3-2-265 把配电箱的一边分成六份

> 命令：PLINE
> 指定起点：/鼠标捕捉到等分点作为多段线的起点/
> 当前线宽为 0.0000
> 指定下一个点或 ［圆弧（A）/半宽（H）/长度（L）/放弃（U）/宽度（W）］：w/输入线宽选项/
> 指定起点宽度 <0.0000>：10/指定起点的线宽为10/
> 指定端点宽度 <10.0000>：/直接回车确认，表示使用默认线宽，端点线宽为10/
> 指定下一个点或 ［圆弧（A）/半宽（H）/长度（L）/放弃（U）/宽度（W）］：点选吸顶灯的中心点……用同样的方法把各个用电设备用多段线连接起来，形成第一回路，见图 3-2-266。用同样的方法绘制出其余的连线，完成后的图形见图 3-2-267。

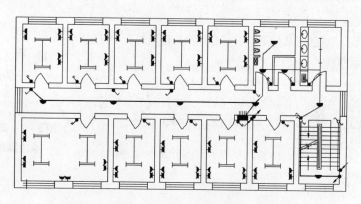

图 3-2-266 用多段线连接的第一条回路

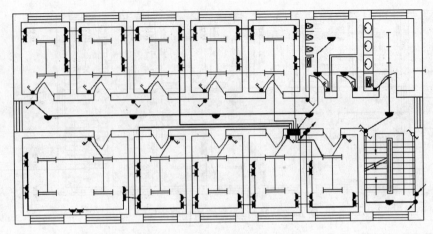

图 3-2-267 完成的连线图形

因为线的数量不一,线数不是 2 的需要在连线上标注它的数量和标注符号。其方法是:先在空白处绘制斜线和数字,用复制的方法将它复制到连线上,这样能保证斜线的中点在连线上。斜线的命令及选项如下:

> 命令:line 指定第一点:/选择图形的空白处点选一点/
> 指定下一点或 [放弃 (U)]:/在合适的长度处点选一点/
> 指定下一点或 [放弃 (U)]:/回车确认,退出命令/

用"单行文字"命令"text"在斜线左上方写出文字。

> 命令:text
> 当前文字样式:Standard 当前文字高度:2.5000
> 指定文字的起点或 [对正 (J) /样式 (S)]:/在左上方的位置点选一点作为起点/
> 指定高度 <2.5000>:150
> 指定文字的旋转角度 <0>:/回车即可/
> 输出文字 3,回车确认。完成后见图 3-2-268。

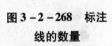

图 3-2-268 标注线的数量

用夹点复制的方法把它复制到线路上。复制命令及选项如下:
/选择斜线与数字,夹点位斜线的中点,如图 3-2-269 所示。

> **拉伸**
> 指定拉伸点或 [基点 (B) /复制 (C) /放弃 (U) /退出 (X)]:/按回车键/
> **移动**
> 指定移动点或 [基点 (B) /复制 (C) /放弃 (U) /退出 (X)]:c/输入复制选项 c,表示移动的同时可以复制/
> **移动(多重)**

图 3-2-269 选择中点为操作的热点

> 指定移动点或[基点(B)/复制(C)/放弃(U)/退出(X)]：/选择需要标注的线段的中点，如图3-2-270所示，下同/
> ＊＊移动（多重）＊＊
> 指定移动点或[基点(B)/复制(C)/放弃(U)/退出(X)]：<对象捕捉开>
> ＊＊移动（多重）＊＊
> 指定移动点或[基点(B)/复制(C)/放弃(U)/退出(X)]：
> ＊＊移动（多重）＊＊
> 指定移动点或[基点(B)/复制(C)/放弃(U)/退出(X)]：/回车确认，退出命令/复制完成后见图3-2-271。

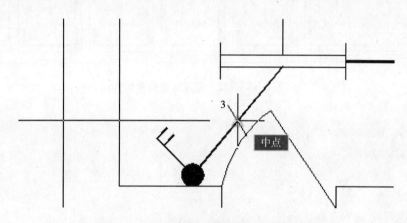

图3-2-270 复制到需要标注线段的中点

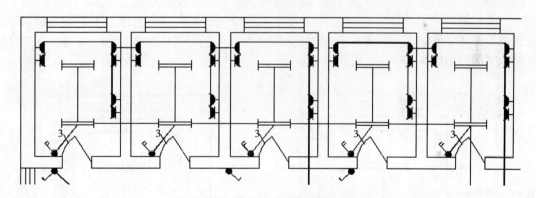

图3-2-271 用夹点复制后的图形

其他方向和数量的导线的标注均采用此方法，完成后见图3-2-272。

步骤十：

1. 标注文字说明

图形上的文字较少，比较零散，可以调用"绘图"→"文字"→"单行文字"实现，相同的内容可以用复制的方法实现。命令使用如下：

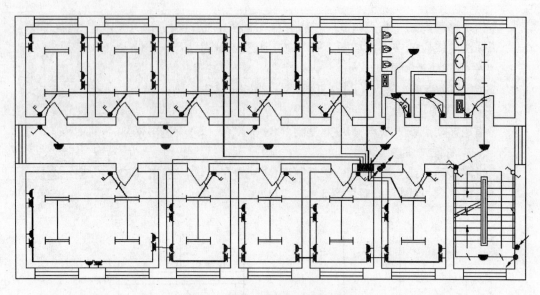

图3-2-272 完成导线数量的标注

> 命令：text
> 当前文字样式：Standard 当前文字高度：0.0000
> 指定文字的起点或［对正（J）/样式（S）］:/在合适的位置点选文字的起始位置/
> 指定高度 <150.0000>：200/输入文字的高度/
> 指定文字的旋转角度 <0>：/回车确认/

开始输入文字，见图3-2-273，通过汉字输入法输入"办公室"后，回车确认，即完成该处文字的输入，见图3-2-274。其他处的文字均通过此方法输入即可。文字全部输入完成后如图3-2-275所示。

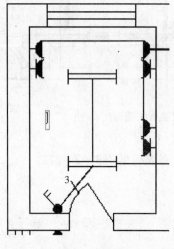

图3-2-273 开始输入文字

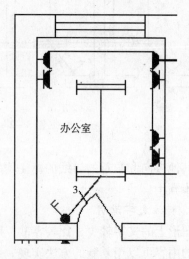

图3-2-274 输入完成后的图形

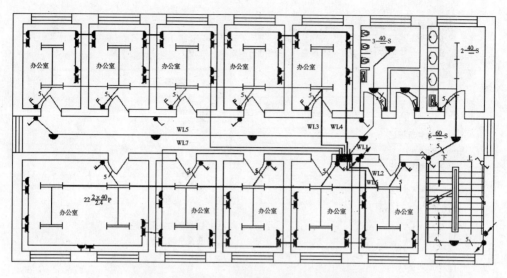

图3-2-275 文字全部输入完成后的图形

2. 尺寸的标注

（1）本图需要标注的尺寸比较多，但方法都是一致的。国家规定的标注尺寸数字为："宜大于2.5mm"，按照1∶100的比例换算成图形单位为250个单位。也可以适当缩小为200个单位。本图的标注尺寸应该采用"连续标注"与"线性标注"相结合的方法绘制尺寸，以使绘制尺寸的标注效率更高。绘制尺寸标注的步骤是：设置和新建标注样式→绘制尺寸标注。

调用菜单栏中"格式"→"标注样式"，打开"标注样式管理器"对话框，如图3-2-276所示。单击"修改"按钮，打开"符号和箭头"选项卡，改变箭头的样式和大小，见图3-2-277所示。打开"文字"选项卡，将"文字高度"修改为200，如图3-2-278所示。单击"确定"按钮确认，单击"关闭"按钮关闭"标注样式管理器"。

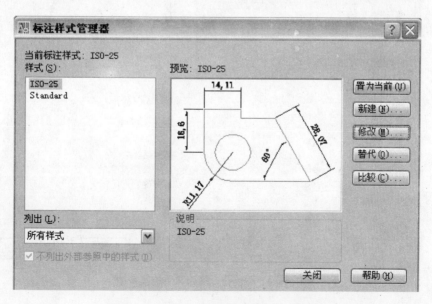

图3-2-276 "标注样式管理器"对话框

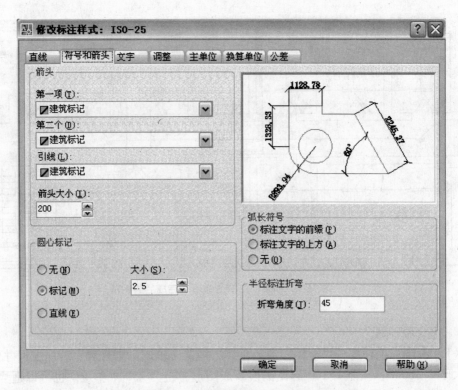

图3-2-277 改变箭头样式和大小后的样式对话框

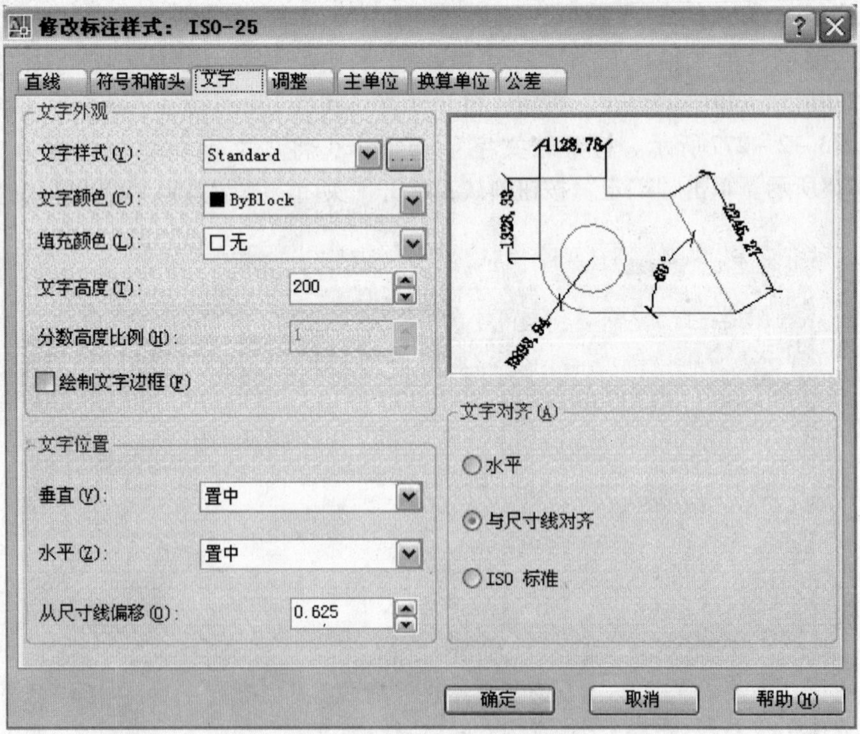

图3-2-278 修改文字的高度

（2）绘制尺寸标注

AutoCAD2007绘制尺寸的命令较多，选择合适的标注命令将会极大地提高标注的效率，可以利用"连续标注"与"线性标注"，切换到"标注"图层，并打开轴线图形，如图3-2-279所示。

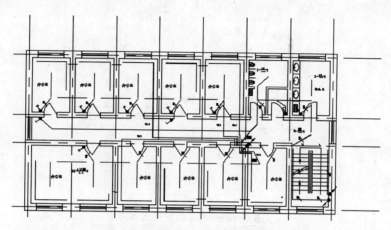

图3-2-279 打开轴线图层

调用菜单栏中"标注"→"线性"命令选项如下：

> 命令：_ dimlinear
> 指定第一条尺寸界线原点或＜选择对象＞：/选择第一条垂直轴线与外墙的交点，如图3-2-280所示的交点/
> 指定第二条尺寸界线原点：/点选第二条垂直轴线与外墙的交点作为第二条尺寸界线的原点/如图3-2-281中的交点位置。
> 指定尺寸线位置或
> ［多行文字（M）/文字（T）/角度（A）/水平（H）/垂直（V）/旋转（R）］：/拖动鼠标，在合适的位置单击鼠标的左键确定尺寸线的位置/见图3-2-282。
> 标注文字 = 3300

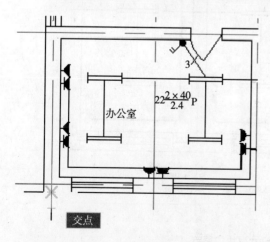

图3-2-280 第一条尺寸界线的原点

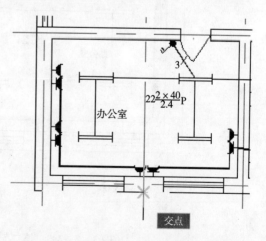

图3-2-281 第二条尺寸界线的原点

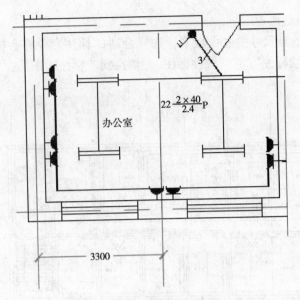

图 3-2-282 线性标注尺寸

其他的尺寸我们可以调用菜单栏中"标注"→"连续"命令及选项使用情况如下：

> 命令：dimcontinue
> 指定第二条尺寸界线原点或 [放弃（U）/选择（S）] <选择>：/选择图 3-2-283 所示的第三条垂直轴线与外墙的交点/
> 标注文字 = 3300
> 指定第二条尺寸界线原点或 [放弃（U）/选择（S）] <选择>：/同理指定第二条尺寸界线的原点，如图 3-2-284 所示/

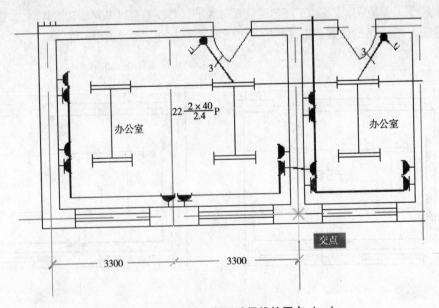

图 3-2-283 第二条尺寸界线的原点（一）

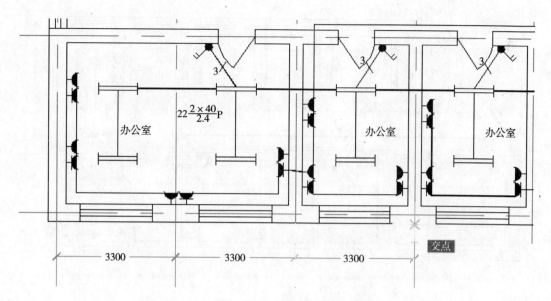

图 3-2-284 第二条尺寸界线的原点（二）

用同样的方法绘制出其他的尺寸，见图 3-2-285。

同样的道理，把其他部分的尺寸标注出来，但需要注意的是在使用"连续标注"时必须已经进行了"线性标注"，把轴线图层关闭起来，标注完成后的图形见图 3-2-286 所示。

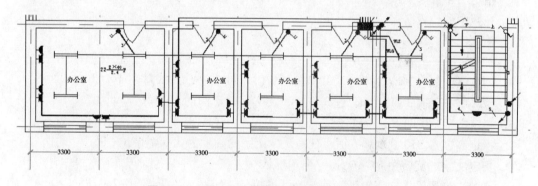

图 3-2-285 用同样的方法绘制出的尺寸的标注

**3. 绘制轴线的编号**

轴线编号图形由圆及其圆内的阿拉伯数字或英文字母组成。

先在空白处绘制出半径为 300 个单位的圆，命令如下：

> 命令：circle
> 指定圆的圆心或 [三点（3P）/两点（2P）/相切、相切、半径（T）]：/在空白处点选即可/
> 指定圆的半径或 [直径（D）] <300.0000>：300/输入半径，回车确认即可/

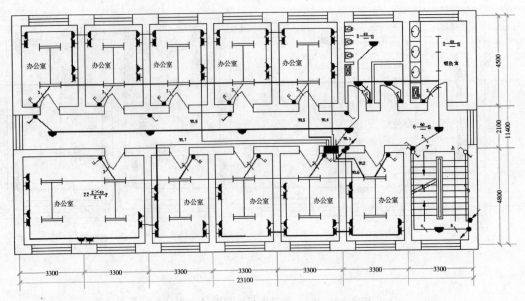

图3-2-286 全部标注完成后的图形

用"单行文字"命令"text"在圆心处写出文字。命令与选项如下：

> 命令：text
> 当前文字样式：Standard 当前文字高度：0.0000
> 指定文字的起点或 [对正（J）/样式（S）]：j/选择对正选项，为了确定文字在圆中的位置/
> 输入选项
> [对齐（A）/调整（F）/中心（C）/中间（M）/右（R）/左上（TL）/中上（TC）/右上（TR）/左中（ML）/正中（MC）/右中（MR）/左下（BL）/中下（BC）/右下（BR）]：mc/选择正中，使文字位于圆的正中间/
> 指定文字的中间点：/指定圆心点为正中间点，见图3-2-287中的圆心位置/
> 指定高度 <350.0000>：/回车确认，文字的高度为350个单位/
> 指定文字的旋转角度 <0>：/回车确认/
> 在圆心位置输入文字1后，回车确认即可，文字写入后见图3-2-288

用夹点的方法将已绘制的编号图形复制到轴线的端点上，此时要注意夹点的选择，命令及选项如下：

/选择编号图形，夹点为圆的90度象限点/见图3-2-289所示

图3-2-287 选择文字的正中间点　　图3-2-288 写入文字1后的图形　　图3-2-289 图形编号的夹点

> ＊＊拉伸＊＊
> 指定拉伸点或［基点（B）/复制（C）/放弃（U）/退出（X）］:/按回车键/
> ＊＊移动＊＊
> 指定移动点或［基点（B）/复制（C）/放弃（U）/退出（X）］:c/输入复制选项，表示移动图形的同时进行复制/
> ＊＊移动（多重）＊＊
> 指定移动点或［基点（B）/复制（C）/放弃（U）/退出（X）］:/选择尺寸界线的下端点，如图3-2-290所示/
> ＊＊移动（多重）＊＊
> 指定移动点或［基点（B）/复制（C）/放弃（U）/退出（X）］:/选择另一条尺寸界线的下端点/……依次类推，直至完成下部的所有编号图形。
> ＊＊移动（多重）＊＊
> 指定移动点或［基点（B）/复制（C）/放弃（U）/退出（X）］:/输入x，退出命令/

用同样的方法复制右部的编号图形，不同之处就是选择的热夹点为180度象限点，见图3-2-291所示。

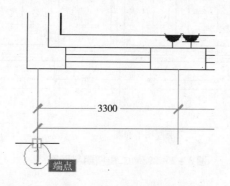

图3-2-290 尺寸界线的下端点为复制点

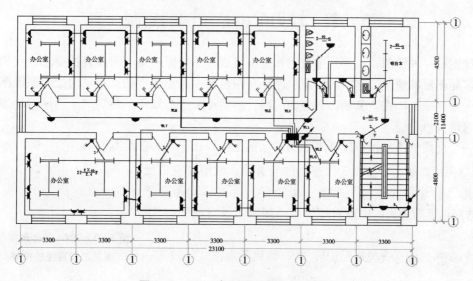

图3-2-291 复制图形编号后的图形

复制完成后的轴线编号，文字均相同，需要修改文字，修改的方法是：在文字上双击鼠标的左键，直接在文字上面修改就可以了，见图3-2-292。修改完后按回车键退出，把图形上不需要的图形删除掉，修改完后的图形见图3-2-293所示。

小节：通过本节的学习，读者应该基本熟悉建筑电气平面图的一般绘制方法和流程。其他与此类似的建筑电气平面图，如住宅等建筑电气平面图的绘制方法与此类似。

图3-2-292 双击文字进行修改

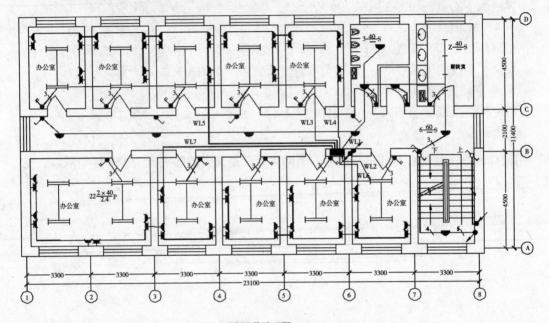

二层照明平面图

图3-2-293 二层照明平面图

## 第五节 动力配电系统图的绘制

系统图是一种简图，由符号、文字和表格组成，系统图对布图有很高的要求，我们可以考虑实际图形的情况。基本的绘图顺序是自左至右，自上而下的。本动力配电系统图我们可以先绘制一个回路，复制出其他的回路，修剪不需要的线条，然后对于不同的地方分别编辑修改即可。

第一个回路的绘制可以参考系统图的绘制也可以用下述方法绘制。

（1）使用直线命令绘制3段连续的竖直线，然后在空白处用"矩形"命令"rectang"绘制一个矩形，通过移动命令把（基点选择在矩形短边的中点）矩形移动到第二段直线的位置，见图3-2-294。

图3-2-294 把矩形复制到第二段直线的位置

（2）把第二段直线与矩形旋转30°，调用菜点栏"修改"→

"旋转"命令及选项如下：

> 命令：_ rotate
> UCS 当前的正角方向：ANGDIR = 逆时针　ANGBASE = 0
> 选择对象：/把第二段直线与矩形选择上，回车确认/ 找到 2 个
> 指定基点：/选择 第二段竖直线的端点为旋转的基点/如图 3-2-295 所示。
> 指定旋转角度，或 [复制（C）/参照（R）] <330>：30/把直线与矩形同时旋转 30°/

完成后如图 3-2-296 所示。

（3）绘制隔离开关的叉形图时，可以先绘制一个十字形，见图 3-2-297 所示。然后也是使用"旋转"命令使十字形旋转 45°，把旋转后的图形移动到第一条直线的端点（移动的基点选择十字的交叉点）。移动后的图形如图 3-2-298 所示。

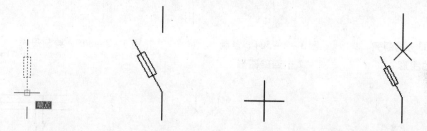

图 3-2-295 第二段竖直线的端点　　图 3-2-296 旋转 30°后的图形　　图 3-2-297 绘制十字图形　　图 3-2-298 旋转 45°后的十字移动到直线的端点

（4）在直线的合适位置绘制圆，在圆的右侧绘制出一条水平线和两条倾斜 45°的斜线，如图 3-2-299 所示。

（5）把叉形图与斜线复制到合适的位置，见图 3-2-300 所示。然后利用"打断命令""break"把不需要的部分删除掉，命令及选项如下：

图 3-2-299 电流互感器的绘制

> 命令：break 选择对象：/选择预打断的部分/
> 指定第二个打断点 或 [第一点（F）]：f/重新指定打断的第一点/
> 指定第一个打断点：/如 图 3-2-301 所示的端点为第一个打断点/
> 指定第二个打断点：/如 图 3-2-302 所示的交点为第二个打断点/

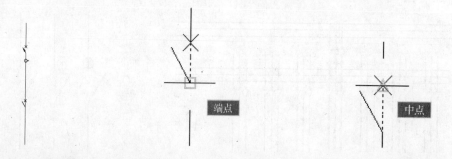

图 3-2-300 把叉形图与斜线复制到合适的位置　　图 3-2-301 第一个打断点　　图 3-2-302 第二个打断点

打断完成后,一个回路绘制完成,见图 3-2-303 所示。把回路图形用复制命令"copy"复制 2 个图形,复制完成后见图 3-2-304 所示。

(6)在合适的位置复制三相线路,并绘制两部分母排,每个母排三条线之间的间距与回路的间距一致,绘制完成一条直线后可以用偏移命令或者复制命令实现,完成后如图 3-2-305 所示。把隔离开关向上移动到合适的位置,见图 3-2-306。用打断命令打断中间的部分。利用夹点的方法把导线连通。现选中预连通的导线,单击如图 3-2-307 所示的端点作为热夹点,按住鼠标的左键,拖动热夹点到另外一条导线的端点将导线连通,完成后如图 3-2-308 所示。

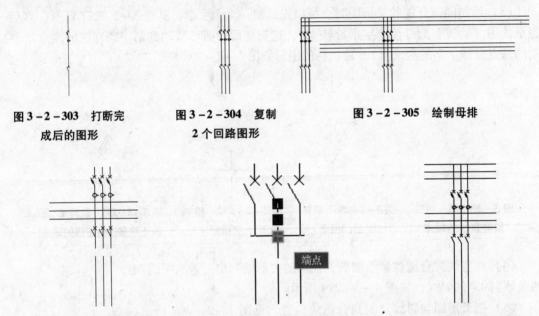

图 3-2-303 打断完成后的图形    图 3-2-304 复制 2 个回路图形    图 3-2-305 绘制母排

图 3-2-306 隔离开关向上移动    图 3-2-307 利用夹点使导线连通    图 3-2-308 导线连通

(7)用复制命令复制 6 个三相回路图形(从第二段竖直线开始复制),不包括电流互感器。完成后如图 3-2-309 所示。

(8)绘制接触器触头时,可以把隔离开关复制到合适的位置,把中间不需要的部分用打断命令删除掉。把叉形图用删除命令删除。在端点处绘制出一个小圆,见图 3-2-310。用修剪命令把圆修剪掉一半,把半圆复制到其他两条回路上,如图 3-2-311 所示。

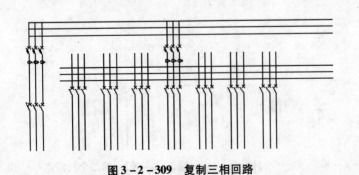

图 3-2-309 复制三相回路    图 3-2-310 在端点处绘制出小圆

(9) 绘制热继电器时，可以先在空白处绘制一个矩形，用移动命令放置在中间的位置，注意选择基点时，选择矩形长边的中点为移动的基点，如图3-2-312所示。在矩形的中间绘制小矩形，见图3-2-313所示。把不需要的部分用修剪命令修剪掉，见图3-2-314所示。

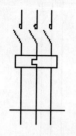 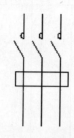 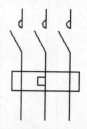

图3-2-311 复制半圆　　图3-2-312 把矩形移动到合适的位置　　图3-2-313 在矩形的中间绘制小矩形

(10) 绘制电动机时先把三相线路可以修剪短，然后绘制出一个圆，把导线与圆连接，在中间用"单行文字"命令写上文字即可。步骤如下：先做一辅助直线，见图3-2-315所示。把辅助直线下部分的直线修剪掉，并把辅助直线删除，见图3-2-316所示。

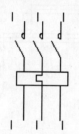 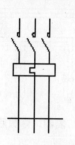 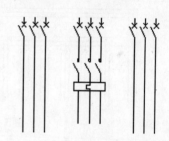

图3-2-314 修剪完成后的图形　　图3-2-315 作辅助直线　　图3-2-316 修剪完成的三相线路

(11) 把中间回路的直线用夹点的方法拉长，把端点作为圆直径上的点绘制出一个圆，把其余各个回路的端点用直线与圆心连接起来，见图3-2-317所示。修剪圆中不需要的部分，用"单行文字"命令写上"M"即可，完成后的图形如图3-2-318所示。第六路的三相回路与第五路一致，可以把第六路的三相回路的下部删除掉，把第五路的热继电器与触头、电动机复制到第六路的位置上。用修剪命令把不需要的部分修剪掉。完成图见图3-2-319所示。

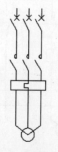 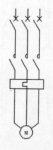

图3-2-317 连接端点与圆心图　　图3-2-318 电动机绘制完成

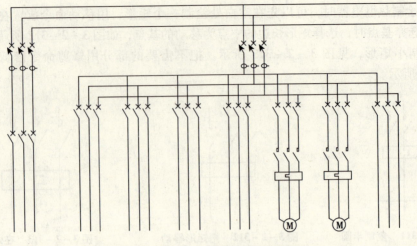

图 3-2-319　修剪复制后的图形

（12）用复制命令把相同的回路复制到其他的位置，并进行修剪。完成后的图形如图 3-2-320 所示。

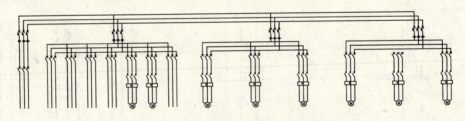

图 3-2-320　复制、修剪后的回路图形

（13）把带触头的直线复制到合适的位置，见图 3-2-321 所示。用夹点的方法把直线连通。绘制出两部分共 6 条水平的直线，并进行一定的修剪，完成后见图 3-2-322 所示。

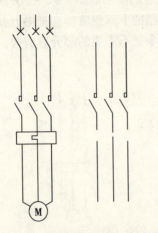

图 3-2-321　把带触头的直线进行复制

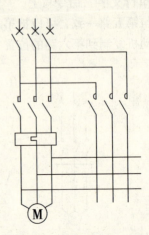

图 3-2-322　绘制 6 条水平的直线

(14) 绘制电感线圈的时候，为了整齐，把绘制电感线圈的部分用"定数等分"命令分成4份，见图3-2-323。在第二等分的部分绘制出圆（用两点绘圆的方法），见图3-2-324。复制其他3个圆，见图3-2-325所示。把不需要的直线与圆用修剪命令进行修剪，把等分点的点符号用删除命令删除掉。完成后见图3-2-326所示。

图3-2-323 分成4等分

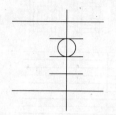 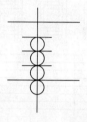 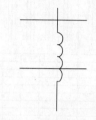

图3-2-324 绘制出圆　　图3-2-325 复制圆　　图3-2-326 修剪圆与直线后的图形

(15) 把绘制好的电感线圈复制到另外两条回路上，见图3-2-327所示。把直线与电感线圈连接上，然后修剪不需要的部分，完成后见图3-2-328所示。绘制电感下部的触点，方法同上，见图3-2-329。把电感线圈复制到其他相同的部分，完成图见3-2-330所示。

回路已经绘制完成。

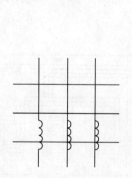 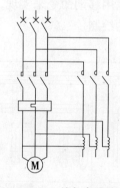 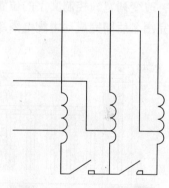

图3-2-327 复制电感线圈　　图3-2-328 线与电感的连接　　图3-2-329 绘制的触点

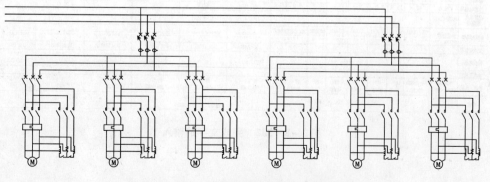

图3-2-330 把电感线圈复制的其他回路中

（16）表格的绘制，表格的绘制可以用直线命令绘制，用偏移命令"offset"复制合适的直线即可，见图3-2-331所示。

图3-2-331　用偏移命令复制出表格

（17）用"单行文字"命令"text"在表格中写上文字即可，在输入文字的时候可以在需要的地方用"修剪"命令把直线修剪掉，成为行宽，可以用"移动"命令移动竖直线，改变列宽，控制文字的位置可以用移动命令来实现，完成后见图3-2-332所示。输入完图名后即完成动力配电系统图的绘制。

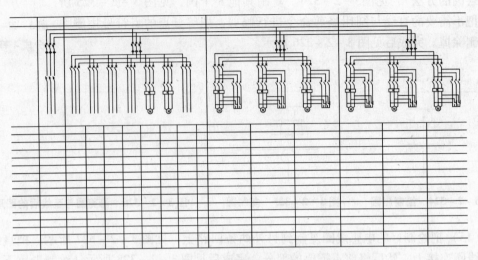

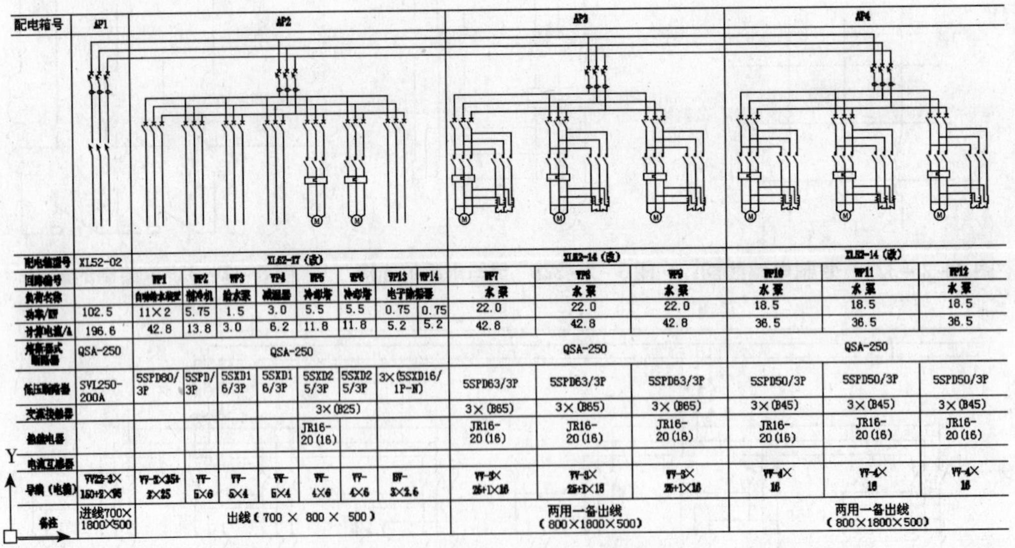

图3-2-332　完成文字的输入

## 本章小结

本章主要介绍了电气照明系统图、电气照明平面图、动力配电系统图的绘图步骤、绘制方法。在绘制过程中,我们学习了如"直线"、"圆"、"矩形"、"多线"、"多段线"、"表格"等绘图命令,"剪切"、"复制"、"偏移"、"镜像"、"移动"、"阵列""夹点"等修改命令。学习了"图块"的创建和插入。一些频繁使用的物品,如门、窗、灯具、开关、插座等,为了避免每次使用它们重复绘图,常将它们定义成块,存入自己的素材库,需要使用时插入相应的图块,可以大大提高绘图的速度。我们还学习了在图形中插入文字,作适当的标注,以表明该房间的用途、门窗的编号等。需要注意的问题是绘图的方法并不是唯一,掌握绘图的技巧,提高绘图的速度,精确美观,才是我们追求计算机辅助设计的根本目的。

### 能力训练

1. 根据所学习的绘图知识绘制出系统图,见图3-2-333。
2. 根据所学习的绘图知识绘制出平面图,见图3-2-334。

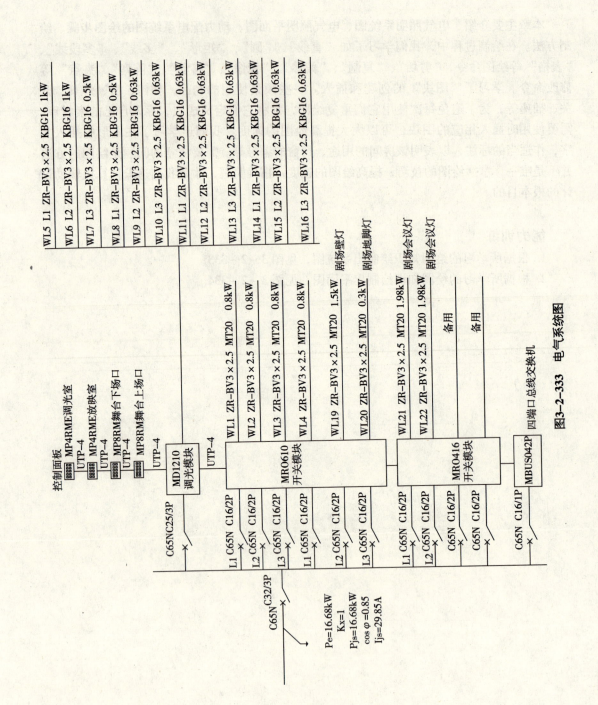

图3-2-333 电气系统图

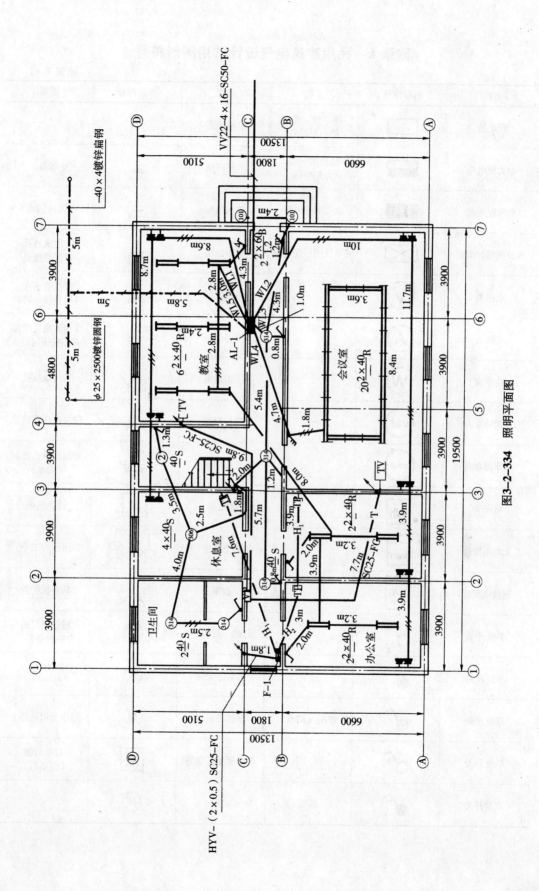

图3-2-334 照明平面图

## 附录1 民用建筑电气设计常用图形符号

附表1-1

| 名称 | 图形符号 | 说明 | 名称 | 图形符号 | 说明 |
|---|---|---|---|---|---|
| 配电箱 |  ▭ | 屏、台、箱、柜一般符号 | 单相插座 | | |
| 动力配电箱 | ▬ | 或照明—动力配电箱 | 单相插座 | | 暗装 |
| 照明配电箱 | ▬ | 或照明配电屏 | 单相插座 |  | 密闭（防水） |
| 事故照明配电箱 |  ⊠ | 或事故照明配电屏 | 单相插座 |  | 带接地插孔带保护接点 |
| 电压表 |  Ⓥ | | 单相插座 |  | 带接地插孔带保护接点暗装 |
| 电流表 |  Ⓐ | | 单相插座 |  | 带接地插孔带保护接点密闭（防水） |
| 功率表 |  Ⓦ | | 三相插座 | 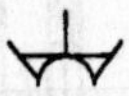 | 带接地插孔 |
| 无功功率表 |  var | | 三相插座 |  | 带接地插孔暗装 |
| 功率因数表 |  cosφ | | 三相插座 |  | 带接地插孔密闭（防水） |
| 电度表 |  Wh | | 插座箱 |  | 或插座板 |
| 无功电度表 |  varh | | 多个插座 | 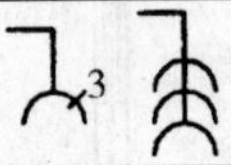 3 | 图示为三个 |
| 超量电度表 |  Wh P> | | 插座 |  | 具有保护板 |
| 单极开关 |  | | 灯的一般符号 |  ⊗ | 或信号灯的一般符号 |
| 单极开关 |  | 暗装 | 防水防尘灯 |  ⊛ | |
| 单极开关 |  | 密闭（防水） | 事故照明灯 | ✳ | 用于专用电路上 |
| 双极开关 |  | | 事故照明灯装置 |  ▣ | 自带电源（应急灯） |
| 双极开关 |  | 暗装 | 花灯 |  ⊗ | |

续表

| 名称 | 图形符号 | 说明 | 名称 | 图形符号 | 说明 |
|---|---|---|---|---|---|
| 双极开关 | 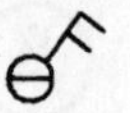 | 密闭（防水） | 壁灯 |  | |
| 三极开关 |  | | 天棚灯 | | |
| 单极拉线开关 |  | | 荧光灯 |  | 一般符号 |
| 双控拉线开关 |  | 单极三线 | 三管荧光灯 | | |
| 双控开关 | 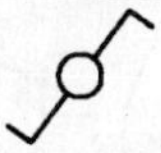 | 单极三线 | 多管荧光灯 |  | 图中所示为5管荧光灯 |
| 多拉开关 | 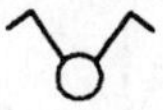 | 例如用于不同照度 | 疏散灯 | 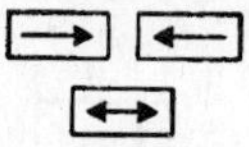 | 图中箭头指示为疏散方向 |
| 钥匙开关 |  | | 安全出口指示灯 | 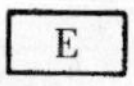 E | |
| 导线 | | 电线、电缆、线路、母线一般表示符号 | 电缆终端头 | 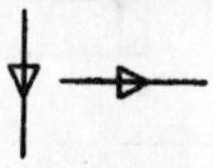 | 不需要表示电缆芯数 |
| 事故照明线 | | | 电缆密封终端头 | 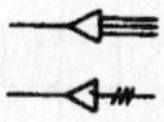 | 多线表示 单线表示 |
| 50V及其以下电力及照明线 | | | 电缆穿管保护 | | |
| 控制及信号线（电力及照明用） |  | | 电缆中间接线盒 |  | |
| 中性线 |  | | 电缆分支接线盒 |  | |
| 保护线 |  | | 插头和插座 | 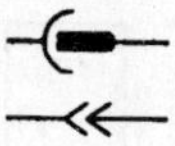 | |
| 保护和中性线共用 |  | | 避雷针 | ● | |
| 向上配线 | | | 避雷器 |  | |
| 向下配线 |  | | 交流发电机 |  Ⓖ | |
| 垂直通过配线 |  | | 交流电动机 |  Ⓜ | |
| 地面走线槽 |  | 明槽 | 直流发电机 |  Ⓖ | |

续表

| 名称 | 图形符号 | 说明 | 名称 | 图形符号 | 说明 |
|---|---|---|---|---|---|
| 地面走线槽 |  | 暗槽 | 直流电动机 |  |  |
| 操作器件一般符号 |  |  | 常开触点 |  | 动合触点 |
| 继电器线圈 |  | 缓慢释放（缓放） | 常闭触点 |  | 动断触点 |
| 继电器线圈 |  | 缓慢吸合（缓吸） | 转换触点 |  | 先断后合 |
| 继电器线圈 |  | 快速继电器（快吸和快放） | 转换触点 |  | 先合后断 |
| 继电器线圈 |  | 机械保持 | 常开延时合触点 |  | 当操作器件被吸合时延时闭合的动合触点 |
| 热继电器的驱动器件 |  |  | 常开延时合触点 |  | 当操作器件被吸合时延时闭合的动合触点 |
| 过流继电器 | $I>$ 5...10A | 动作电流整定范围从 5~10A | 常开延时开触点 |  | 当操作器件被释放时延时断开的动合触点 |
| 欠压继电器 | $U<$ 50...80V 130% | 整定范围从 50~80V 重整定比为 130% | 常开延时开触点 |  | 当操作器件被释放时延时断开的动合触点 |
| 过流继电器 | $I>$ | 延时 | 常闭延时闭触点 |  | 当操作器件被释放时延时闭合的动断触点 |
| 过流继电器 | $I>$ 5× | 一路电流大于5倍整定值动作，一路反延时 | 常闭延时闭触点 |  | 当操作器件被释放时延时闭合的动断触点 |
| 可调延时特性 |  |  | 常闭延时开触点 |  | 当操作器件被吸合时延时断开的动断触点 |
| 反延时特性 |  |  | 常闭延时开触点 |  | 当操作器件被吸合时延时断开的动断触点 |

## 附录2 平圆型吸顶灯技术参数

平圆型吸顶灯
（白炽灯100W、60W）

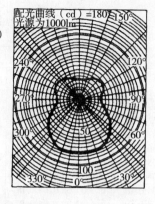

配光曲线（cd）=180°
光源为1000lm

| 型号 | | JXD5-2 |
|---|---|---|
| 规格（mm） | $\phi$ | 236 |
| | $D$ | 293 |
| | $H$ | 110 |
| 遮光角 | | — |
| 灯具效率 | | 57% |
| 上射光通比 | | 22% |
| 下射光通比 | | 35% |
| 最大允许距高比 $s/h$ | | 1.32 |
| 灯头型式 | | 2B22 |

**发光强度值（cd）**

| $\theta$(°) | $I_\theta$ | $\theta$(°) | $I_\theta$ | $\theta$(°) | $I_\theta$ |
|---|---|---|---|---|---|
| 0 | 84 | 60 | 57 | 120 | 39 |
| 5 | 84 | 65 | 52 | 125 | 39 |
| 10 | 83 | 70 | 46 | 130 | 38 |
| 15 | 82 | 75 | 41 | 135 | 38 |
| 20 | 81 | 80 | 36 | 140 | 37 |
| 25 | 80 | 85 | 33 | 145 | 35 |
| 30 | 77 | 90 | 31 | 150 | 34 |
| 35 | 74 | 95 | 32 | 155 | 34 |
| 40 | 71 | 100 | 34 | 160 | 31 |
| 45 | 67 | 105 | 36 | 165 | 30 |
| 50 | 64 | 110 | 38 | 170 | 29 |
| 55 | 61 | 115 | 38 | 175 | 30 |
| | | | | 180 | 31 |

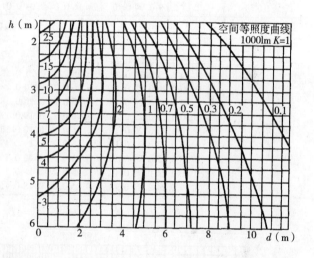

空间等照度曲线 1000lm K=1

**利用系数表**    $s/h = 1.0$

| 有效顶棚反射系数 | 0.80 | | | | 0.70 | | | | 0.50 | | | | 0.30 | | | | 0 |
|---|---|---|---|---|---|---|---|---|---|---|---|---|---|---|---|---|---|
| 墙反射系数 | 0.70 | 0.50 | 0.30 | 0.10 | 0.70 | 0.50 | 0.30 | 0.10 | 0.70 | 0.50 | 0.30 | 0.10 | 0.70 | 0.50 | 0.30 | 0.10 | 0 |
| 室空间比 | | | | | | | | | | | | | | | | | |
| 1 | 0.56 | 0.53 | 0.50 | 0.47 | 0.52 | 0.19 | 0.17 | 0.44 | 0.45 | 0.42 | 0.41 | 0.39 | 0.38 | 0.36 | 0.35 | 0.34 | 0.26 |
| 2 | 0.50 | 0.45 | 0.41 | 0.38 | 0.47 | 0.42 | 0.39 | 0.36 | 0.40 | 0.37 | 0.34 | 0.31 | 0.34 | 0.31 | 0.29 | 0.27 | 0.21 |
| 3 | 0.46 | 0.40 | 0.35 | 0.31 | 0.42 | 0.37 | 0.33 | 0.29 | 0.36 | 0.32 | 0.29 | 0.26 | 0.31 | 0.28 | 0.25 | 0.23 | 0.17 |
| 4 | 0.41 | 0.35 | 0.30 | 0.26 | 0.39 | 0.32 | 0.28 | 0.24 | 0.33 | 0.28 | 0.25 | 0.22 | 0.28 | 0.24 | 0.21 | 0.19 | 0.14 |
| 5 | 0.38 | 0.31 | 0.26 | 0.22 | 0.35 | 0.29 | 0.24 | 0.21 | 0.30 | 0.25 | 0.21 | 0.18 | 0.25 | 0.22 | 0.19 | 0.16 | 0.12 |
| 6 | 0.35 | 0.27 | 0.22 | 0.19 | 0.32 | 0.26 | 0.21 | 0.18 | 0.28 | 0.22 | 0.19 | 0.16 | 0.24 | 0.19 | 0.16 | 0.14 | 0.12 |
| 7 | 0.32 | 0.25 | 0.20 | 0.16 | 0.30 | 0.23 | 0.18 | 0.15 | 0.26 | 0.20 | 0.16 | 0.14 | 0.22 | 0.17 | 0.14 | 0.12 | 0.09 |
| 8 | 0.30 | 0.22 | 0.17 | 0.14 | 0.28 | 0.21 | 0.16 | 0.13 | 0.24 | 0.18 | 0.14 | 0.12 | 0.20 | 0.16 | 0.13 | 0.10 | 0.08 |
| 9 | 0.28 | 0.20 | 0.15 | 0.12 | 0.26 | 0.19 | 0.14 | 0.12 | 0.22 | 0.16 | 0.13 | 0.10 | 0.19 | 0.14 | 0.11 | 0.09 | 0.07 |
| 10 | 0.25 | 0.18 | 0.13 | 0.10 | 0.23 | 0.17 | 0.13 | 0.10 | 0.20 | 0.15 | 0.11 | 0.09 | 0.17 | 0.13 | 0.10 | 0.08 | 0.05 |

亮度系数表

| 有效顶棚反射系数 | 0.80 | | | | 0.70 | | | | 0.50 | | | | 0.30 | | | |
|---|---|---|---|---|---|---|---|---|---|---|---|---|---|---|---|---|
| 墙反射系数 | 0.70 | 0.50 | 0.30 | 0.10 | 0.70 | 0.50 | 0.30 | 0.10 | 0.70 | 0.50 | 0.30 | 0.10 | 0.70 | 0.50 | 0.30 | 0.10 |
| 墙 面 | | | | | | | | | | | | | | | | |
| 室空间比 | | | | | | | | | | | | | | | | |
| 1 | 0.30 | 0.20 | 0.11 | 0.03 | 0.28 | 0.19 | 0.11 | 0.03 | 0.25 | 0.17 | 0.09 | 0.03 | 0.22 | 0.15 | 0.08 | 0.02 |
| 2 | 0.27 | 0.17 | 0.09 | 0.02 | 0.25 | 0.16 | 0.09 | 0.02 | 0.22 | 0.14 | 0.08 | 0.02 | 0.19 | 0.13 | 0.07 | 0.02 |
| 3 | 0.25 | 0.15 | 0.08 | 0.02 | 0.23 | 0.14 | 0.07 | 0.02 | 0.20 | 0.13 | 0.07 | 0.02 | 0.17 | 0.11 | 0.06 | 0.01 |
| 4 | 0.23 | 0.14 | 0.07 | 0.02 | 0.20 | 0.12 | 0.06 | 0.01 | 0.19 | 0.11 | 0.06 | 0.01 | 0.16 | 0.10 | 0.05 | 0.01 |
| 5 | 0.22 | 0.13 | 0.06 | 0.01 | 0.19 | 0.11 | 0.05 | 0.01 | 0.17 | 0.10 | 0.05 | 0.01 | 0.15 | 0.09 | 0.05 | 0.01 |
| 6 | 0.20 | 0.12 | 0.06 | 0.01 | 0.18 | 0.10 | 0.05 | 0.01 | 0.16 | 0.10 | 0.05 | 0.01 | 0.14 | 0.08 | 0.04 | 0.01 |
| 7 | 0.19 | 0.11 | 0.05 | 0.01 | 0.17 | 0.09 | 0.04 | 0.01 | 0.16 | 0.09 | 0.04 | 0.01 | 0.13 | 0.08 | 0.04 | 0.01 |
| 8 | 0.18 | 0.10 | 0.05 | 0.01 | 0.16 | 0.09 | 0.04 | 0.01 | 0.15 | 0.08 | 0.04 | 0.01 | 0.13 | 0.07 | 0.03 | 0.01 |
| 9 | 0.17 | 0.09 | 0.04 | 0.01 | 0.16 | 0.09 | 0.04 | 0.01 | 0.14 | 0.09 | 0.04 | 0.01 | 0.12 | 0.07 | 0.03 | 0.01 |
| 10 | 0.17 | 0.09 | 0.04 | 0.01 | 0.16 | 0.08 | 0.04 | 0.01 | 0.13 | 0.07 | 0.03 | 0.01 | 0.12 | 0.06 | 0.03 | 0.00 |
| 顶棚空间 | | | | | | | | | | | | | | | | |
| 室空间比 | | | | | | | | | | | | | | | | |
| 1 | 0.29 | 0.27 | 0.26 | 0.24 | 0.25 | 0.23 | 0.22 | 0.21 | 0.17 | 0.16 | 0.15 | 0.14 | 0.09 | 0.09 | 0.08 | 0.08 |
| 2 | 0.30 | 0.27 | 0.24 | 0.22 | 0.25 | 0.23 | 0.21 | 0.19 | 0.17 | 0.16 | 0.14 | 0.13 | 0.09 | 0.09 | 0.08 | 0.08 |
| 3 | 0.30 | 0.26 | 0.24 | 0.21 | 0.26 | 0.23 | 0.20 | 0.18 | 0.17 | 0.15 | 0.14 | 0.13 | 0.10 | 0.09 | 0.08 | 0.07 |
| 4 | 0.30 | 0.26 | 0.23 | 0.20 | 0.26 | 0.22 | 0.20 | 0.18 | 0.17 | 0.15 | 0.14 | 0.12 | 0.10 | 0.09 | 0.08 | 0.07 |
| 5 | 0.30 | 0.26 | 0.22 | 0.20 | 0.26 | 0.22 | 0.19 | 0.17 | 0.17 | 0.15 | 0.13 | 0.12 | 0.10 | 0.08 | 0.08 | 0.07 |
| 6 | 0.30 | 0.25 | 0.22 | 0.19 | 0.26 | 0.22 | 0.19 | 0.17 | 0.17 | 0.15 | 0.13 | 0.12 | 0.10 | 0.08 | 0.07 | 0.07 |
| 7 | 0.30 | 0.25 | 0.21 | 0.19 | 0.26 | 0.21 | 0.19 | 0.17 | 0.17 | 0.15 | 0.13 | 0.12 | 0.10 | 0.08 | 0.08 | 0.07 |
| 8 | 0.30 | 0.25 | 0.21 | 0.19 | 0.25 | 0.21 | 0.18 | 0.16 | 0.17 | 0.14 | 0.13 | 0.11 | 0.09 | 0.08 | 0.07 | 0.07 |
| 9 | 0.30 | 0.24 | 0.21 | 0.19 | 0.25 | 0.21 | 0.18 | 0.16 | 0.17 | 0.14 | 0.13 | 0.11 | 0.09 | 0.08 | 0.07 | 0.07 |
| 10 | 0.29 | 0.24 | 0.21 | 0.19 | 0.25 | 0.21 | 0.18 | 0.16 | 0.17 | 0.14 | 0.12 | 0.11 | 0.09 | 0.08 | 0.07 | 0.07 |

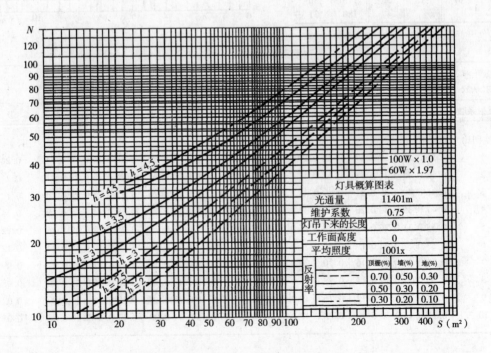

## 附录3 YG1-1型简式荧光灯技术参数

简式荧光灯
（1×40W）

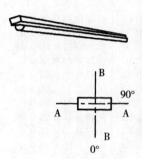

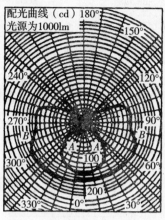

| 型号 | | JG1-1 |
|---|---|---|
| 规格（mm） | $L$ | 1280 |
| | $b$ | 70 |
| | $h$ | 45（未包括灯管） |
| 遮光角 | | — |
| 灯具效率 | | 81% |
| 上射光通比 | | 21% |
| 下射光通比 | | 59% |
| 最大允许距离比 $s/h$ | | A-A 1.22 |
| | | B-B 1.62 |
| 光具质量 | | 2.6kg |

| 发光强度值（cd） | B-B | $\theta$（°） | 0 | 5 | 10 | 15 | 20 | 25 | 30 | 35 | 40 | 45 | 50 | 55 | 60 | 65 | 70 | 75 | |
|---|---|---|---|---|---|---|---|---|---|---|---|---|---|---|---|---|---|---|---|
| | | $I_\theta$ | 140 | 140 | 141 | 142 | 142 | 144 | 146 | 149 | 150 | 151 | 152 | 151 | 149 | 145 | 141 | 136 | |
| | | $\theta$（°） | 80 | 85 | 90 | 95 | 100 | 105 | 110 | 115 | 120 | 125 | 130 | 135 | 140 | 145 | 150 | 155 | 160 |
| | | $I_\theta$ | 129 | 124 | 121 | 121 | 122 | 122 | 116 | 103 | 88 | 75 | 60 | 45 | 18 | 19 | 6.4 | 0.8 | 0 |
| | A-A | $\theta$（°） | 0 | 5 | 10 | 15 | 20 | 25 | 30 | 35 | 40 | 45 | 50 | 55 | 60 | 65 | 70 | 75 | 80 |
| | | $I_\theta$ | 124 | 122 | 120 | 116 | 112 | 107 | 101 | 94 | 85 | 77 | 68 | 58 | 47 | 37 | 27 | 17 | 9 |
| | | $\theta$（°） | 85 | 90 | | | | | | | | | | | | | | | |
| | | $I_\theta$ | 2.8 | 0 | | | | | | | | | | | | | | | |

利用系数表　　$s/h = 1.0$

| 有效顶棚反射系数 | 0.70 | | | | 0.50 | | | | 0.30 | | | | 0.10 | | | | 0 |
|---|---|---|---|---|---|---|---|---|---|---|---|---|---|---|---|---|---|
| 墙反射系数 | 0.70 | 0.50 | 0.30 | 0.10 | 0.70 | 0.50 | 0.30 | 0.10 | 0.70 | 0.50 | 0.30 | 0.10 | 0.70 | 0.50 | 0.30 | 0.10 | 0 |
| 室空间比 | | | | | | | | | | | | | | | | | |
| 1 | 0.75 | 0.71 | 0.67 | 0.63 | 0.67 | 0.63 | 0.60 | 0.57 | 0.59 | 0.26 | 0.54 | 0.52 | 0.52 | 0.50 | 0.48 | 0.16 | 0.43 |
| 2 | 0.68 | 0.61 | 0.55 | 0.50 | 0.60 | 0.54 | 0.50 | 0.46 | 0.53 | 0.48 | 0.45 | 0.41 | 0.46 | 0.43 | 0.40 | 0.37 | 0.34 |
| 3 | 0.61 | 0.53 | 0.46 | 0.41 | 0.54 | 0.47 | 0.42 | 0.38 | 0.47 | 0.42 | 0.38 | 0.34 | 0.41 | 0.37 | 0.34 | 0.31 | 0.28 |
| 4 | 0.56 | 0.46 | 0.39 | 0.34 | 0.49 | 0.41 | 0.36 | 0.31 | 0.43 | 0.37 | 0.32 | 0.28 | 0.37 | 0.33 | 0.29 | 0.26 | 0.23 |
| 5 | 0.51 | 0.41 | 0.34 | 0.29 | 0.45 | 0.37 | 0.31 | 0.26 | 0.39 | 0.33 | 0.28 | 0.24 | 0.34 | 0.29 | 0.25 | 0.22 | 0.20 |
| 6 | 0.47 | 0.37 | 0.30 | 0.25 | 0.41 | 0.33 | 0.27 | 0.23 | 0.36 | 0.29 | 0.25 | 0.21 | 0.32 | 0.26 | 0.22 | 0.19 | 0.17 |
| 7 | 0.43 | 0.33 | 0.26 | 0.21 | 0.38 | 0.30 | 0.24 | 0.20 | 0.33 | 0.26 | 0.22 | 0.18 | 0.29 | 0.24 | 0.20 | 0.16 | 0.14 |
| 8 | 0.40 | 0.29 | 0.23 | 0.18 | 0.35 | 0.27 | 0.21 | 0.17 | 0.31 | 0.24 | 0.19 | 0.16 | 0.27 | 0.21 | 0.17 | 0.14 | 0.12 |
| 9 | 0.37 | 0.27 | 0.20 | 0.16 | 0.33 | 0.24 | 0.19 | 0.15 | 0.29 | 0.22 | 0.17 | 0.14 | 0.25 | 0.19 | 0.15 | 0.12 | 0.11 |
| 10 | 0.34 | 0.24 | 0.17 | 0.13 | 0.30 | 0.21 | 0.16 | 0.12 | 0.26 | 0.19 | 0.15 | 0.11 | 0.23 | 0.17 | 0.13 | 0.10 | 0.09 |

亮度系数表

| 有效顶棚反射系数 | 0.70 | | | | 0.50 | | | | 0.30 | | | | 0.10 | | | |
|---|---|---|---|---|---|---|---|---|---|---|---|---|---|---|---|---|
| 墙反射系数 | 0.70 | 0.50 | 0.30 | 0.10 | 0.70 | 0.50 | 0.30 | 0.10 | 0.70 | 0.50 | 0.30 | 0.10 | 0.70 | 0.50 | 0.30 | 0.10 |
| 墙面 | | | | | | | | | | | | | | | | |
| 室空间比 | | | | | | | | | | | | | | | | |
| 1 | 0.45 | 0.30 | 0.17 | 0.05 | 0.41 | 0.28 | 0.16 | 0.05 | 0.38 | 0.26 | 0.15 | 0.04 | 0.35 | 0.24 | 0.14 | 0.04 |
| 2 | 0.39 | 0.25 | 0.14 | 0.04 | 0.36 | 0.23 | 0.13 | 0.04 | 0.32 | 0.21 | 0.12 | 0.03 | 0.29 | 0.19 | 0.11 | 0.03 |
| 3 | 0.36 | 0.22 | 0.12 | 0.03 | 0.32 | 0.20 | 0.11 | 0.03 | 0.29 | 0.18 | 0.10 | 0.03 | 0.26 | 0.17 | 0.09 | 0.02 |
| 4 | 0.33 | 0.20 | 0.10 | 0.03 | 0.30 | 0.18 | 0.09 | 0.02 | 0.27 | 0.17 | 0.09 | 0.02 | 0.24 | 0.15 | 0.08 | 0.02 |
| 5 | 0.31 | 0.18 | 0.09 | 0.02 | 0.28 | 0.16 | 0.07 | 0.02 | 0.25 | 0.15 | 0.08 | 0.02 | 0.22 | 0.14 | 0.07 | 0.02 |
| 6 | 0.29 | 0.17 | 0.08 | 0.02 | 0.26 | 0.15 | 0.07 | 0.02 | 0.23 | 0.14 | 0.07 | 0.02 | 0.20 | 0.12 | 0.06 | 0.02 |
| 7 | 0.27 | 0.15 | 0.07 | 0.02 | 0.24 | 0.14 | 0.07 | 0.02 | 0.22 | 0.13 | 0.06 | 0.01 | 0.19 | 0.11 | 0.06 | 0.01 |
| 8 | 0.26 | 0.14 | 0.07 | 0.02 | 0.23 | 0.13 | 0.06 | 0.01 | 0.20 | 0.12 | 0.06 | 0.01 | 0.18 | 0.11 | 0.05 | 0.01 |
| 9 | 0.24 | 0.13 | 0.06 | 0.01 | 0.22 | 0.12 | 0.06 | 0.01 | 0.19 | 0.11 | 0.05 | 0.01 | 0.17 | 0.10 | 0.05 | 0.01 |
| 10 | 0.23 | 0.12 | 0.06 | 0.01 | 0.21 | 0.11 | 0.05 | 0.01 | 0.19 | 0.10 | 0.05 | 0.01 | 0.17 | 0.09 | 0.04 | 0.01 |
| 顶棚空间 | | | | | | | | | | | | | | | | |
| 室空间比 | | | | | | | | | | | | | | | | |
| 1 | 0.29 | 0.27 | 0.25 | 0.23 | 0.20 | 0.18 | 0.17 | 0.16 | 0.11 | 0.10 | 0.10 | 0.09 | 0.03 | 0.03 | 0.03 | 0.03 |
| 2 | 0.30 | 0.26 | 0.23 | 0.21 | 0.20 | 0.18 | 0.16 | 0.14 | 0.11 | 0.10 | 0.09 | 0.08 | 0.03 | 0.03 | 0.03 | 0.02 |
| 3 | 0.30 | 0.26 | 0.22 | 0.19 | 0.20 | 0.17 | 0.15 | 0.13 | 0.11 | 0.10 | 0.09 | 0.08 | 0.03 | 0.03 | 0.02 | 0.02 |
| 4 | 0.31 | 0.25 | 0.21 | 0.18 | 0.20 | 0.17 | 0.15 | 0.13 | 0.11 | 0.10 | 0.08 | 0.07 | 0.03 | 0.03 | 0.02 | 0.02 |
| 5 | 0.31 | 0.25 | 0.21 | 0.18 | 0.20 | 0.17 | 0.14 | 0.12 | 0.11 | 0.10 | 0.08 | 0.07 | 0.03 | 0.03 | 0.02 | 0.02 |
| 6 | 0.30 | 0.24 | 0.20 | 0.17 | 0.20 | 0.17 | 0.14 | 0.12 | 0.11 | 0.09 | 0.08 | 0.07 | 0.03 | 0.03 | 0.02 | 0.02 |
| 7 | 0.30 | 0.24 | 0.20 | 0.17 | 0.20 | 0.16 | 0.14 | 0.12 | 0.11 | 0.09 | 0.08 | 0.07 | 0.03 | 0.03 | 0.02 | 0.02 |
| 8 | 0.30 | 0.23 | 0.19 | 0.16 | 0.20 | 0.16 | 0.13 | 0.12 | 0.11 | 0.09 | 0.08 | 0.07 | 0.03 | 0.03 | 0.02 | 0.02 |
| 9 | 0.29 | 0.23 | 0.19 | 0.16 | 0.20 | 0.16 | 0.13 | 0.11 | 0.11 | 0.09 | 0.08 | 0.07 | 0.03 | 0.03 | 0.02 | 0.02 |
| 10 | 0.29 | 0.23 | 0.19 | 0.16 | 0.20 | 0.16 | 0.13 | 0.11 | 0.11 | 0.09 | 0.08 | 0.07 | 0.03 | 0.03 | 0.02 | 0.02 |

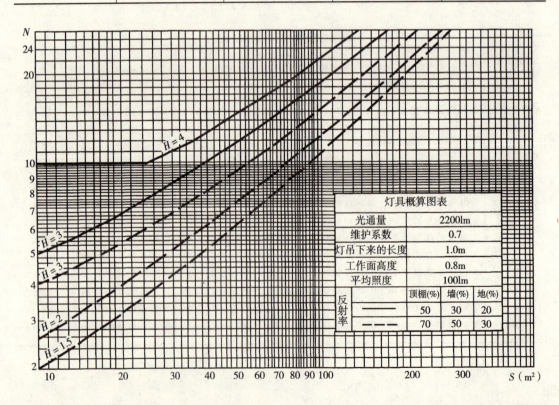

| 灯具概算图表 | |
|---|---|
| 光通量 | 2200lm |
| 维护系数 | 0.7 |
| 灯吊下来的长度 | 1.0m |
| 工作面高度 | 0.8m |
| 平均照度 | 100lm |

| 反射率 | 顶棚(%) | 墙(%) | 地(%) |
|---|---|---|---|
| —— | 50 | 30 | 20 |
| - - - | 70 | 50 | 30 |

## 附录4 YG2-1型简式荧光灯技术参数

简式荧光灯
(1×40W)

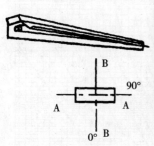

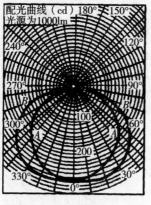
配光曲线(cd)
光源为1000lm

| 型号 | | YG2-1 |
|---|---|---|
| 规格 (mm) | $L$ | 1280 |
| | $b$ | 168 |
| | $h$ | 90 |
| 遮光角 | | 4.6° |
| 灯具效率 | | 88% |
| 上射光通比 | | 0 |
| 下射光通比 | | 88% |
| 最大允许距高比 s/h | | A-A 1.28 |
| | | B-B 1.46 |
| 灯具质量 | | 4.9kg |

| 发光强度值 (cd) | | | | | | | | | | | | | | | |
|---|---|---|---|---|---|---|---|---|---|---|---|---|---|---|---|
| B-B | $\theta$(°) | 0 | 5 | 10 | 15 | 20 | 25 | 30 | 35 | 40 | 45 | 50 | 55 | 60 | 65 |
| | $I_\theta$ | 269 | 268 | 267 | 267 | 266 | 264 | 260 | 254 | 247 | 234 | 214 | 193 | 173 | 139 |
| | $\theta$(°) | 70 | 75 | 80 | 85 | 90 | | | | | | | | | |
| | $I_\theta$ | 102 | 65 | 31 | 6.7 | 0 | | | | | | | | | |
| A-A | $\theta$(°) | 0 | 5 | 10 | 15 | 20 | 25 | 30 | 35 | 40 | 45 | 50 | 55 | 60 | 65 |
| | $I_\theta$ | 260 | 258 | 250 | 250 | 243 | 233 | 224 | 208 | 194 | 176 | 156 | 141 | 120 | 99 |
| | $\theta$(°) | 70 | 75 | 80 | 85 | 90 | | | | | | | | | |
| | $I_\theta$ | 77 | 54 | 31 | 8.8 | 0 | | | | | | | | | |

利用系数表　　$s/h=1.0$

| 有效顶棚反射系数 | 0.70 | | | | 0.50 | | | | 0.30 | | | | 0.10 | | | | 0 |
|---|---|---|---|---|---|---|---|---|---|---|---|---|---|---|---|---|---|
| 墙反射系数 | 0.70 | 0.50 | 0.30 | 0.10 | 0.70 | 0.50 | 0.30 | 0.10 | 0.70 | 0.50 | 0.30 | 0.10 | 0.70 | 0.50 | 0.30 | 0.10 | 0 |
| 室空间比 | | | | | | | | | | | | | | | | | |
| 1 | 0.93 | 0.89 | 0.86 | 0.83 | 0.89 | 0.85 | 0.83 | 0.80 | 0.85 | 0.82 | 0.20 | 0.78 | 0.81 | 0.79 | 0.77 | 0.75 | 0.73 |
| 2 | 0.85 | 0.79 | 0.73 | 0.69 | 0.81 | 0.75 | 0.71 | 0.67 | 0.77 | 0.73 | 0.69 | 0.65 | 0.73 | 0.70 | 0.67 | 0.64 | 0.62 |
| 3 | 0.78 | 0.70 | 0.63 | 0.58 | 0.74 | 0.67 | 0.61 | 0.57 | 0.70 | 0.65 | 0.60 | 0.56 | 0.67 | 0.62 | 0.58 | 0.55 | 0.53 |
| 4 | 0.71 | 0.61 | 0.54 | 0.49 | 0.67 | 0.59 | 0.53 | 0.48 | 0.64 | 0.57 | 0.52 | 0.47 | 0.61 | 0.55 | 0.51 | 0.47 | 0.45 |
| 5 | 0.65 | 0.55 | 0.47 | 0.43 | 0.62 | 0.53 | 0.46 | 0.41 | 0.59 | 0.51 | 0.45 | 0.41 | 0.56 | 0.49 | 0.44 | 0.40 | 0.39 |
| 6 | 0.60 | 0.49 | 0.42 | 0.36 | 0.57 | 0.48 | 0.41 | 0.36 | 0.54 | 0.46 | 0.40 | 0.36 | 0.52 | 0.45 | 0.40 | 0.35 | 0.34 |
| 7 | 0.55 | 0.44 | 0.37 | 0.32 | 0.52 | 0.43 | 0.36 | 0.30 | 0.50 | 0.42 | 0.36 | 0.31 | 0.48 | 0.40 | 0.35 | 0.31 | 0.29 |
| 8 | 0.51 | 0.40 | 0.38 | 0.27 | 0.48 | 0.39 | 0.32 | 0.27 | 0.46 | 0.37 | 0.32 | 0.27 | 0.44 | 0.36 | 0.31 | 0.27 | 0.25 |
| 9 | 0.47 | 0.36 | 0.29 | 0.24 | 0.45 | 0.35 | 0.29 | 0.24 | 0.43 | 0.34 | 0.28 | 0.24 | 0.41 | 0.33 | 0.28 | 0.24 | 0.22 |
| 10 | 0.43 | 0.21 | 0.25 | 0.20 | 0.41 | 0.31 | 0.24 | 0.20 | 0.39 | 0.30 | 0.24 | 0.20 | 0.37 | 0.29 | 0.24 | 0.20 | 0.18 |

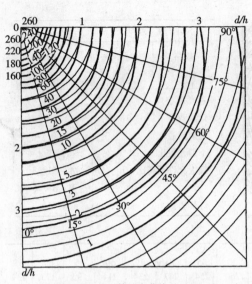

YG2-1平面相对等照度曲线（1000lm $K=1$）

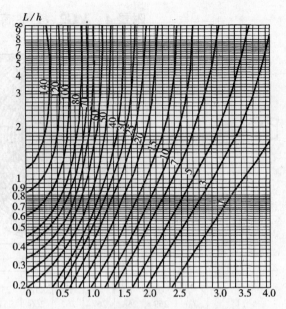

YG2-1线光源等照度曲线（1000lm $K=1$）

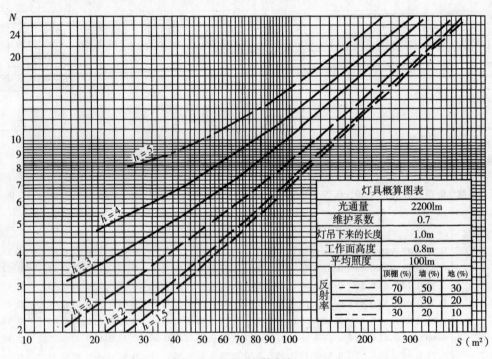

YG2-1灯具概算曲线

## 附录5 关于地板空间有效反射系数不等于0.20时对利用系数的修正表

（地板空间有效反射系数 $\rho_{fc}$ 为0.20时的修正系数为1.00）

附表5-1

| 有效顶棚反射系数 $\rho_{cc}$ | 0.80 | | | | 0.70 | | | | 0.50 | | | | 0.30 | | | | 0.10 | | | |
|---|---|---|---|---|---|---|---|---|---|---|---|---|---|---|---|---|---|---|---|---|
| 墙壁反射系数 $\rho_w$ | 0.70 | 0.50 | 0.30 | 0.10 | 0.70 | 0.50 | 0.30 | 0.10 | 0.70 | 0.50 | 0.30 | 0.10 | 0.50 | 0.30 | 0.10 | 0.50 | 0.30 | 0.10 |
| 室空间比 RCR | 地板空间有效反射系数 $\rho_{fc}$ 为0.30时的修正系数 | | | | | | | | | | | | | | | | | | | |
| 1 | 1.092 | 1.082 | 1.075 | 1.068 | 1.077 | 1.070 | 1.064 | 1.059 | 1.049 | 1.044 | 1.040 | | 1.028 | 1.026 | 1.023 | 1.012 | 1.010 | 1.008 |
| 2 | 1.079 | 1.066 | 1.055 | 1.047 | 1.068 | 1.057 | 1.048 | 1.039 | 1.041 | 1.033 | 1.027 | | 1.026 | 1.021 | 1.017 | 1.013 | 1.010 | 1.006 |
| 3 | 1.070 | 1.054 | 1.042 | 1.033 | 1.061 | 1.048 | 1.037 | 1.028 | 1.034 | 1.027 | 1.020 | | 1.024 | 1.017 | 1.012 | 1.014 | 1.009 | 1.005 |
| 4 | 1.062 | 1.045 | 1.033 | 1.024 | 1.055 | 1.040 | 1.029 | 1.021 | 1.030 | 1.022 | 1.015 | | 1.022 | 1.015 | 1.010 | 1.014 | 1.009 | 1.004 |
| 5 | 1.056 | 1.038 | 1.026 | 1.018 | 1.050 | 1.034 | 1.024 | 1.015 | 1.027 | 1.018 | 1.012 | | 1.020 | 1.013 | 1.008 | 1.014 | 1.009 | 1.004 |
| 6 | 1.052 | 1.033 | 1.021 | 1.014 | 1.047 | 1.030 | 1.020 | 1.012 | 1.024 | 1.015 | 1.009 | | 1.019 | 1.012 | 1.006 | 1.014 | 1.008 | 1.003 |
| 7 | 1.047 | 1.029 | 1.018 | 1.011 | 1.043 | 1.026 | 1.017 | 1.009 | 1.022 | 1.013 | 1.007 | | 1.018 | 1.010 | 1.005 | 1.014 | 1.008 | 1.003 |
| 8 | 1.044 | 1.026 | 1.015 | 1.009 | 1.040 | 1.024 | 1.015 | 1.007 | 1.020 | 1.012 | 1.006 | | 1.017 | 1.009 | 1.004 | 1.013 | 1.007 | 1.003 |
| 9 | 1.040 | 1.024 | 1.014 | 1.007 | 1.037 | 1.022 | 1.014 | 1.006 | 1.019 | 1.011 | 1.005 | | 1.016 | 1.009 | 1.004 | 1.013 | 1.007 | 1.002 |
| 10 | 1.037 | 1.022 | 1.012 | 1.006 | 1.034 | 1.020 | 1.012 | 1.005 | 1.017 | 1.010 | 1.004 | | 1.015 | 1.009 | 1.003 | 1.013 | 1.007 | 1.002 |
| 室空间比 RCR | 地板空间有效反射系数 $\rho_{fc}$ 为0.10时的修正系数 | | | | | | | | | | | | | | | | | | | |
| 1 | 0.923 | 0.929 | 0.935 | 0.940 | 0.933 | 0.939 | 0.943 | 0.948 | 0.956 | 0.960 | 0.963 | | 0.973 | 0.976 | 0.979 | 0.989 | 0.991 | 0.993 |
| 2 | 0.931 | 0.942 | 0.950 | 0.958 | 0.940 | 0.949 | 0.957 | 0.963 | 0.962 | 0.968 | 0.974 | | 0.976 | 0.980 | 0.985 | 0.988 | 0.991 | 0.995 |
| 3 | 0.939 | 0.951 | 0.961 | 0.969 | 0.945 | 0.957 | 0.966 | 0.973 | 0.967 | 0.975 | 0.981 | | 0.978 | 0.983 | 0.988 | 0.988 | 0.992 | 0.996 |
| 4 | 0.944 | 0.958 | 0.969 | 0.978 | 0.950 | 0.963 | 0.973 | 0.980 | 0.972 | 0.980 | 0.986 | | 0.980 | 0.986 | 0.991 | 0.987 | 0.992 | 0.996 |
| 5 | 0.949 | 0.964 | 0.976 | 0.983 | 0.954 | 0.968 | 0.978 | 0.985 | 0.975 | 0.983 | 0.989 | | 0.981 | 0.988 | 0.993 | 0.987 | 0.992 | 0.997 |
| 6 | 0.953 | 0.969 | 0.980 | 0.986 | 0.958 | 0.972 | 0.982 | 0.989 | 0.979 | 0.985 | 0.992 | | 0.982 | 0.989 | 0.995 | 0.987 | 0.993 | 0.997 |
| 7 | 0.957 | 0.973 | 0.983 | 0.991 | 0.961 | 0.975 | 0.985 | 0.991 | 0.979 | 0.987 | 0.994 | | 0.983 | 0.990 | 0.996 | 0.987 | 0.993 | 0.998 |
| 8 | 0.960 | 0.976 | 0.986 | 0.993 | 0.963 | 0.977 | 0.987 | 0.993 | 0.981 | 0.988 | 0.995 | | 0.984 | 0.991 | 0.997 | 0.987 | 0.994 | 0.998 |
| 9 | 0.963 | 0.978 | 0.987 | 0.994 | 0.965 | 0.979 | 0.989 | 0.994 | 0.983 | 0.990 | 0.996 | | 0.985 | 0.992 | 0.998 | 0.988 | 0.994 | 0.999 |
| 10 | 0.965 | 0.980 | 0.989 | 0.995 | 0.967 | 0.981 | 0.990 | 0.997 | 0.984 | 0.991 | 0.997 | | 0.986 | 0.993 | 0.998 | 0.988 | 0.994 | 0.999 |
| 室空间比 RCR | 地板空间有效反射系数 $\rho_{fc}$ 为0.00时的修正系数 | | | | | | | | | | | | | | | | | | | |
| 1 | 0.859 | 0.870 | 0.879 | 0.886 | 0.873 | 0.884 | 0.893 | 0.901 | 0.916 | 0.923 | 0.929 | | 0.948 | 0.954 | 0.960 | 0.979 | 0.983 | 0.987 |
| 2 | 0.871 | 0.887 | 0.903 | 0.919 | 0.886 | 0.902 | 0.916 | 0.928 | 0.926 | 0.938 | 0.949 | | 0.954 | 0.963 | 0.971 | 0.978 | 0.983 | 0.991 |
| 3 | 0.882 | 0.904 | 0.915 | 0.942 | 0.898 | 0.918 | 0.934 | 0.947 | 0.936 | 0.950 | 0.964 | | 0.958 | 0.969 | 0.979 | 0.976 | 0.984 | 0.993 |
| 4 | 0.893 | 0.919 | 0.941 | 0.958 | 0.908 | 0.930 | 0.948 | 0.961 | 0.945 | 0.961 | 0.974 | | 0.961 | 0.974 | 0.984 | 0.975 | 0.985 | 0.994 |
| 5 | 0.903 | 0.931 | 0.953 | 0.969 | 0.914 | 0.939 | 0.958 | 0.970 | 0.951 | 0.967 | 0.980 | | 0.964 | 0.977 | 0.988 | 0.975 | 0.985 | 0.995 |
| 6 | 0.911 | 0.940 | 0.961 | 0.976 | 0.920 | 0.945 | 0.965 | 0.977 | 0.955 | 0.972 | 0.985 | | 0.966 | 0.979 | 0.991 | 0.975 | 0.986 | 0.996 |
| 7 | 0.917 | 0.947 | 0.967 | 0.981 | 0.924 | 0.950 | 0.970 | 0.982 | 0.959 | 0.975 | 0.988 | | 0.968 | 0.981 | 0.993 | 0.975 | 0.987 | 0.997 |
| 8 | 0.922 | 0.953 | 0.971 | 0.985 | 0.929 | 0.955 | 0.975 | 0.986 | 0.963 | 0.978 | 0.991 | | 0.970 | 0.983 | 0.995 | 0.976 | 0.988 | 0.998 |
| 9 | 0.928 | 0.958 | 0.975 | 0.998 | 0.933 | 0.959 | 0.980 | 0.989 | 0.966 | 0.980 | 0.993 | | 0.971 | 0.985 | 0.996 | 0.976 | 0.988 | 0.998 |

## 附录6 电线、电缆技术参数

**绝缘导线的最小允许截面** 附表 6-1

| 线路类别 | | | 导线最小截面（mm²） | | |
|---|---|---|---|---|---|
| | | | 铜芯软线 | 铜芯线 | PE 线和 PEN 线（铜芯线） |
| 照明用灯头引下线 | 室内 | | 0.5 | 1.0 | 有机械性保护时为 2.5<br>无机械性保护时为 4 |
| | 室外 | | 1.0 | 1.0 | |
| 移动式设备线路 | 生活用 | | 0.75 | — | |
| | 生产用 | | 1.0 | — | |
| 藏设在绝缘子上的绝缘导线（L 为支持点间距） | 室内 | L≤2m | — | 1.0 | |
| | 室外 | L≤2m | | 1.0 | |
| | | L≥2m | | 1.5 | |
| | | 2m<L≤6m | | 2.5 | |
| | | 6m<L≤15m | | 4 | |
| | | 15m<L≤25m | | 6 | |
| 穿管敷设的绝缘导线 | | | 1.0 | 1.0 | |
| 沿坡明敷的塑料护套线 | | | | 1.0 | |

《全国民用建筑工程设计技术措施 电气》规定铜芯导线截面最小值，进户线不小于 10mm²，动力、照明配电箱的进线不小于 6mm²，控制箱进线不小于 6mm²，动力、照明分支线不小于 2.5mm²，动力、照明配电箱的 N、PE、PEN 连线不小于 6mm²，这是从负荷发展需要和安全运行考虑的，而不是从机械强度要求考虑的。

**电气设备用电线分类表** 附表 6-2

| 分类 | 品种 | 型号 | | 用途 |
|---|---|---|---|---|
| | | 铜芯 | 铝芯 | |
| 通用电线 | 橡皮绝缘电线 | BX | BLX | 固定敷设于室内外及设备内安装用线 |
| | 橡皮绝缘软电线 | BXR | | 同 BX 型，仅用于要求柔软的场合 |
| | 聚氯乙烯绝缘电线 | BV | BLV | 同 BX 型，但耐湿性和耐气候性较好 |
| | 聚氯乙烯绝缘软电线 | BVR | | 同 BV 型，仅用于要求柔软的场合 |
| | 农用聚氯乙烯绝缘电线 | | NLV | 直埋于土壤（深大于 1m），供动力、照明线路用 |
| | 聚氯乙烯绝缘软线 | RV<br>RVB<br>RVS | | 供各种移动电器、仪表、电信设备、自动化装置接线用，也作为内部安装线，安装温度大于 -15℃ |
| | 丁腈聚氯乙烯复合物绝缘软线 | RFB | | 同 RVB、RVS，但低温柔软性好 |
| | | RFS | | 同 RFB，为两芯绞型 |
| | 聚氯乙烯绝缘及护套电线 | RVV | | 同 RV，用于潮湿和机械防护要求高，经常移动弯曲的场合 |
| | 耐热 105℃聚氯乙烯绝缘电线 | RV-105 | | 同 RV，用于 45℃及以上高温环境 |
| 通用屏蔽绝缘电线 | 聚氯乙烯绝缘屏蔽电线 | BVP | | 仪器仪表，电子设备内部屏蔽安装线 |
| | 聚氯乙烯绝缘和护套屏蔽电线 | BVVP | | 外部屏蔽连线及自控、广播线用屏蔽电线，BVP、BVVP 为固定敷设、环境温度大于 -15℃ |
| | 聚氯乙烯绝缘屏蔽软线 | RVP | | RVP、RVVP 可移动使用 |
| | 耐热 105℃聚氯乙烯绝缘屏蔽软线 | BVP-105 | | RVP-105、BVP-105 用于 45℃及以上环境温度及仪表工作温度高场合 |
| | 耐热 105℃聚氯乙烯绝缘屏蔽电线 | RVP-105 | | |

## 聚氯乙烯绝缘电线穿硬塑料管敷设的载流量（A） 附表6-3

| | 截面(mm²) | 二根单芯 | | | | 管径(mm) | 三根单芯 | | | | 管径(mm) | 四根单芯 | | | | 管径(mm) |
|---|---|---|---|---|---|---|---|---|---|---|---|---|---|---|---|---|
| | | 25℃ | 30℃ | 35℃ | 40℃ | | 25℃ | 30℃ | 35℃ | 40℃ | | 25℃ | 30℃ | 35℃ | 40℃ | |
| BLV 铝芯 | 2.5 | 18 | 16 | 15 | 14 | 15 | 16 | 14 | 13 | 12 | 15 | 14 | 13 | 12 | 11 | 20 |
| | 4 | 24 | 22 | 20 | 18 | 20 | 22 | 20 | 19 | 17 | 20 | 19 | 17 | 16 | 15 | 20 |
| | 6 | 31 | 28 | 26 | 24 | 20 | 27 | 25 | 23 | 21 | 20 | 25 | 23 | 21 | 19 | 25 |
| | 10 | 42 | 39 | 36 | 33 | 25 | 38 | 35 | 32 | 30 | 25 | 33 | 30 | 28 | 26 | 32 |
| | 16 | 55 | 51 | 47 | 43 | 32 | 49 | 45 | 42 | 38 | 32 | 44 | 41 | 38 | 34 | 32 |
| | 25 | 73 | 68 | 63 | 57 | 32 | 65 | 60 | 56 | 51 | 40 | 57 | 53 | 49 | 45 | 40 |
| | 35 | 90 | 84 | 77 | 71 | 40 | 80 | 74 | 69 | 63 | 40 | 70 | 65 | 60 | 55 | 50 |
| | 50 | 114 | 106 | 98 | 90 | 50 | 102 | 95 | 88 | 80 | 50 | 90 | 84 | 77 | 71 | 63 |
| | 70 | 145 | 185 | 125 | 114 | 50 | 130 | 121 | 112 | 102 | 50 | 115 | 107 | 99 | 90 | 63 |
| | 95 | 175 | 163 | 151 | 138 | 63 | 158 | 147 | 136 | 124 | 63 | 140 | 130 | 121 | 110 | 75 |
| | 120 | 200 | 187 | 163 | 158 | 63 | 180 | 168 | 155 | 142 | 63 | 160 | 149 | 138 | 120 | 75 |
| | 150 | 230 | 215 | 198 | 181 | 75 | 207 | 183 | 178 | 163 | 75 | 185 | 172 | 160 | 140 | 75 |
| | 185 | 265 | 247 | 229 | 209 | 75 | 235 | 219 | 203 | 185 | 75 | 212 | 198 | 183 | 167 | 90 |
| BV 铜芯 | 1.0 | 12 | 11 | 10 | 9 | 15 | 11 | 10 | 9 | 8 | 15 | 10 | 9 | 8 | 7 | 15 |
| | 1.5 | 19 | 14 | 13 | 12 | 15 | 15 | 14 | 12 | 11 | 15 | 13 | 12 | 11 | 10 | 15 |
| | 2.5 | 24 | 22 | 20 | 18 | 15 | 21 | 19 | 18 | 16 | 15 | 20 | 17 | 16 | 15 | 20 |
| | 4 | 31 | 28 | 26 | 24 | 20 | 28 | 26 | 24 | 22 | 20 | 25 | 23 | 21 | 18 | 20 |
| | 6 | 41 | 38 | 35 | 32 | 20 | 36 | 33 | 31 | 28 | 20 | 32 | 29 | 27 | 25 | 25 |
| | 10 | 56 | 52 | 48 | 44 | 25 | 49 | 46 | 42 | 38 | 25 | 44 | 41 | 38 | 34 | 32 |
| | 16 | 72 | 67 | 62 | 56 | 32 | 65 | 60 | 56 | 51 | 32 | 57 | 53 | 49 | 45 | 32 |
| | 25 | 95 | 88 | 82 | 75 | 32 | 85 | 79 | 73 | 67 | 40 | 74 | 70 | 64 | 59 | 40 |
| | 35 | 120 | 112 | 103 | 94 | 40 | 105 | 98 | 90 | 83 | 40 | 92 | 86 | 80 | 73 | 50 |
| | 50 | 150 | 140 | 129 | 118 | 50 | 132 | 123 | 114 | 102 | 50 | 117 | 109 | 101 | 92 | 63 |
| | 70 | 185 | 172 | 160 | 146 | 60 | 167 | 156 | 144 | 130 | 50 | 148 | 138 | 128 | 117 | 63 |
| | 95 | 230 | 210 | 198 | 181 | 63 | 205 | 191 | 177 | 162 | 63 | 185 | 172 | 160 | 146 | 75 |
| | 120 | 270 | 252 | 238 | 213 | 63 | 240 | 224 | 207 | 189 | 63 | 210 | 201 | 185 | 172 | 75 |
| | 150 | 305 | 285 | 263 | 211 | 75 | 275 | 257 | 237 | 217 | 75 | 260 | 253 | 216 | 197 | 75 |
| | 185 | 355 | 331 | 307 | 280 | 75 | 310 | 280 | 268 | 245 | 75 | 280 | 201 | 212 | 221 | 90 |

注：硬塑料管规格根据 HGZ-63-65，并采用轻型管、管径指内径。

## 各种情况下 ΔU% 允许值 附表6-4

| 线路名称 | 允许电压损失值（ΔU%） | 备注 |
|---|---|---|
| 内部低压配电线路 | 1.0～2.5 | 总计不大于6% |
| 外部低压配电线路 | 3.5～5.0 | |
| 工业场地内照明低压线路 | 3.0～5.0 | |
| 正常情况下矿区内高压配电线路 | 3.0～6.0 | |
| 事故情况下矿区内高压配电线路 | 6.0～1.2 | |
| 正常情况下地方性高压供电线路 | 5.0～8.0 | 4和6两项不得大于10% |
| 事故情况下地方性高压供电线路 | 10～12 | |

**聚氯乙烯绝缘电线明敷的载流量（A）（$\theta_e$ = 65℃）**　　　　附表6-5

| 截面<br>(mm²) | BLV 铝线 | | | | BV、BVR 铜线 | | | |
|---|---|---|---|---|---|---|---|---|
| | 25℃ | 30℃ | 35℃ | 40℃ | 25℃ | 30℃ | 35℃ | 40℃ |
| 1.0 | | | | | 10 | 17 | 16 | 15 |
| 1.5 | 18 | 16 | 15 | 14 | 24 | 22 | 20 | 18 |
| 2.5 | 25 | 23 | 21 | 19 | 32 | 29 | 27 | 25 |
| 4 | 32 | 29 | 27 | 25 | 42 | 39 | 36 | 33 |
| 6 | 42 | 39 | 36 | 33 | 55 | 51 | 47 | 43 |
| 10 | 59 | 55 | 51 | 46 | 75 | 70 | 64 | 59 |
| 16 | 80 | 71 | 69 | 63 | 105 | 98 | 90 | 83 |
| 25 | 105 | 98 | 90 | 83 | 138 | 129 | 119 | 109 |
| 35 | 130 | 121 | 112 | 102 | 170 | 158 | 147 | 134 |
| 50 | 165 | 154 | 142 | 130 | 215 | 201 | 185 | 170 |
| 70 | 205 | 191 | 177 | 162 | 265 | 247 | 229 | 209 |
| 95 | 250 | 233 | 216 | 197 | 325 | 303 | 281 | 257 |
| 120 | 285 | 266 | 246 | 225 | 375 | 350 | 324 | 296 |
| 150 | 325 | 303 | 281 | 257 | 430 | 402 | 371 | 340 |
| 185 | 380 | 355 | 328 | 300 | 490 | 458 | 423 | 387 |

**导线和电缆的经济电流密度（A/mm²）**　　　　附表6-6

| 线 路 类 型 | 导线材质 | 年最大负荷利用小时（h） | | |
|---|---|---|---|---|
| | | <3000 | 3000~5000 | >5000 |
| 架空线路 | 铜 | 3.00 | 2.25 | 1.75 |
| | 铝 | 1.65 | 1.15 | 0.90 |
| 电缆线路 | 铜 | 2.50 | 2.25 | 2.00 |
| | 铝 | 1.92 | 1.73 | 1.54 |

**环境温度变化时载流量的校正系数 $Kt$**　　　　附表6-7

| 导线工<br>作温度<br>(℃) | 不同环境温度变化时载流量的校正系数 | | | | | | | | |
|---|---|---|---|---|---|---|---|---|---|
| | 5℃ | 10℃ | 15℃ | 20℃ | 25℃ | 30℃ | 35℃ | 40℃ | 45℃ |
| 80 | 1.17 | 1.13 | 1.09 | 1.04 | 1.0 | 0.954 | 0.905 | 0.853 | 0.798 |
| 65 | 1.22 | 1.17 | 1.12 | 1.06 | 1.0 | 0.935 | 0.865 | 0.791 | 0.707 |
| 60 | 1.25 | 1.20 | 1.13 | 1.07 | 1.0 | 0.926 | 0.845 | 0.756 | 0.655 |
| 50 | 1.34 | 1.25 | 1.18 | 1.09 | 1.0 | 0.895 | 0.775 | 0.653 | 0.447 |

## 油浸纸绝缘电力电缆直埋地敷设的载流量（A） 附表6-8

| 主线芯数×截面 (mm²) | | 1-3kV $\theta_c=80℃$ | | | 6kV $\theta_c=65℃$ | | | 10kV $\theta_c=60℃$ | | | 35kV $\theta_c=50℃$ |
|---|---|---|---|---|---|---|---|---|---|---|---|
| | | 20℃ | 25℃ | 30℃ | 20℃ | 25℃ | 30℃ | 20℃ | 25℃ | 30℃ | 25℃ |
| 铝芯 | 3×2.5 | 29 | 28 | 26 | | | | | | | |
| | 3×4 | 38 | 37 | 35 | | | | | | | |
| | 3×6 | 47 | 46 | 43 | | | | | | | |
| | 3×10 | 62 | 60 | 57 | 58 | 55 | 51 | | | | |
| | 3×16 | 83 | 80 | 76 | 74 | 70 | 65 | 69 | 65 | 60 | |
| | 3×25 | 109 | 105 | 100 | 100 | 95 | 88 | 96 | 90 | 83 | 80 |
| | 3×35 | 135 | 130 | 124 | 116 | 110 | 102 | 112 | 105 | 97 | 90 |
| | 3×50 | 166 | 160 | 152 | 141 | 135 | 126 | 139 | 130 | 120 | 115 |
| | 3×70 | 197 | 190 | 181 | 173 | 165 | 154 | 160 | 150 | 138 | 135 |
| | 3×95 | 239 | 230 | 219 | 217 | 205 | 191 | 197 | 185 | 171 | 165 |
| | 3×120 | 275 | 265 | 252 | 241 | 230 | 215 | 230 | 215 | 199 | 185 |
| | 3×150 | 312 | 300 | 286 | 273 | 260 | 243 | 262 | 245 | 226 | 210 |
| | 3×185 | 353 | 340 | 324 | 309 | 295 | 275 | 294 | 275 | 254 | 230 |
| | 3×240 | 416 | 400 | 381 | 362 | 345 | 322 | 347 | 325 | 300 | |
| 铜芯 | 3×2.5 | 38 | 37 | 35 | | | | | | | |
| | 3×4 | 48 | 47 | 44 | | | | | | | |
| | 3×6 | 62 | 60 | 57 | | | | | | | |
| | 3×10 | 83 | 80 | 76 | 74 | 70 | 65 | | | | |
| | 3×16 | 109 | 102 | 100 | 95 | 90 | 84 | 90 | 85 | 98 | |
| | 3×25 | 145 | 140 | 133 | 127 | 120 | 112 | 123 | 115 | 106 | 105 |
| | 3×35 | 176 | 170 | 162 | 153 | 145 | 135 | 144 | 135 | 125 | 115 |
| | 3×50 | 213 | 205 | 195 | 190 | 180 | 168 | 181 | 170 | 157 | 150 |
| | 3×70 | 260 | 250 | 238 | 227 | 215 | 201 | 219 | 205 | 189 | 180 |
| | 3×95 | 312 | 300 | 286 | 275 | 260 | 243 | 262 | 245 | 226 | 210 |
| | 3×120 | 358 | 345 | 329 | 318 | 300 | 280 | 294 | 275 | 254 | 240 |
| | 3×150 | 405 | 390 | 372 | 360 | 340 | 317 | 337 | 315 | 291 | 275 |
| | 3×185 | 462 | 445 | 424 | 402 | 380 | 355 | 385 | 360 | 333 | 300 |
| | 3×240 | 530 | 510 | 486 | 477 | 450 | 420 | 449 | 420 | 388 | |

注 土壤热阻率 $P_t = 80℃·cm/W$

## 聚氯乙烯绝缘电力电缆在空气中敷设的载流量（A） 附表6-9

| 主线芯截面 (mm²) | | 中性线截面 (mm²) | 1kV （四芯） | | | | 6kV （三芯） | | | |
|---|---|---|---|---|---|---|---|---|---|---|
| | | | 25℃ | 30℃ | 35℃ | 40℃ | 25℃ | 30℃ | 35℃ | 40℃ |
| 铝芯 | 4 | 2.5 | 23 | 21 | 19 | 18 | | | | |
| | 6 | 4 | 30 | 28 | 25 | 23 | | | | |
| | 10 | 6 | 40 | 37 | 34 | 31 | 43 | 40 | 37 | 34 |
| | 16 | 6 | 54 | 50 | 46 | 42 | 56 | 52 | 48 | 44 |
| | 25 | 10 | 73 | 68 | 63 | 57 | 73 | 68 | 63 | 57 |
| | 35 | 10 | 42 | 86 | 79 | 72 | 90 | 84 | 77 | 71 |
| | 50 | 16 | 115 | 107 | 99 | 90 | 114 | 106 | 98 | 90 |
| | 70 | 25 | 141 | 131 | 121 | 111 | 143 | 133 | 123 | 113 |
| | 95 | 35 | 174 | 162 | 150 | 137 | 168 | 157 | 145 | 132 |
| | 120 | 35 | 201 | 187 | 173 | 158 | 194 | 181 | 167 | 153 |
| | 150 | 50 | 231 | 215 | 199 | 182 | 223 | 208 | 192 | 176 |
| | 185 | 50 | 266 | 248 | 230 | 210 | 256 | 239 | 221 | 202 |
| | 240 | | | | | | 301 | 281 | 260 | 238 |

续表

| 主线芯截面 (mm²) | 中性线截面 (mm²) | 1kV (四芯) | | | | 6kV (三芯) | | | |
|---|---|---|---|---|---|---|---|---|---|
| | | 25℃ | 30℃ | 35℃ | 40℃ | 25℃ | 30℃ | 35℃ | 40℃ |
| 铜芯 | 4 | 2.5 | 30 | 28 | 25 | 23 | | | | |
| | 6 | 4 | 39 | 36 | 33 | 30 | | | | |
| | 10 | 6 | 52 | 48 | 44 | 41 | 56 | 52 | 48 | 44 |
| | 16 | 6 | 70 | 67 | 60 | 55 | 73 | 68 | 63 | 57 |
| | 25 | 10 | 94 | 87 | 81 | 74 | 95 | 88 | 82 | 75 |
| | 35 | 10 | 119 | 111 | 102 | 94 | 118 | 110 | 96 | 93 |
| | 50 | 16 | 149 | 139 | 128 | 117 | 148 | 138 | 128 | 117 |
| | 70 | 25 | 184 | 172 | 159 | 145 | 181 | 169 | 156 | 143 |
| | 95 | 35 | 226 | 211 | 195 | 178 | 218 | 203 | 188 | 172 |
| | 120 | 35 | 260 | 243 | 224 | 205 | 251 | 234 | 217 | 198 |
| | 150 | 50 | 301 | 281 | 260 | 238 | 290 | 271 | 250 | 229 |
| | 185 | 50 | 345 | 322 | 298 | 272 | 333 | 311 | 288 | 263 |
| | 240 | | | | | | 391 | 365 | 339 | 309 |

聚氯乙烯绝缘电力电缆直埋地敷设的载流量（A）  附表6-10

| 主线芯截面 (mm²) | 中性线截面 (mm²) | 1kV (四芯) | | | 6kV (三芯) | | |
|---|---|---|---|---|---|---|---|
| | | 20℃ | 25℃ | 30℃ | 20℃ | 25℃ | 30℃ |
| 铝芯 | 4 | 2.5 | 31 | 29 | 27 | | | |
| | 6 | 4 | 39 | 37 | 35 | | | |
| | 10 | 6 | 53 | 50 | 47 | 52 | 49 | 46 |
| | 16 | 6 | 69 | 65 | 61 | 67 | 63 | 59 |
| | 25 | 10 | 90 | 85 | 79 | 86 | 81 | 76 |
| | 35 | 10 | 116 | 110 | 103 | 168 | 102 | 95 |
| | 50 | 16 | 143 | 135 | 126 | 134 | 127 | 119 |
| | 70 | 25 | 172 | 162 | 152 | 163 | 154 | 145 |
| | 95 | 35 | 207 | 196 | 184 | 193 | 182 | 171 |
| | 120 | 35 | 236 | 223 | 208 | 221 | 209 | 196 |
| | 150 | 50 | 266 | 252 | 236 | 228 | 237 | 202 |
| | 185 | 50 | 300 | 284 | 265 | 286 | 270 | 252 |
| | 240 | | | | | 332 | 313 | 292 |

交联聚乙烯绝缘电力电缆在空气中敷设的载流量（A）  附表6-11

| 主线芯数×截面 (mm²) | 铝芯 | | | | | 铜芯 | | | | |
|---|---|---|---|---|---|---|---|---|---|---|
| | 6~10kV $\theta_e=90℃$ | | | | 35kV 单芯 $\theta_e=80℃$ | 6~10kV $\theta_e=90℃$ | | | | 35kV 单芯 $\theta_e=80℃$ |
| | 25℃ | 30℃ | 35℃ | 40℃ | 25℃ | 25℃ | 30℃ | 35℃ | 40℃ | 25℃ |
| 3×16 | 99 | 94 | 90 | 80 | | 127 | 122 | 116 | 111 | |
| 3×25 | 128 | 123 | 117 | 112 | | 166 | 159 | 152 | 145 | |
| 3×35 | 154 | 147 | 141 | 135 | | 200 | 192 | 184 | 175 | |
| 3×50 | 188 | 180 | 172 | 165 | 216 | 243 | 233 | 223 | 213 | 272 |
| 3×70 | 229 | 220 | 210 | 201 | 259 | 394 | 282 | 270 | 258 | 332 |
| 3×95 | 274 | 263 | 252 | 240 | 310 | 351 | 337 | 322 | 308 | 395 |
| 3×120 | 317 | 304 | 291 | 278 | 355 | 407 | 391 | 374 | 357 | 453 |
| 3×150 | 364 | 349 | 334 | 319 | 405 | 467 | 448 | 429 | 410 | 516 |
| 3×185 | 413 | 396 | 379 | 363 | 458 | 530 | 509 | 487 | 465 | 583 |
| 3×240 | 482 | 463 | 443 | 423 | 538 | 616 | 591 | 566 | 541 | 682 |

交联聚乙烯绝缘电力电缆直埋地敷设的载流量（A）（$\rho_t = 80℃ \cdot cm/w$） 附表 6-12

| 主线芯数 ×截面 (mm²) | 铝 芯 | | | | 铜 芯 | | | |
|---|---|---|---|---|---|---|---|---|
| | 6~10kV $\theta_e=90℃$ | | | 35kV 单芯 $\theta_e=80℃$ | 6~10kV $\theta_e=90℃$ | | | 35kV 单芯 $\theta_e=80℃$ |
| | 20℃ | 25℃ | 30℃ | 25℃ | 20℃ | 25℃ | 30℃ | 25℃ |
| 3×16 | 99 | 96 | 92 | | 127 | 123 | 118 | |
| 3×25 | 126 | 122 | 117 | | 162 | 157 | 150 | |
| 3×35 | 150 | 145 | 139 | | 194 | 187 | 179 | |
| 3×50 | 183 | 177 | 170 | 174 | 235 | 227 | 218 | 223 |
| 3×70 | 220 | 212 | 203 | 212 | 281 | 271 | 260 | 268 |
| 3×95 | 259 | 250 | 240 | 246 | 333 | 321 | 308 | 316 |
| 3×120 | 295 | 285 | 273 | 281 | 337 | 364 | 349 | 359 |
| 3×150 | 334 | 322 | 309 | 317 | 427 | 412 | 395 | 404 |
| 3×185 | 374 | 361 | 346 | 354 | 480 | 463 | 444 | 449 |
| 3×240 | 430 | 415 | 398 | 409 | 549 | 529 | 500 | 518 |

# 参考文献

[1] 刘复欣主编. 建筑供电与照明. 北京：中国建筑工业出版社，2004.
[2] 李英姿主编. 建筑供电. 北京：中国电力出版社，2003.
[3] 高满茹主编. 建筑配电与设计. 北京：中国电力出版社，2003.
[4] 何利民，尹全英主编. 怎样阅读电气工程图. 北京：中国建筑工业出版社，2003.
[5] 王玉华，赵志英主编. 工厂供配电. 北京：北京大学出版社 中国林业大学出版社，2006.
[6] 马誌溪主编. 电气工程设计. 北京：机械工业出版社，2004.
[7] 周武仲，胡静主编. 中低压配电设备选型与使用 200 例. 北京：中国电力出版社，2006.
[8] 谢秀颖主编. 电气照明技术. 北京：中国电力出版社，2004.
[9] 赵德申主编. 电气照明. 北京：高等教育出版社，2006.
[10] 王晓东主编. 电气照明技术. 北京：机械工业出版社，2004.
[11] 李英姿主编. 住宅电气系统设计教程. 北京：机械工业出版社，2005.
[12] 计算机职业教育联盟 主编. AutoCAD 2004 基础教程与上机指导. 北京：清华大学出版社，2003.